北方工业大学出版基金资助

建筑工程施工技术

李小勇　宋高峰　主编

中国原子能出版社

图书在版编目（CIP）数据

建筑工程施工技术 / 李小勇主编. —北京：中国原子能出版社，2020.12（2023.1重印）
ISBN 978-7-5221-0985-5

Ⅰ．①建…　Ⅱ．①李…　Ⅲ．①建筑施工–技术　Ⅳ．①TU74

中国版本图书馆 CIP 数据核字（2020）第 236462 号

建筑工程施工技术

出版发行	中国原子能出版社（北京市海淀区阜成路 43 号　　100048）
责任编辑	左浚茹
装帧设计	崔　彤
责任校对	宋　巍
责任印制	赵　明
印　　刷	河北宝昌佳彩印刷有限公司
经　　销	全国新华书店
开　　本	787 mm×1092 mm　1/16
印　　张	18
字　　数	325 千字
版　　次	2020 年 12 月第 1 版　2023 年 1 月第 2 次印刷
书　　号	ISBN 978-7-5221-0985-5　　　定　价　96.00 元

网址：http://www.aep.com.cn　　　　　　**E-mail：atomep123@126.com**
发行电话：010-68452845　　　　　　　　版权所有　侵权必究

目　录

1 土方工程

1.1 概述

　　土方工程包括一切土的挖掘、填筑和运输等过程以及排水、降水、土壁支撑等准备工作和辅助工程。在土木工程中，最常见的土方工程有：场地平整、基坑（槽）开挖、地坪填土、路基填筑及基坑回填土等。

　　土方工程施工往往具有工程量大、劳动繁重和施工条件复杂等特点。土方工程施工受气候、水文、地质、地下障碍等因素的影响较大，不可确定的因素也较多，有时施工条件极为复杂。因此，在组织土方工程施工前，应详细分析与核对各项技术资料（如地形图、工程地质和水文地质勘察资料、地下管道、电缆和地下构筑物资料及土方工程施工图等），进行现场调查并根据现有施工条件，制订出技术可行经济合理的施工设计方案。

1.1.1 土的工程分类

　　土的分类繁多，其分类法也很多，如按土的沉积年代、颗粒级配、密实度、液性指数等分类。在土木工程施工中，按土的开挖难易程度将土分为八类（表 1-1），这也是确定土木工程劳动定额的依据。

表 1-1　土的工程分类

土的类别	土的名称	开挖方法
第一类 （松软土）	砂，粉土，冲积砂土层，种植土，泥炭（淤泥）	用锹、锄头挖掘
第二类 （普通土）	粉质黏土，潮湿的黄土，夹有碎石、卵石的砂，种植土，填筑土和粉土	用锹、锄头挖掘，少许用镐翻松
第三类 （坚土）	软及中等密实黏土，重粉质黏土，粗砾石，干黄土及含碎石、卵石的黄土、粉质黏土、压实的填筑土	主要用镐，少许用锹、锄头，部分用撬棍
第四类 （砾砂坚土）	重黏土及含碎石、卵石的黏土，粗卵石，密实的黄土，天然级配砂石，软泥灰岩及蛋白石	先用镐、撬棍，然后用锹挖掘，部分用锲子及大锤

土的类别	土的名称	开挖方法
第五类 （软石）	硬石炭纪黏土，中等密实的页岩、泥灰岩、白垩土，胶结不紧的砾岩，软的石灰岩	用镐或撬棍、大锤，部分用爆破方法
第六类 （次坚石）	泥岩，砂岩，砾岩，坚实的页岩、泥灰岩，密实的石灰岩，风化花岗岩、片麻岩	用爆破方法，部分用风镐
第七类 （坚石）	大理岩、辉绿崗、玢岩、粗、中粒花岗岩，坚实的闪云岩、烁岩、砂辑、片麻若、石灰岩，风化痕迹的安山岩、玄武岩	用爆破方法
第八类 （特坚石）	安山岩，玄武岩，花岗片麻岩，坚实的细粒花岗岩、闪长岩、石英岩、辉长岩、辉绿岩，玢岩	用爆破方法

1.1.2　土的可松性

土具有可松性。即自然状态下的土，经过开挖后，其体积因松散而增大，以后虽经回填压实，仍不能恢复。由于土方工程量是以自然状态的体积来计算的，所以在土方调配、计算土方机械生产率及运输工具数量等的时候，必须考虑土的可松性。土的可松性程度用可松性系数表示，即

$$K_s = \frac{V_2}{V_1} \tag{1-1}$$

$$K_s' = \frac{V_2}{V_1} \tag{1-2}$$

式中，K_s——最初可松性系数；

　　　K_s'——最后可松性系数；

　　　V_1——土在天然状态下的体积（m^3）；

　　　V_2——土经开挖后的松散体积（m^3）；

　　　V_3——土经回填压实后的体积（m^3）。

在土方工程中，K_s 是计算土方施工机械及运土车辆等的重要参数，K_s' 是计算场地平整标高及填方时所需挖土量等的重要参数。

1.2　土方工程的准备与辅助工作

土方工程的准备工作及辅助工作是保证土方工程顺利进行所必需的，在编制土方工程施工方案时应作周密、细致的设计。在土方施工前、施工过程中乃至施工后，都要认真执行所制定的有关措施，进行必要的监测，并根据施工中实际情

况的变化及时调整实施方案。

1.2.1 土方工程施工前的准备工作

土方工程施工前应做好下述准备工作：

（1）场地清理

包括清理地面及地下各种障碍。在施工前应拆除旧房和古墓，拆除或改建通信、电力设备、地下管线及建筑物，迁移树木，去除耕植土及河塘淤泥等。

（2）排除地面水

场地内低洼地区的积水必须排除，同时应注意雨水的排除，使场地保持干燥，以利土方施工。地面水的排除一般采用排水沟、截水沟、挡水土坝等措施。

（3）修筑好临时道路及供水、供电等临时设施。

（4）做好材料、机具及土方机械的进场工作。

（5）做好土方工程测量、放线工作。

（6）根据土方施工设计做好土方工程的辅助工作，如边坡稳定、基坑（槽）支护、降低地下水等。

1.2.2 土方边坡及其稳定

土方边坡坡度以其高度 H 与其底宽度 B 之比表示。边坡可做成直线形、折线形或踏步形，如图 1-1 所示。

$$土方边坡坡度 = \frac{H}{B} = \frac{1}{B/H} = \frac{1}{m} \tag{1-3}$$

式中，$m=B/H$，称为坡度系数。

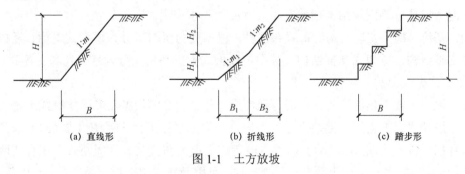

| (a) 直线形 | (b) 折线形 | (c) 踏步形 |

图 1-1　土方放坡

施工中，土方放坡坡度的留设应考虑土质、开挖深度、施工工期、地下水水位、坡顶荷载及气候条件因素。当地下水水位低于基底，在湿度正常的土层中开挖基坑或管沟，如敞露时间不长，在一定限度内可挖成直壁不加支撑。

边坡稳定的分析方法很多，如摩擦圆法、条分法等。有关这方面的计算，可参考相关教材。

施工中除应正确确定边坡，还要进行护坡，以防边坡发生滑动。土坡的滑动一般是指土方边坡在一定范围内整体地沿某一滑动面向下和向外移动而丧失其稳定性。边坡失稳往往是在外界不利因素影响下触动和加剧的。这些外界不利因素导致土体下滑力的增加或抗剪强度的降低。

土体的下滑使土体中产生剪应力。引起下滑力增加的因素主要有：坡顶上堆物、行车等荷载，雨水或地面水渗入土中使土的含水量提高而使土的自重增加；地下水渗流产生一定的动水压力；土体竖向裂缝中的积水产生侧向静水压力等。引起土体抗剪强度降低的因素主要是：气候的影响使土质松软；土体内含水量增加而产生润滑作用；饱和的细砂、粉砂受震动而液化等。

因此，在土方施工中，要预估各种可能出现的情况，采取必要的措施护坡防坊，特别要注意及时排除雨水、地面水，防止坡顶集中堆载及振动。必要时可采用钢丝网细石混凝土（或砂浆）护坡面层加固。如是永久性土方边坡，则应做好永久性加固措施。

1.2.3 土壁支护

开挖基坑（槽）时，如地质条件及周围环境许可，采用放坡开挖是较经济的。但在建筑稠密地区施工，或有地下水渗入基坑（槽）时往往不可能按要求的坡度放坡开挖，这时就需要进行基坑（槽）支护，以保证施工的顺利和安全，并减少对相邻建筑、管线等的不利影响。

基坑（槽）支护结构的主要作用是支撑土壁，此外，钢板桩、混凝土板桩及水泥土搅拌桩等围护结构还兼有不同程度的隔水作用。

基坑（槽）支护结构的形式有多种，根据受力状态可分为横撑式支撑、板桩式支护结构、重力式支护结构，其中，板桩式支护结构又分为悬臂式和支撑式。

1. 基槽支护

地下管线工程施工时，常需开挖沟槽。开挖较窄的沟槽，多用横撑式土壁支撑。横撑式土壁支撑根据挡土板的不同，分为水平挡土板式［图 1-2（a）］以及垂直挡土板式［图 1-2（b）］两类。前者挡土板的布置又分为间断式和连续式两种。湿度小的黏性土挖土深度小于 3 m 时，可用间断式水平挡土板支撑；对松散、湿度大的土可用连续式水平挡土板支撑，挖土深度可达 5 m。对松散和湿度很高的土可用垂直挡土板支撑，其挖土深度不限。

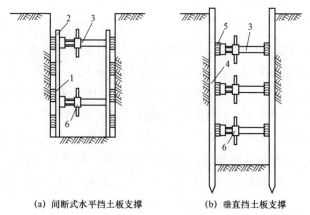

(a) 间断式水平挡土板支撑   (b) 垂直挡土板支撑

图 1-2　横撑式支撑

1—水平挡土板；2—立柱；3—工具式横撑；4—垂直挡土板；5—横楞木；6—调节螺栓

　　支撑所承受的荷载为土压力。土压力的分布不仅与土的性质、土坡高度有关，且与支撑的形式及变形亦有关。由于沟槽的支护多为随挖、随铺、随撑，支撑构件的刚度不同，撑紧的程度又难以一致，故作用在支撑上的土压力不能按库仑或朗肯土压力理论计算。实测资料表明，作用在横撑式支撑上的土压力的分布很复杂，也很不规则。工程中通常按图 1-3 所示几种简化图形进行计算。

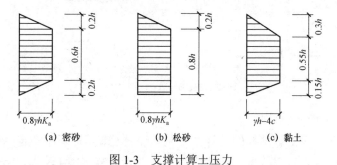

(a) 密砂   (b) 松砂   (c) 黏土

图 1-3　支撑计算土压力

　　挡土板、立柱及横撑的强度、变形及稳定等可根据实际布置情况进行结构计算。对较的沟槽，采用横撑式支撑便不适应，此时的土壁支护可采用类似于基坑的支护方法。

2. 基坑支护

　　在地下室或其他地下结构、深基础等施工时，常需要开挖基坑，为保证基坑侧壁的稳定，保护周边环境，满足地下工程施工，往往需要设置支护结构。支护结构一般根据地质条件、基坑开挖深度以及对周边环境保护要求采取土钉墙、重力式水泥土墙、板式支护结构等形式。

（1）重力式支护结构

水泥土搅拌桩（或称深层搅拌桩）支护结构是近年来发展起来的一种重力式支护结构。它是通过搅拌桩机将水泥与土进行搅拌，形成柱状的水泥加固土（搅拌桩）。用于支护结构的水泥土其水泥掺量通常为 12%～15%（单位土体的水泥掺量与土的重力密度之比），水泥土的抗压强度可达 0.8～1.2 MPa，其渗透系数很小，一般不大于 10^{-6} cm/s。由水泥土搅拌桩搭接而形成水泥土墙，它既具有挡土作用，又兼有隔水作用。它适用于 4～6 m 深的基坑，最大可达 7～8 m。

水泥土墙通常布置成格栅式，格栅的置换率（加固土的面积/水泥土墙的总面积）为 0.6～0.8。墙体的宽度 B、插入深度 h_d 根据基坑开挖深度 h 估算，一般 $B=(0.6～0.8)h$，$h_d=(0.8～1.2)h$，如图 1-4 所示。

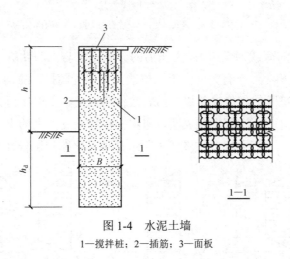

图 1-4　水泥土墙

1—搅拌桩；2—插筋；3—面板

1）水泥土墙的设计

水泥土重力式支护结构的设计主要包括整体稳定、抗倾覆稳定、抗滑移稳定、位移等，有时还应验算抗渗、墙体应力、地基强度等。图 1-5 为水泥土支护结构的计算图式。

2）水泥土搅拌桩的施工

① 施工机械

深层搅拌桩机机组由深层搅拌机（主机）、机架及灰浆搅拌机、灰浆泵等配套机械组成，如图 1-6 所示。

深层搅拌桩机常用的机架有三种形式：塔架式、桅杆式及履带式。前两种构造简便、易于加工，在我国应用较多，但其搭设及行走较困难。履带式的机械化程度高，塔架高度大，钻进深度大，但机械费用较高。

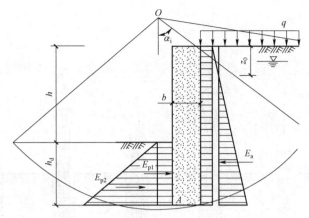

图 1-5 为水泥土支护结构的计算图式

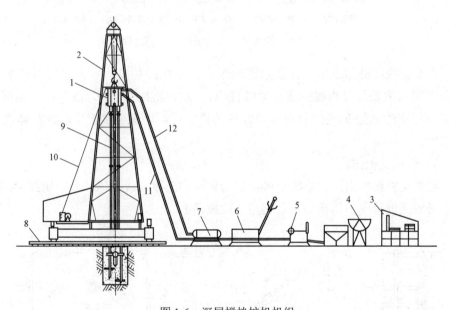

图 1-6 深层搅拌桩机机组

1—主机；2—机架；3—灰浆拌制机；4—集料斗；5—灰浆泵；6—贮水池；

7—冷却水泵；8—道轨；9—导向管；10—电缆；11—输浆管；12—水管

② 施工工艺

搅拌桩成桩工艺可采用"一次喷浆、二次搅拌"或"二次喷浆、三次搅拌"
工艺，主要依据水泥掺入比及土质情况而定，水泥掺量较小，土质较松时，可用
前者，反之可用后者。

"一次喷浆、二次搅拌"的施工工艺流程如图 1-7 所示。当采用"二次喷浆、
三次搅拌"工艺时，可在如图 1-7 所示步骤（e）作业时也进行注浆，以后再重复

（d）与（e）的过程。

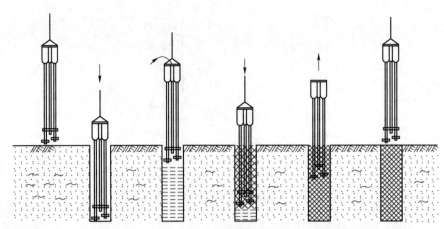

(a) 定位　　(b) 预埋下沉　　(c) 提升喷搅拌　　(d) 重复下搅拌　　(e) 重复上搅拌　　(f) 成桩结束

图 1-7　"一次喷浆、二次搅拌"施工流程

水泥土搅拌桩施工中应注意水泥浆配合比及搅拌制度、水泥浆喷射速率与提升速度的关系及每根桩的水泥浆喷注量，以保证注浆的均匀性与桩身强度。施工中还应注意控制桩的垂直度以及桩的搭接等，以保证水泥土墙的整体性与抗渗性。

3）板式支护结构

板式支护结构由两大系统组成：挡墙系统和支撑（或拉锚）系统如图 1-8 所示，悬臂式板桩支护结构则不设支撑（或拉锚）。

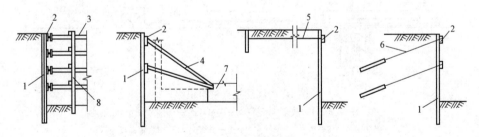

图 1-8　板式支护结构

1—板桩墙；2—围檩；3—钢支撑；4—斜撑；5—拉锚；6—土锚杆；7—先施工的基础；8—竖撑

挡墙系统常用的材料有槽钢、钢板桩、钢筋混凝土板桩、灌注桩及地下连续墙等。

钢板桩有平板形和波浪形两种如图 1-9 所示。钢板桩之间通过锁口互相连接，形成一道连续的挡墙。由于锁口的连接，使钢板桩连接牢固，形成整体，同时也具有较好的隔水能力。钢板桩截面积小，易于打入。U形、Z形等波浪式钢板桩截面抗弯能力较好。钢板桩在基础施工完毕后还可拔出重复使用。

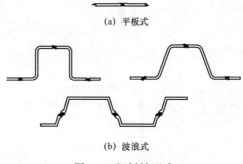

(a) 平板式

(b) 波浪式

图 1-9　钢板桩形式

支撑系统一般采用大型钢管、H型钢或格构式钢支撑，也可采用现浇钢筋混凝土支撑。拉锚系统的材料一般用钢筋、钢索、型钢或土锚杆。根据基坑开挖的深度及挡墙系统的截面性能可设置一道或多道支点。基坑较浅、挡墙具有一定刚度时，可采用悬臂式挡墙而不设支点。支撑或拉银与挡墙系统通过围檩、冠梁等连接成整体。

总结板桩的工程事故，其原因主要有五方面：① 板桩的入土深度不够，在土压力作用下，板桩的入土部分走动而出现坑壁滑坡（见图 1-10（a））；② 支撑或拉锚的强度不够（见图 1-10（b），（c））；③ 拉锚长度不足，锚碇失去作用而使土体滑动（见图 1-10（d））；④ 板桩本身刚度不够，在土压力作用下失稳弯曲（见图 1-10（e））；⑤ 板桩位移过大，造成周边环境的破坏（见图 1-10（f））。为此，板桩的入土深度、截面弯矩、支点反力、拉锚长度及板桩位移称为板桩设计的五大要素。

对于钢板桩，通常有三种打桩方法：

① 单独打入法

此法是从一角开始逐块插打，每块钢板桩自起打到结束中途不停顿。因此，桩机行走路线短，施工简便，打设速度快。但是，由于单块打入易向一边倾斜，累计误差不易纠正，因此，墙面平直度难以控制。一般在钢板桩长度不大（小于 10 m）、工程要求不高时可采用此法。

② 围檩插桩法

要用围檩支架作板桩打设导向装置（见图 1-11）。围檩支架由围檩和围檩桩组成，在平面上分单面围檩和双面围檩，高度方向有单层和双层之分。在打设板桩时起导向作用。双面围檩之间的距离，比两块板桩组合宽度大 8 mm。

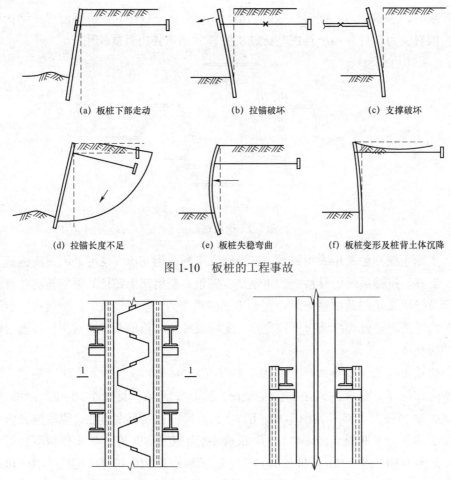

(a) 板桩下部走动　　　(b) 拉锚破坏　　　(c) 支撑破坏

(d) 拉锚长度不足　　　(e) 板桩失稳弯曲　　　(f) 板桩变形及桩背土体沉降

图 1-10　板桩的工程事故

图 1-11　围檩插桩法

双层围檩插桩法是在地面上，离板桩墙轴线一定距离先筑起双层围檩支架，而后将钢板桩依次在双层围檩中全部插好，成为一个高大的钢板桩墙，待四角实现封闭合拢后，再按阶梯形逐渐将板桩一块块打入设计标高。此法优点是可以保证平面尺寸准确和钢板桩垂直度，但施工速度慢，不经济。

③ 分段复打桩

此法又称屏风法，是将 10～20 块钢板桩组成的施工段沿单层围檩插入土中一定深度，形成较短的屏风墙。先将其两端的两块打入，严格控制其垂直度，打好后用电焊固定在围檩上，然后将其他的板桩按顺序以 1/2 或 1/3 板桩高度打入。此法可以防止板桩过大的倾斜和扭转，防止误差累积，有利实现封闭合拢，且分段打设，不会影响邻近板桩施工。

打桩锤根据板桩打入阻力确定,该阻力包括板桩端部阻力、侧面摩阻力和锁口阻力。桩锤不宜过重,以防因过大锤击而产生板桩顶部纵向弯曲,一般情况下,桩锤重量约为钢板桩重量的 2 倍。此外,选择桩锤时还应考虑锤体外形尺寸,其宽度不能大于组合打入板桩块数的宽度之和。

地下工程施工结束后,钢板桩一般都要拔出,以便重复使用。钢板桩的拔除要正确选择拔除方法与拔除顺序,由于板桩拔出时带土,往往会引起土体变形,对周围环境造成危害。必要时还应采取注浆填充等方法。

1.2.4 降水

在开挖基坑或沟槽时,土壤的含水层常被切断,地下水将会不断地渗入坑内。雨季施工时,地面水也会流入坑内。为了保证施工的正常进行,防止边坡塌方和地基承载能力的下降,必须做好基坑降水工作。降水方法可分为重力降水(如积水井、明渠等)和强制降水(如轻型井点、深井泵、电渗井点等)。土方工程中采用较多的是集水井降水和轻型井点降水。

1. 集水井降水

这种方法是在基坑或沟槽开挖时,在坑底设置集水井,并沿坑底的周围或中央开挖排水沟,使水在重力作用下流入集水井内,然后用水泵抽出坑外(见图 1-12)。

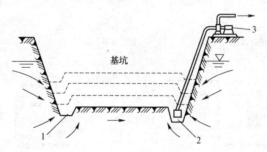

图 1-12　集水井降水
1—排水沟;2—集水井;3—水泵

四周的排水沟及集水井一般应设置在基础范围以外,地下水的上游,基坑面积较大时,可在基础范围内设置盲沟排水。根据地下水量、基坑平面形状及水泵能力,集水井每隔 20～40 m 设置一个。

集水井的直径或宽度,一般为 0.6～0.8 m。其深度随着挖土的加深而加深,要经常低于挖土面 0.7～1.0 m,井壁可用竹、木等简易加固。当基坑挖至设计标高后,井底应低于坑底 1～2 m,并铺设碎石滤水层,以免在抽水时将砂抽出,并防止井底的土被搅动，并做好较坚固的井壁。

集水井降水方法比较简单、经济，对周围影响小，因而应用较广。但当涌水量较大，水位差较大或土质为细砂或粉砂时，易产生流砂、边坡塌方及管涌等，此时往往采用强制降水的方法，人工控制地下水流的方向，降低水位。

2. 井点降水

（1）井点降水的作用

井点降水就是在基坑开挖前，预先在基坑四周埋设一定数量的滤水管（井），在基坑开挖前和开挖中，利用真空原理，不断抽出地下水，使地下水位降到坑底以下。

井点降水有下述作用：防止地下水涌入坑内［图1-13（a）］，防止边坡由于地下水的渗流而引起塌方［图1-13（b）］，使坑底的土层消除地下水位差引起的压力，因此防止了坑底的管涌［图1-13（c）］。降水后，使板桩减少了横向荷载［图1-13（d）］，消除了地下水的渗流，也就防止了流砂现象［图1-13（e）］。降低地下水位后，还能使土壤固结，增加地基的承载能力。

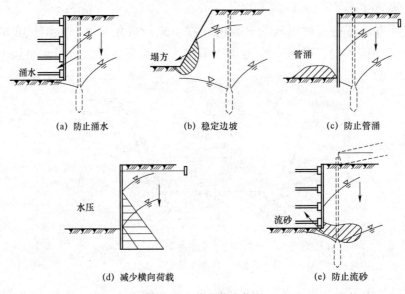

(a) 防止涌水　　　　(b) 稳定边坡　　　　(c) 防止管涌

(d) 减少横向荷载　　　　(e) 防止流砂

图1-13　井点降水作用

（2）流砂的成因与防治

流砂现象产生的原因，是水在土中渗流所产生的动水压力对土体作用的结果。

地下水的渗流对单位土体内骨架产生的压力称为动水压力，用 G_d 表示，它与单位土体内渗流水受到土骨架的阻力大小相等、方向相反。

动力水压的大小与水力坡度成正比，即水位差愈大，则 G_d 愈大；而渗透路程愈长，则 G_d 愈小。当水流在水位差的作用下对土颗粒产生向上压力时，动水压力不但使土粒受到水的浮力，而且还受到向上动水压力的作用。如果压力等于或大于土的浮重度，则土粒失去自重，处于悬浮状态，土的抗剪强度等于零，土粒能随着渗流的水一起流动，这种现象就叫"流砂现象"。

细颗粒、均匀颗粒、松散及饱和的土容易产生流砂现象，因此流砂现象经常在细砂、粉砂及粉土中出现，但是否出现流砂的重要条件是动水压力的大小，防治流砂应着眼于减小或消除动水压力。

防治流砂的方法主要有：水下挖土法、冻结法、枯水期施工、抢挖法、加设支护结构及井点降水等，其中井点降水法是根除流砂的有效方法之一。

（3）井点降水法的种类

井点有两大类：轻型井点和管井类。一般根据土的渗透系数、降水深度、设备条件及经济比较等因素确定，可参照表 1-2 选择。

表 1-2　各种井点的适用范围

井点类别		土的渗透系数/（m/d）	降水深度/m
轻型井点	一级轻型井点	$3 \times 10^{-4} \sim 2 \times 10^{1}$	3～6
	多级轻型井点	$3 \times 10^{-4} \sim 2 \times 10^{-1}$	视井点级数而定
	喷射井点	$3 \times 10^{-4} \sim 2 \times 10^{-1}$	8～20
	电渗井点	$< 3 \times 10^{-4}$	视选用的井点而定
管井点	管井井点	$7 \times 10^{-2} \sim 7 \times 10^{-1}$	3～5
	深井井点	$3 \times 10^{-2} \sim 9 \times 10^{-1}$	>15

实际工程中，一般轻型井点应用最为广泛。

（4）一般轻型井点

1）一般轻型井点设备

轻型井点设备由管路系统和抽水设备组成（见图 1-14）。管路系统包括：滤管、井点管、弯联管及总管等。

滤管（见图 1-15）为进水设备，通常采用长 1.0～1.5 m、直径 38 mm 或 51 mm 的无缝钢管，管壁钻有直径为 12～19 mm 的滤孔。骨架管外面包以两层孔径不同的生丝布或塑料布滤网。为使流水畅通，在骨架与滤网之间用塑料管或梯形铅丝隔开，塑料管沿骨架绕成螺旋形。滤网外面再绕一层粗铁丝保护网，滤管下端为一铸铁塞头，滤管上端与井点管连接。

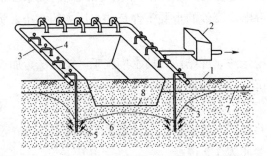

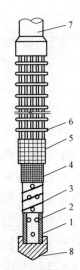

图 1-14　轻型井点法降低地下水位全貌图

1—自然地面；2—水泵；3—总管；4—井点管；

5—滤管；6—降水后水位；7—原地下水水位；

8—基坑底面

图 1-15　滤管构造

1—钢管心；2—管壁上的小孔；3—缠绕的
塑料管；4—细滤网；5—粗滤网；6—粗铁丝
保护网；7—井点管；8—铸铁头

井点管为直径 38 mm 或 51 mm、长 5～7 m 的钢管。井点管上端用弯联管与总管相连。集水总管为直径 100～127 mm 的无缝钢管，每段长 4 m，其上装有与井点管连接的短接头，间距 0.8 m 或 1.2 m。

抽水设备是由真空泵、离心泵和水气分离器（又叫集水箱）等组成，抽水时先开动真空泵，水气分离器内部形成一定程度的真空，使土中的水分和空气受真空吸力作用而吸出，进入水汽分离器。一套抽水设备的负荷长度（即集水总管长度）为 100～120 m。常用的 W5、W6 型干式真空泵，其最大负荷长度分别为 100 m 和 120 m。

2）轻型井点布置和计算

井点系统布置应根据水文地质资料、工程要求和设备条件等确定。

一般要求掌握的水文地质资料有：地下水含水层厚度、承压或非承压水及地下水变化情况、土质、土的渗透系数、不透水层位置等。要求了解的工程性质主要是：基坑（槽）形状、大小及深度，此外，还应了解设备条件，如井管长度、泵的抽吸能力等。

轻型井点布置包括高程布置与平面布置。平面布置即确定井点布置形式、总管长度、井点管数量、水泵数量及位置等。高程布置则确定井点管的埋设深度。

布置和计算的步骤是：确定平面布置→高程布置→计算井点管数量→调整设计。下面讨论每一步的设计计算方法。

① 确定平面布置

根据基坑（槽）形状，轻型井点可采用单排布置［图1-16（a）］、双排布置［图1-16（b）］以及环形布置［图1-16（c）］，当土方施工机械需进出基坑时，也可采用 U 形布置［图1-16（d）］。

单排布置适用于基坑（槽）宽度小于 6 m 且降水深度不超过 5 m 的情况。井点管应布置在地下水的上游一侧，两端延伸长度不宜小于坑（槽）的宽度［图1-16（a）］。

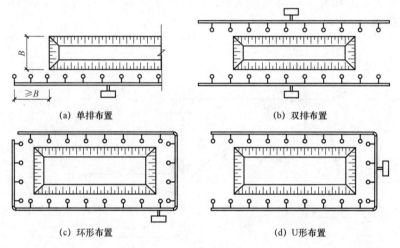

(a) 单排布置   (b) 双排布置

(c) 环形布置   (d) U形布置

图 1-16　轻型井点的平面布置

双排布置适用于基坑宽度大于 6 m 或土质不良的情况。

环形布置适用于大面积基坑。如采用 U 形布置，则井点管不封闭的一段应设在地下水的下游方向。

② 高程布置

高程布置系确定井点管埋深，即滤管上口至总管埋设面的距离，可按下式计算（图1-17）：

$$h \geqslant h_1 + \Delta h + iL \tag{1-4}$$

式中，h——井点管埋深（m）；

h_1 ——总管埋设面至基底的距离（m）；

Δh ——基底至降低后的地下水位线的距离（m）；

i——水力坡度；

L——井点管至水井中心的水平距离，当井点管为单排布置时，L为井点管至对边坡脚的水平距离（m）。

计算结果还应满足下式：

$$h \geqslant h_{p\max} \tag{1-5}$$

式中，$h_{p\max}$为抽水设备的最大抽吸高度，一般轻型井点为6～7 m。

如式（1-5）不能满足时，可采用降低总管埋设面或多级井点的方法。当计算得到的井点管埋深h略大于水泵抽吸高度且地下水位离地面较深时，可采用降低总管埋设面的方法，以充分利用水泵的抽水能力，此时总管埋设面可置于地下水位线以上。如略低于地下水位线也可，但在开挖第一层土方埋设总管时，应设集水井降水。

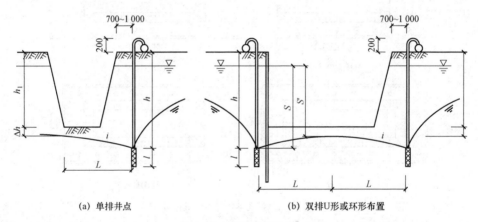

(a) 单排井点　　　　　　　　　　(b) 双排U形或环形布置

图 1-17　高程布置计算

当按式（1-5）计算的h值与$h_{p\max}$相差很多且地下水位离地表距离较近时，则可用多级井点。

任何情况下，滤管必须埋设在含水层内。

在上述公式中有关数据按下述取值：

a）Δh一般取0.5～1 m，根据工程性质和水文地质状况确定。

b）i的取值：当单排布置时：$i=1/4～1/5$；当双排布置时：$i=1/7$；当环形布置时：$i=1/10$。

c）L为井点管至水井中心的水平距离，当基坑井点管为环形布置时，L取短边方向的长度，这是由于沿长边布置的井点管的降水效应比沿短边方向布置的井点管强的缘故。当基坑（槽）两侧是对称的，则L就是井点管至基坑中心的水平距离；如坑（槽）两侧不对称，如图 1-17（b）中一边打板桩、一边放坡，则取井点管之间 1/2 距离计算。

d）井点管布置应离坑边一定距离（0.7～1 m），以防止边坡塌土而引起局部漏气。

e）实际工程中，井点管均为定型的，有一定标准长度。通常根据给定井点管长度验算 Δh，如 $\Delta h \geqslant 0.5 \sim 1$ m 则可满足，Δh 可按下式计算：

$$\Delta h = h' - 0.2 - h_1 - iL \tag{1-6}$$

式中，h'——井点管长度（m）；

0.2——井点管露出地面的长度（m）；

其他符号同前。

③ 总管及井点管数量的计算

总管长度根据基坑上口尺寸或基槽长度即可确定，进而可根据选用的水泵负荷长度确定水泵数量。

（a）井点系统的涌水量

确定井点管数量时，需要知道井点系统的涌水量。井点系统的涌水量按水井理论进行计算。根据地下水有无压力，水井分为无压井和承压井。当水井布置在具有潜水自由面的含水层中时（即地下水面为自由水面），称为无压井；当水井布置在承压含水层中时（含水层中的地下水充满在两层不透水层间，含水层中的地下水水面具有一定水压），称为承压井。当水井底部达到不透水层时称完整井，否则称为非完整井（见图 1-18），各类井的涌水量计算方法都不同。

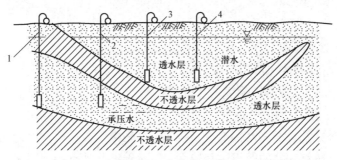

图 1-18　水井的分类

1—承压完整井；2—承压非完整井；3—压完整井；4—压非完整井

目前采用的计算方法，都是以法国水利学家裘布依的水井理论为基础的。

当均匀地在井内抽水时，井内水位开始下降。经过一定时间的抽水，井周围的水面就由水平的变成降低后的弯曲线渐趋稳定，成为向井边倾斜的水位降落漏斗。如图 1-19 所示为无压完整井抽水时水位的变化情况。在纵剖面上流线是一系列曲线，在横剖面上水流的过水断面与流线垂直。

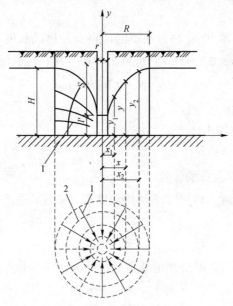

图 1-19　无压完整井水位降落曲线和流线网

1—流线；2—过水断面

裘布依单井的涌水量 Q（m³/d）的计算公式如下：

$$Q = 1.364K \frac{(2H-S)S}{\lg R - \lg r} \qquad (1-7)$$

式中，K——土的渗透系数（m/d）；

　　　H——含水层厚度（m）；

　　　S——水井处水位降落高度（m）；

　　　R——单井的降水影响半径（m）；

　　　r——单井的半径（m）。

裘布依公式的计算与实际有一定出入，这是由于在过水断面处水流的水力坡度并非恒值，在靠近井的四周误差较大。但对于离井外有相当距离处其误差是很小的（见图 1-19）。

公式（1-8）是无压完整单井的涌水量计算公式。但在井点系统中，各井点管布置在基坑周围，许多井点同时抽水，即群井共同工作。群井涌水量的计算，可把由各井点管组成的群井系统视为一口大的圆形单井。

涌水量计算公式为

$$Q = 1.364K \frac{(2H - S)S}{\lg(R + x_0) - \lg r}$$

（1-8）

式（1-8）中，S 为井点管内水位降落值（m）；x_0 为由井点管围成的水井的半径（m）。其他符号含义同前。

在实际工程中往往会遇到无压非完整井的井点系统［见图 1-18（4）］，这时，地下水不仅从井的侧面流入，还从井底渗入。因此涌水量要比完整井大。为了简化计算，仍可采用式（1-7）及式（1-8）。此时式中 H 换成有效含水深度 H_0。对于群井，有：

$$Q = 1.364K \frac{(2H_0 - S)/S}{\lg(R + x_0) - \lg r}$$

（1-9）

表 1-3 中，l 为滤管长度（m）。有效含水深度 H_0 的意义是，抽水时在 H_0 范围内受到抽水影响，而假设在 H_0 以下的水不受抽水影响，因而也可将 H_0 视为抽水影响深度。

表 1-3　有效深度 H_0 值

$S/(S+l)$	0.2	0.3	0.5	0.8
H_0	1.3$(S+l)$	1.5$(S+l)$	1.7$(S+l)$	1.84$(S+l)$

注：$S/(S+l)$ 的中间值可采用插人法求 H_0。

应用上述公式时，先要确定 x_0，R，K。

由于基坑大多不是圆形，因而不能直接得到 x_0，当矩形基坑长宽比不大于 5 时，环形布置的井点可近似作为圆形井来处理，并用面积相等原则确定，此时将近似圆的半径作为矩形水井的假想半径：

$$x_0 = \sqrt{\frac{F}{\pi}}$$

（1-10）

式中，x_0——环形井点系统的假想半径（m）；

F——环形井点所包围的面积（m²）。

抽水影响半径，与土的渗透系数、含水层厚度、水位降低值及抽水时间等因素有关。在抽水 2～5 d 后，水位降落漏斗基本稳定，此时抽水影响半径可近似地按下式计算：

$$R = 1.95S\sqrt{HK} \quad \text{（m）}$$

（1-11）

式中，S，H 的单位为 m；K 的单位为 m/d。

渗透系数 K 值对计算结果影响较大。K 值的确定可用现场抽水试验或通过实验室测定。对重大工程，宜采用现场抽水试验以获得较准确的值。

（b）单根井管的最大出水量

单根井管的最大出水量，由下式确定：

$$Q = 65\pi dl^3 \sqrt{K} \quad (\text{m}^3/\text{d}) \tag{1-12}$$

式中，d 为滤管直径（m）。其他符号含义同前。

（c）井点管数量

$$n' = \frac{Q}{q} \tag{1-13}$$

井点管最少数量由下式确定：

井点管最大间距便可求得

$$D' = \frac{L}{n'} \tag{1-14}$$

式中，L——总管长度（m）；

n'——井点管最少根数。

实际采用的井点管 D 应当与总管上接头尺寸相适应。即尽可能采用 0.8 m、1.2 m、1.6 m 或 2.0 m，且 $D < D'$，这样，实际采用的井点数 $n > n'$，一般，n 应当超过 $1.1n'$，以防井点管堵塞等影响抽水效果。

（5）轻型井点的施工

轻型井点的施工，大致包括以下几个过程：准备工作、井点系统的埋设、使用及拆除。

准备工作包括井点设备、动力、水源及必要材料的准备，排水沟的开挖，附近建筑物的标高观测以及防止附近建筑物沉降措施的实施。

埋设井点的程序是：先排放总管，再设井点管，用弯联管将井点与总管接通，然后安装抽水设备。

井点管的埋设一般用水冲法进行，并分为冲孔与埋管（见图 1-20）两个过程。

冲孔时，先用起重机设备将冲管吊起并插在井点的位置上，然后开动高压水泵，将土冲松，冲管则边冲边沉。冲孔直径一般为 300 mm，以保证井管四周有一定厚度的砂滤层，冲孔深度宜比滤管底深 0.5 m 左右，以防冲管拔出时，部分土颗粒沉于底部而触及滤管底部。

井孔冲成后，立即拔出冲管，插入井点管，并在井点管与孔壁之间迅速填灌砂滤层，以防孔壁塌土。砂滤层的填灌质量是保证轻型井点顺利抽水的关键。一般宜选用干净粗砂，填灌均匀，并填至滤管顶上 1～1.5 m，以保证水流畅通。

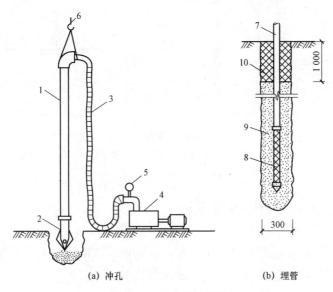

（a）冲孔   （b）埋管

图 1-20 井点管的埋设

1—冲管；2—冲嘴；3—胶管；4—高压水泵；5—压力表；6—起重机吊钩；
7—井点管；8—滤管；9—填砂；10—黏土封口

井点填砂后，须用黏土封口，以防漏气。

井点系统全部安装完毕后，需进行试抽，以检查有无漏气现象。开始抽水后一般不应停抽。时抽时停，滤网易堵塞，也容易抽出土粒，使水混浊，并引起附近建筑物由于土粒流失而沉降开裂。正常的排水应是细水长流，出水澄清。

抽水时需要经常检查井点系统工作是否正常，以及检查观测井中水位下降情况，如果有较多井点管发生堵塞，影响降水效果时，应逐根用高压水反向冲洗或拔出重埋。

轻型井点降水有许多优点，在地下工程施工中广泛应用，但其抽水影响范围较大，影响半径可达百米至数百米，且会导致周围土壤固结而引起地面沉陷，要消除地面沉陷可采用回灌井点方法。即在井点设置线外 4～5 m 处，以间距 3～5 m 插入注水管，将井点中抽取的水经过沉淀后用压力注入管内，形成一道水墙，以防止土体过量脱水，而基坑内仍可保持干燥。这种情况下，抽水管的抽水量约增加 10%，可适当增加抽水井点的数量。回灌井点布置如图 1-21 所示。

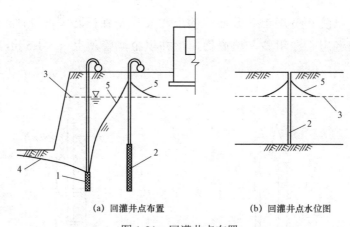

(a) 回灌井点布置　　　　　(b) 回灌井点水位图

图 1-21　回灌井点布置

1—降水井点；2—回灌井点；3—原水位线；4—坑内降低后的水位线；5—回灌后水位线

1.3　土方工程的机械化施工

　　土方工程的施工过程包括：土方开挖、运输、填筑与压实。土方工程应尽量采用机械施工，以减轻繁重的体力劳动和提高施工速度。

1.3.1　主要挖土机械的性能

1. 推土机

　　推土机是土方工程施工的主要机械之一，它是在履带式拖拉机上安装推土板等工作装置而成的机械。常用推土机的发动机功率有 45kW、75 kW、90 kW、120 kW 等数种。推土板多用油压操纵。如图 1-22 所示是液压操纵的 T_2-100 型推土机外形图，液压操纵推土板的推土机除了可以升降推土板外，还可调整推土板的角度，因此具有更大的灵活性。

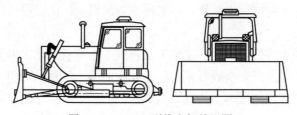

图 1-22　T_2-100 型推土机外形图

　　推土机操纵灵活，运转方便，所需工作面较小，行驶速度快，易于转移，能爬 30° 左右的缓坡，因此应用范围较广。

推土机适于开挖一至三类土，多用于平整场地，开挖深度不大的基坑，移挖作填，回填土方，堆筑堤坝以及配合挖土机集中土方、修路开道等。

推土机作业以切土和推运土方为主，切土时应根据土质情况，尽量采用最大切土深度在最短距离（6～10 m）内完成，以便缩短低速行进的时间，然后直接推运到预定地点。上下坡坡度不得超过 35%，横坡不得超过 10°。几台推土机同时作业时，前后距离应大于 8 m。

推土机经济运距在 100 m 以内，效率最高的运距为 60 m。为提高生产率，可采用槽形推土、下坡推土以及并列推土等方法。

2. 铲运机

铲运机是一种能综合完成全部土方施工工序（挖土、装土、运土、卸土和平土）的机械。按行走方式分为自行式铲运机（见图 1-23）和拖式铲运机（见图 1-24）两种。常用的铲运机斗容量为 2 m³、5 m³、6 m³、7 m³ 等数种，按铲斗的操纵系统又可分为机械操纵和液压操纵两种。

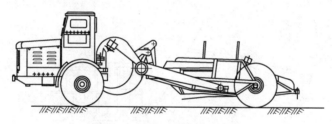

图 1-23　自行式铲运机外形图

铲运机操纵简单，不受地形限制，能独立工作，行驶速度快，生产效率高。

铲运机适于开挖一至三类土，常用于坡度为 20° 以内的大面积土方挖、填、平整、压实，大型基坑开挖和堤坝填筑等。

铲运机运行路线和施工方法视工程大小、运距长短、土的性质和地形条件等而定。其运行线路可采用环形路线或 8 字路线。适用运距为 600～1 500 m，当运距为 200～350 m 时效率最高。采用下坡铲土、跨铲法、推土机助铲法等，可缩短装土时间，提高土斗装土量，充分发挥其效率。

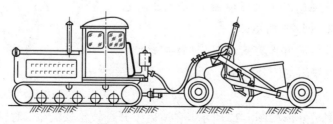

图 1-24　拖式铲运机外形图

3. 挖掘机

挖掘机按行走方式分为履带式和轮胎式两种。按传动方式分为机械传动和液压传动两种。斗容量有 0.2 m³、0.4 m³、1.0 m³、1.5 m³、2.5 m³ 多种，工作装置有正铲、反铲、抓铲，机械传动挖掘机还有拉铲。使用较多的是正铲与反铲。挖掘机利用土斗直接挖土，因此也称为单斗挖土机。

（1）正铲挖掘机

正铲挖掘机外形如图 1-25 所示。它适用于开挖停机面以上的土方，且需与汽车配合完成整个挖运工作。正铲挖掘机挖掘力大，适用于开挖含水量较小的一至四类土和经爆破的岩石及冻土。

正铲挖掘机的生产率主要决定于每斗作业的循环延续时间。为了提高其生产率，除了工作面高度必须满足装满土斗的要求之外，还要考虑开挖方式和与运土机械配合。尽量减少回转角度，缩短每个循环的延续时间。

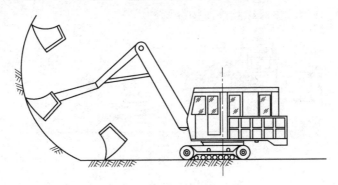

图 1-25　正铲挖掘机外形图

（2）反铲挖掘机

反铲挖掘机适用于开挖一至三类的砂土或黏土。主要用于开挖停机面以下的土方，一般反铲的最大挖土深度为 4~6 m，经济合理的挖土深度为 3~5 m。反铲挖掘机也需要配备运土汽车进行运输。反铲挖掘机的外形如图 1-26 所示。

反铲挖掘机的开挖方式可以采用沟端开挖法，也可采用沟侧开挖法。

（3）抓铲挖掘机

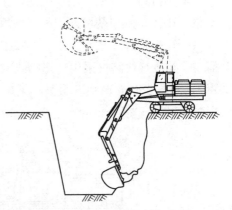

图 1-26　液压反铲挖掘机外形

抓铲挖掘机外形如图 1-27 所示，它适用于开挖较松软的土。对施工面狭窄而深的基坑、深槽、深井，采用抓铲挖掘机可取得理想效果。抓铲挖掘机还可用于挖取水中淤泥、装卸碎石、矿渣等松散材料。新型的抓铲挖掘机也有采用液压传动操纵抓斗作业。

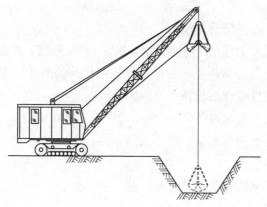

图 1-27　抓铲挖掘机

抓铲挖掘机挖土时，通常立于基坑一侧进行，对较宽的基坑，则在两侧或四侧抓土。抓挖淤泥时，抓斗易被淤泥"吸住"，应避免起吊用力过猛，以防翻车。

（4）拉铲挖掘机

拉铲挖掘机适用于一至三类的土，可开挖停机面以下的土方，如较大基坑（槽）和沟渠，挖取水下泥土，也可用于填筑路基、堤坝等。其外形及工作状况如图 1-28 所示。

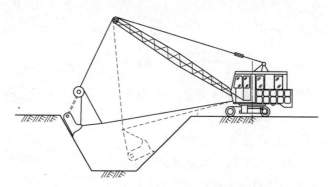

图 1-28　拉铲挖掘机外形及工作状况

拉铲挖掘机挖土时，依靠土斗自重及拉索拉力切土，卸土时斗齿朝下，利用惯性，较湿的黏土也能卸净。但其开挖的边坡及坑底平整度较差，需更多的人工修坡（底）。它的开挖方式也有沟端开挖和沟侧开挖两种。

1.3.2　土方机械的选择

前文已经叙述了主要挖土机械的性能和适用范围，选择土方施工机械的依据如下：

（1）土方工程的类型及规模

不同类型的土方工程，如场地平整、基坑（槽）开挖、大型地下室土方开挖、构筑物填土等施工各有其特点，应依据开挖或填筑的断面（深度及宽度）、工程范围的大小、工程量多少来选择土方机械。

（2）地质、水文及气候条件

如土的类型、土的含水量、地下水等条件。

（3）机械设备条件

指现有土方机械的种类、数量及性能。

（4）工期要求

如果有多种机械可供选择时，应当进行技术经济比较，选择效率高、费用低的机械进行施工。一般可选用土方施工单价最小的机械进行施工，但在大型建设项目中，土方工程量很大，而现有土方机械的类型及数量常受限制，此时必须将所有机械进行最优分配，使施工总费用最少，可应用线性规划的方法来确定土方机械的最优分配方案。

（5）土方机械与运土车辆的配合

当挖土机挖出的土方需要运土车辆运走时，挖土机的生产率不仅取决于本身的技术性能，而且还决定于所选的运输工具是否与之协调。由技术性能，可按下式算出挖土机的生产率 P：

$$P = \frac{8 \times 3\,600}{t} q \frac{K_C}{K_s} K_B \quad (\text{m}^3/\text{班}) \qquad (1\text{-}15)$$

式中，t——挖土机每次作业循环延续时间（s）；

　　　q——挖土机斗容量（m³）；

　　　K_s——土的最初可松性系数，见表 1-1；

　　　K_C——土斗的充盈系数，可取 0.8～1.1；

　　　K_B——工作时间利用系数，一般为 0.6～0.8。

为了使挖土机充分发挥生产能力，应使运土车辆的载重量 Q 与挖土机的每斗土重保持一定的倍率关系，并有足够数量的车辆以保证挖土机连续工作。从挖土机方面考虑，汽车的载重量越大越好，可以减少等待车辆调头的时间。从车辆方面考虑，载重量小，台班费便宜，但使用数量多；载重量大，则台班费高，但数量可减少。最适合的车辆载重量应当是使土方施工单价为最低，可以通过核算确定。一般情况下，汽车的载重量以每斗土重的 3～5 倍为宜。运土车辆的数量 N，可按下式计算：

$$N = \frac{T}{t_1 + t_2} \qquad (1\text{-}16)$$

式中，T——运输车辆每一工作循环延续时间（s），由装车、重车运输、卸车、
　　　　空车开回及等待时间组成；

　　　t_1——运输车辆调头而使挖土机等待的时间（s）；

　　　t_2——运输车辆装满一车土的时间（s）：

$$t_2 = nt \qquad (1\text{-}17)$$

$$n = \frac{10Q}{q\dfrac{K_C}{K_S}\gamma} \qquad (1\text{-}18)$$

式中，n——运土车辆每车装土次数；

　　　Q——运土车辆的载重量（t）；

　　　q——挖土机斗容量（m³）；

　　　γ——实土重度（kN/m³）。

为了减少车辆调头、等待和装土时间，装土场地必须考虑调头方法及停车位置。如在坑边设置两个通道，使汽车不用调头，可以缩短调头、等待时间。

1.4　土方的填筑与压实

1.4.1　土料的选用与处理

填方土料应符合设计要求，保证填方的强度与稳定性，选择的填料应为强度高、压缩性小、水稳定性好、便于施工的土、石料。如设计无要求时，应符合下列规定：

（1）碎石类土、砂土和爆破石碴（粒径不大于每层铺厚的 2/3）可用于表层下的填料。

（2）含水量符合压实要求的黏性土，可为填土。在道路工程中，黏性土不是理想的路基填料，在使用其作为路基填料时，必须充分压实并设有良好的排水设施。

（3）碎块草皮和有机质含量大于 8% 的土，仅用于无压实要求的填方。

（4）淤泥和淤泥质土，一般不能用作填料，但在软土或沼泽地区，经过处理，含水量符合压实要求，可用于填方中的次要部位。

填土应严格控制含水量，施工前应进行检验。当土的含水量过大，应采用翻松、晾晒、风干等方法降低含水量，或采用换土回填、均匀掺入干土或其他吸水材料、打石灰桩等措施；如含水量偏低，则可预先洒水湿润，否则难以压实。

1.4.2 填土的方法

填土可采用人工填土和机械填土。

人工填土一般用手推车运土，人工用锹、耙、锄等工具进行填筑，从最低部分开始由一端向另一端自下而上分层铺填。

机械填土可用推土机、铲运机或自卸汽车进行。用自卸汽车填土，需用推土机推开推平，采用机械填土时，可利用行驶的机械进行部分压实工作。

填土应从低处开始，沿整个平面分层进行，并逐层压实。特别是机械填土，不得居高临下，不分层次，一次倾倒填筑。

1.4.3 压实方法

填土的压实方法有碾压、夯实和振动压实等几种。

碾压适用于大面积填土工程。碾压机械有平碾（压路机）、羊足碾和汽胎碾。羊足碾需要较大的牵引力而且只能用于压实黏性土，因在砂土中碾压时，土的颗粒受到"羊足"较大的单位压力后会向四面移动，而使土的结构破坏。汽胎碾在工作时是弹性体，给土的压力较均匀，填土质量较好。应用最普遍的是刚性平碾。利用运土工具碾压土壤也可取得较大的密实度，但必须很好地组织土方施工，利用运土过程进行碾压。如果单独使用运土工具进行土壤压实工作，在经济上是不合理的，它的压实费用要比用平碾压实贵一倍左右。

夯实主要用于小面积填土，可以夯实黏性土或非黏性土。夯实的优点是可以压实较厚的土层。夯实机械有夯锤、内燃夯土机和蛙式打夯机等。夯锤借助起重机提起并落下，其重量大于 1.5 t，落距 2.5～4.5 m，夯土影响深度可超过 1 m，常用于夯实湿陷性黄土、杂填土以及含有石块的填土。内燃夯土机作用深度为 0.4～0.7 m，它和蛙式打夯机都是应用较广的夯实机械。人力夯土（木夯、石夯）方法则已很少使用。

振动压实主要用于压实非黏性土，采用的机械主要是振动压路机、平板振动器等。

1.4.4 影响填土压实的因素

填土压实质量与许多因素有关，其中主要影响因素为：压实功、土的含水量以及每层铺土厚度。

（1）压实功的影响

填土压实后的重度与压实机械在其上所施加的功有一定的关系。土的重度与所耗的功的关系见图1-29。当土的含水量一定，在开始压实时，土的重度急剧增加，待到接近土的最大重度时，压实功虽然增加许多，而土的重度则没有变化。实际施工中，对不同的土，应根据选择的压实机械和密实度要求选择合理的压实遍数。此外，松土不宜用重型碾压机械直接滚压，否则土层有强烈起伏现象，效率不高。如果先用轻碾，再用重碾压实，就会取得较好效果。

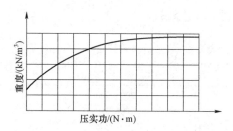

图 1-29　土的重度与压实功的关系

（2）含水量的影响

在同一压实功条件下，填土的含水量对压实质量有直接影响。较为干燥的土，由于土颗粒之间的摩阻力较大而不易压实。当土具有适当含水量时，水起了润滑作用，土颗粒之间的摩阻力减小，从而易压实。但当含水量过大，土的孔隙被水占据，由于液体的不可压缩性，如土中的水无法排除，则难以将土压实。这在黏性土中尤为突出，含水量较高的黏性土压实时很容易形成"橡皮土"而无法压实。每种土壤都有其最佳含水量。土在这种含水量的条件下，使用同样的压实功进行压实，所得到的重度最大（见图1-30）。各种土的最佳含水量和所能获得的最大干重度，可由击实试验取得。施工中，土的含水量与最佳含水量之差可控制在−4%～+2%范围内。

（3）铺土厚度的影响

土在压实功的作用下，压应力随深度增加而逐渐减小（见图1-31），其影响深度与压实机械、土的性质和含水量等有关。

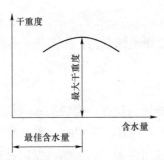

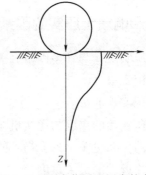

图 1-30 土的含水量对其压实质量的影响   图 1-31 压实作用沿深度的变化

铺土厚度应小于压实机械压土时的有效作用深度，而且还应考虑最优土层厚度。铺得过厚，要压很多遍才能达到规定的密实度；铺得过薄，则要增加机械的总压实遍数。最优的铺土厚度应能使土方压实而机械的功耗费最少。填土的铺土厚度及压实遍数可参考表 1-4 选择。

表 1-4 填方每层的铺土厚度和压实遍数

压实机具	每层铺土厚度/mm	每层压实遍数
平碾	200～300	6～8
羊足碾	200～350	8～16
蛙式打夯机	200～250	3～4
人工打夯	<200	3～4

1.4.5 填土压实的质量检查

填土压实后应达到一定的密实度及含水量要求。密实度要求一般由设计根据工程结构性质、使用要求以及土的性质确定，例如建筑工程中的砌体承重结构和框架结构，在地基主要持力层范围内，压实系数（压实度）λ_c，应大于 0.96，在地基主要持力层范围以下，则 λ_c 应在 0.93～0.96 之间。

又如道路工程土质路基的压实度则需根据所在地区的气候条件、土基的水温度状况、道路等级及路面类型等因素综合考虑。我国公路和城市道路土基的压实度见表 1-5 及表 1-6。

表 1-5 公路土质路基压实度

填挖类别	路槽底面以下深度/cm	压实度/%
路堤	0～80	>93
	80 以下	>90
零填及路堑	0～30	>93

表 1-6　城市道路土质路基压实度

填挖深度	深度范围/cm（路槽底算起）	压实度/%		
		快速路及主干路	次干路	支路
填方	0～80	95/98	93/95	90/92
	80 以下	93/95	90/92	87/89
挖方	0～30	95/98	93/95	90/92

压实系数（压实度）λ_c 为土的控制干重度 ρ_d 内与土的最大干重度 $\rho_{d\max}$ 之比，即

$$\lambda_c = \frac{\rho_d}{\rho_{d\max}} \tag{1-19}$$

ρ_d 可用"环刀法"或灌砂（或灌水）法测定，$\rho_{d\max}$ 则用击实试验确定。标准击实试验方法分轻型标准和重型标准两种，两者的落锤重量、击实次数不同，即试件承受的单位压实功不同。压实度相同时，采用重型标准的压实要求比轻型标准的高，道路工程中，一般要求土基压实采用重型标准，确有困难时，可采用轻型标准。

思考题

【1-1】土的可松性在工程中有哪些应用？

【1-2】影响边坡稳定的主要因素有哪些？

【1-3】土壁支护有哪些形式？

【1-4】降水方法有哪些？其适用范围如何？

【1-5】轻型井点的设备包括哪些？

【1-6】轻型井点的设计包括哪些内容？其设计步骤如何？

【1-7】试述主要土方机械的性能及其适用性。

【1-8】填土的密实度如何评价？

【1-9】影响填土质量的因素有哪些？

2 深基础工程

常用的深基础有桩基础、地下连续墙、墩式基础和沉井基础等。桩的作用是将上部建筑物的荷载传递到地基土深部较硬、较密实、压缩性较小的土层或岩石上，以提高地基土的承载力。

2.1 预制桩施工

钢筋混凝土预制桩有实心方桩和离心管桩两种类型。预制桩可根据需要制作成各种断面及长度，承载能力较大，施工速度快，沉桩工艺简单，不受地下水位高低变化的影响，因而在建筑工程中应用较广。

实心方桩边长一般为 200～450 mm，管桩是在工厂以离心法成型的空心圆柱断面，其直径一般为 0400 mm、0500 mm 等。钢筋混凝土预制桩所用混凝土强度等级不宜低于 C30，主筋根据桩断面大小及吊装验算确定。

钢筋混凝土预制桩的施工，包括桩的制作、起吊、运输、堆放、沉桩、接桩等过程。

2.1.1 钢筋混凝土预制桩的制作

（1）桩的制作程序

1）整平、压实制桩场地，然后将场地地坪做成三七灰土垫层或浇筑混凝土。

2）支桩模板，绑扎钢筋骨架、安设吊环。

3）浇筑桩身混凝土，养护至设计强度的 30%时，然后拆模。

4）养护至设计强度的 70%时，进行起吊。

5）养护至设计强度的 100%时，进行运输和堆放。

（2）桩的制作方法

1）预制桩可在工厂或施工现场预制。较短的桩（10 m 以下），多在预制厂（场）预制。较长的桩，一般情况下在打桩现场附近设置露天预制场进行预制。现场预制多采用工具式木模或钢模板，支撑在坚实平整的地坪上，模板应平整牢靠，尺寸准确。叠浇预制桩的层数不宜超过 4 层，上下层之间、邻桩之间、桩与底模和模板之间应用塑料薄膜、油毡、水泥袋纸或废机油、滑石粉等隔离剂隔开。

2）桩内钢筋应严格保证位置正确，桩尖应对准纵轴线。钢筋骨架的主筋连接宜采用对焊或电弧焊，主筋接头在同一截面内的数量不得超过 50%，相邻两根主筋接头截面的距离应不大于 35d（d 为主筋直径），并不小于 500 mm。纵向钢筋顶部保护层不应过厚。

3）桩的混凝土强度等级应不低于 C30，粗骨料用 5～40 mm 碎石或卵石，用机械拌制混凝土坍落度不大于 6 cm。

4）桩的混凝土浇筑应由桩顶向桩尖方向连续浇筑，严禁中断。上层桩或邻桩的浇筑，应在下层桩或邻桩混凝土达到设计强度等级的 30% 以后进行。桩的接头处要平整，使上下桩能相互贴合对准，浇筑完毕应覆盖洒水养护不少于 7 d；如用蒸汽养护，在蒸养后，适当自然养护 30 d 后方可使用。

（3）桩的起吊

钢筋混凝土预制桩应在桩身混凝土强度达到设计强度标准值的 70% 后起吊，如提前起吊，必须作强度和抗裂度验算，并采取必要措施。

桩起吊时，吊点位置应符合设计规定。若设计无规定且无吊环时，绑扎点的位置和数量根据桩长确定，并应符合起吊弯矩最小的原则。起吊前在吊索与桩之间应加衬垫，起吊时应平稳提升，采取措施保护桩身质量，防止桩身撞击和振动。如图 2-1 所示为几种不同吊点的合理位置。

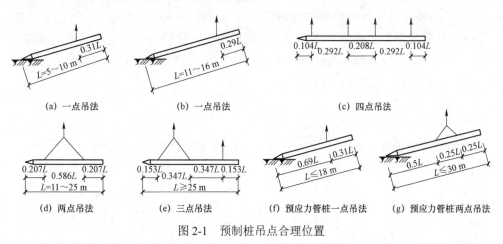

图 2-1　预制桩吊点合理位置

（4）桩的运输和堆放

桩运输时，其强度应达到设计强度标准值的 100%，并应根据打桩进度和打桩顺序确定。一般情况下，采用随打随运的方法以减少二次搬运。长桩运输应采用平板拖车、平板挂车或汽车后拖小炮车运输。短桩运输亦可采用载重汽车，现场运距较近亦可采用平板车运输。装载时，应将桩放平稳并垫实，绑扎牢固，以防运输中晃动或滑动，使桩受到损坏。

堆放场地应平整坚实，排水良好。桩应按规格、桩号分层叠置，支撑点应设在吊点或近旁处，上下垫木应在同一直线上，并支撑平稳，堆放层数不宜超过4层。

2.1.2 钢筋混凝土预制桩打（沉）桩方法

（1）施工准备

1）清除障碍物、平整场地。打桩前应认真清除桩基施工范围内高空、地上和地下的障碍物。场地应平整压实，使地面承载力满足施工要求，并应排水通畅。

2）材料机具准备，接通现场施工水、电源等。施工前应妥善布置水、电线路，准备好足够的填料及运输设备。

3）检查桩的质量，将施工用的桩按平面布置图堆放在打桩机附近。

4）按图纸布置进行测量放线，定出桩基轴线，测出每个桩位的实际标高。

5）准备好桩基工程施工记录和隐蔽工程验收记录表格，并安排好记录人员。

6）进行打桩试验。其目的是检验打桩设备及工艺是否符合要求，了解桩的贯入深度、持力层强度及桩的承载力，以确定打桩方案。

（2）打（沉）桩顺序

1）为减轻对邻近建筑物的破坏和桩入土后相互挤压的影响，选定正确的施工顺序有重要意义。打桩顺序的安排要根据邻近建筑物的结构情况、地质情况、桩距大小、桩的规格及入土深度综合确定，同时也要兼顾施工方便。如图2-2所示为打桩顺序对土体的挤密情况。

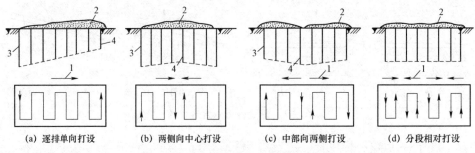

图 2-2　打桩顺序和土体挤密情况

1—打设方向；2—土壤挤密情况；3—沉降量小；4—沉降量大

2）当基坑不大时，打桩应逐排打设或从中间开始分头向周边或两边进行。当基坑较大时，应将基坑分为数段，然后在各段范围内分别打设。打桩应避免自外向里，或从周边向中间打，以免中间土体被挤密、桩难打入，或虽勉强打入而使邻桩侧移或上冒。

3）对基础标高不一的桩，宜先打深桩后打浅桩；对不同规格的桩，宜先大后小，先长后短，以使土层挤密均匀，防止位移或偏斜。在粉质黏土及粉土地区，应避免打桩时朝一个方向进行，使土方向一边挤压，造成桩入土深度不一。当桩距大于或等于 4 倍桩径时，则与打桩顺序无关。

（3）打（沉）桩方法

钢筋混凝土预制桩的沉桩方法有锤击法、静力压桩法、振动法和水冲法等，以锤击法应用最为普遍。

1）落锤打桩。落锤一般由生铁铸成，重 0.5～1.5 t。施工时借助卷扬机提升，利用脱钩装置或松开卷扬机刹车而使桩锤自由落到桩头上，把桩逐渐打入土中，适于在黏土和含砾石较多的土中打桩。

2）蒸汽锤打桩。蒸汽锤分单动式锤和双动式锤两种形式。它是利用蒸汽或压缩空气的压力将桩锤上举，然后自由下落冲击桩顶沉桩，其冲击部分为汽缸。单动汽锤重 1.5～15 t，落距较小，不易损坏桩头，打桩速度和冲击力均较落锤大，效率较高；双动汽锤重 0.6～6 t，打桩速度快，冲击能量大，工作效率高。

3）柴油锤打桩。打桩机分为导杆式和筒式两种。其工作原理是利用燃油爆炸产生的力，推动活塞上下往复运动进行沉桩。打桩时，首先利用机械能将活塞提升到一定的高度，然后迅速下落，这时汽缸中的空气被压缩，温度剧增，同时柴油通过喷嘴喷入汽缸中点燃爆炸，其作用力将活塞上抛，反作用力将桩打入土中。

4）振动沉桩即采用振动锤进行沉桩的施工方法。振动锤又称激振器，它是一个箱体安装在桩头，用夹桩器将桩与振动箱固定。在电机的带动下使振动锤中的偏心重锤相互旋转，其横向偏心力相互抵消，而垂直离心力则叠加，使桩产生垂直的上下振动，这时桩及桩周土体处于强迫振动状态，从而使桩周土体强度显著降低和桩尖处土体挤开，破坏了桩与土体间的黏结力，桩周土体对桩的摩阻力和桩尖处土体抗力大大减小，桩在自重和振动力的作用下克服惯性阻力而逐渐沉入土中。

振动锤按振动频率大小可分为低频型（15～20 Hz）、中高频型（20～60 Hz）、高频型（100～150 Hz）和超高频型（1 500 Hz）等。低频振动锤振幅很大（7～25 mm），能破坏桩与土体间的黏结力，可用于下沉大口径管桩、钢筋混凝土管桩。中高频振动锤振幅较小（3～8 mm），在黏性土中显得能量不足，故仅适用于松散的冲积层和松散、中密的砂层。高频振动锤是使强迫振动与桩体共振，利用桩产生的弹性波对土体产生高速冲击，冲击能量将显著减小土体对桩体的贯入阻力，因而沉桩速度较快。超高频振动锤是一种高速微振动锤，它振动频率极高，但振幅极小，对周围土体的振动影响范围极小，常用于对噪声和公害限制较严的桩基础施工中。

（4）打（沉）桩机具

打（沉）桩机具主要包括：桩锤、桩架和动力装置三部分。

1）桩锤是将桩打入土中的主要机具。桩锤的类型，应根据施工现场的情况、机具设备的条件及工作方式和工作效率等进行选择。

2）桩架的作用是吊装就位，悬吊桩锤、打桩时引导桩身方向并保证桩锤能沿着所要求的方向冲击。桩架要稳定性好，锤击落点准确，机动性和灵活性好，工作效率高。常用桩架有两种形式：一种是沿着轨道或滚杠行走移动的多能桩架；另一种是装在履带式底盘上可自由行走的桩架。

多能桩架（见图 2-3），由立柱、斜撑、回转工作台、底盘及传动机构等组成。它的机动性和适应性较大，在水平方向可作 360°回转，导架可伸缩和前后倾斜。底盘下装有铁轨，可在轨道上行走。这种桩架可用于各种预制桩和灌注桩施工。缺点是机构较庞大，现场组装、拆卸和转运较困难。

履带式桩架（见图 2-4），以履带式起重机为底盘，增加了立柱、斜撑、导杆等。其行走、回转、起升的机动性好，使用方便，适用范围广，也称履带式打桩机，可适应各种预制桩和灌注桩施工。

3）动力设备。打桩机械的动力装置及辅助设备主要根据选定的桩锤种类而定。落锤以电源为动力，再配以电动卷扬机、变压器、电缆等。蒸汽锤以高压饱和蒸汽为驱动力，配置蒸汽锅炉、蒸汽绞盘等。气锤以压缩空气为动力源，需配置空气压缩机、内燃机等。柴油锤以柴油为能源，桩锤本身有燃烧室，不需外部动力设备。

打（沉）桩施工包括定锤吊桩和打桩施工。

定锤吊桩。定锤是打桩机就位后，将桩锤和桩帽吊起固定在桩架上，使锤底高度高于桩顶，便于吊桩。吊桩是用桩架上的钢丝绳和卷扬机将桩提升就位。桩提升到垂直状态后，送入桩架导杆内，稳住桩顶后，先使桩尖对准桩位，扶正桩身，然后将桩下放插入土中，这时桩的垂直度偏差不得超过 0.5%。定锤吊桩完成后即可开始打桩。

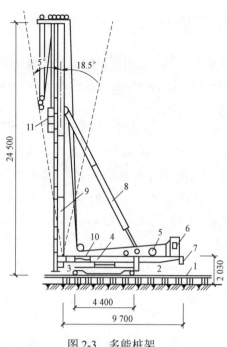

图 2-3　多能桩架

1—枕木；2—钢轨；3—底盘；4—回转平台；

5—卷扬机；6—司机室；7—平衡重；8—撑杆

9—挺杆；10—水平调整装置；11—桩锤和桩帽

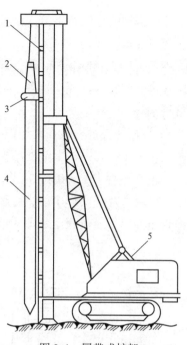

图 2-4　履带式桩架

1—导向架；2—桩锤；3—桩帽；

4—桩身；5—车体

打桩施工。打桩时宜采用重锤低击。重锤低击桩锤对桩头的冲击小、动量大，因而桩身反弹小，桩头不易损坏。其大部分能量用以克服桩身摩擦力和桩尖阻力，因此桩能较快地打入土中。此外，由于重锤低击的落距小，可提高锤击频率，打桩速度快、效率高，对于较密实的土层，如砂或黏土，能较容易穿过。打桩初始阶段，宜采用小落距，以便使桩能正常沉入土中。当桩入土到一定深度后，桩尖不易发生偏移时，再适当增大落距，正常施打。

打桩时速度应均匀，锤击间歇时间不宜过长，应随时观察桩锤的回弹情况，如桩锤经常回弹较大，桩的入土速度慢，说明桩锤太轻，应更换桩锤；如桩锤发生突发的较大回弹，说明桩尖遇到障碍，应停止锤击，找出原因后进行处理。如果继续施打，贯入度突增，说明桩尖或桩身受到破坏。打桩时还要随时注意贯入度的变化。打桩施工是隐蔽工程，为确保工程质量，施工中应对每根桩做好原始记录。

（5）送桩、接桩形式和方法

桩基础一般采用低承台，即承台底标高位于地面以下。为了减短预制桩的长度，可用送桩的办法将桩打入到地面以下一定深度处（见图 2-5）。送桩深度一般不宜超过 2 m。

钢筋混凝土预制长桩，因受运输条件和打（沉）桩架高度限制，一般分成数节制作，分节打入，现场接桩。常用接头方式有焊接法接桩、法兰接桩和硫磺胶泥接桩法等。

1）焊接法接桩一般在距地面 1 m 左右时进行。接桩时，钢板宜采用低碳钢，焊条宜用 E43。首先将上节桩用桩架吊起，对准下节桩头，用仪器校正垂直度，中心线偏差不得大于 10 mm，节点弯曲矢高不得大于桩长的 0.1%。若接头间隙不平，可用铁片垫实焊牢，然后用点焊将四角连接角钢与预埋钢板临时焊接，再次检查平面位置及垂直度后即采取对角对称施焊，焊缝应连续、饱满，如图 2-6 所示。

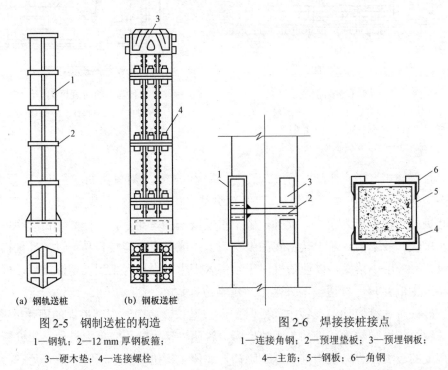

(a) 钢轨送桩　　(b) 钢板送桩

图 2-5　钢制送桩的构造
1—钢轨；2—12 mm 厚钢板箍；
3—硬木垫；4—连接螺栓

图 2-6　焊接接桩接点
1—连接角钢；2—预埋垫板；3—预埋钢板；
4—主筋；5—钢板；6—角钢

2）法兰接桩主要用于离心法成型的钢筋混凝土管桩中。法兰盘是在桩制作时，焊接在主钢筋上的预埋件，施工时用螺栓连接。接桩时，上下节桩之间用石棉或纸板衬垫，垂直度检查无误后，在法兰盘的钢板孔中穿入螺栓，用扳手拧紧螺帽，锤击数次后，再拧紧一次，并焊死螺帽，如图 2-7 所示。

3）硫磺胶泥锚接法又称浆锚法。硫磺胶泥是一种热塑冷硬性胶结材料，是由胶结材料、细骨料、填充料和增韧剂熔融搅拌混合而成。可以在现场配制直接使用，也可以在专业加工厂加工成固体半成品。

制桩时，在上节桩下端伸出四根锚筋，下节桩上端预留四个锚筋孔。接桩时，首先将上节桩的锚筋插入下节桩的锚孔（直径为锚筋直径的 2.5 倍），上下桩间隙 200 mm 左右，此时安设好施工夹箍（由四块木板，内侧用人造革包裹 40 mm 厚的树脂海绵块而成），将熔化的硫磺胶泥注满锚筋孔内并使之溢出桩面，然后使上节桩下落，当硫磺胶泥冷却并拆除施工夹箍后，即可继续压桩或打桩，如图 2-8 所示为硫磺胶泥锚接节点。

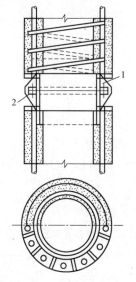

图 2-7 管桩法兰接点构造

1—法兰盘；2—螺栓；3—螺栓孔

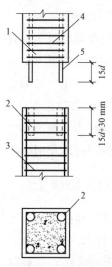

图 2-8 焊接接桩接点

1—上段桩；2—锚筋孔；3—下段桩；

4—箍筋；5—螺纹钢筋

（6）打（沉）桩控制及贯入度计算

1）打（沉）桩控制

桩端位于一般土层时，以控制桩端设计标高为主，贯入度作为参考。

桩端位于坚硬、硬塑的黏土、碎石土、中密以上的砂土或风化岩等土层时，以贯入度控制为主，桩尖进入持力层深度或桩尖标高可做参考。

当贯入度已达到，而桩尖标高未达到时，应继续锤击 3 阵，其每阵 10 击的平均贯入度不应大于规定的数值；桩尖位于其他软土层时，以桩尖设计标高控制为主，贯入度可做参考。

打桩时，如控制指标已符合要求，而其他的指标与要求相差较大时，应会同有关单位研究处理。

2）控制贯入度计算

贯入度是指每锤击一次桩的入土深度，而在打桩过程中常指最后贯入度，即最后一击桩的入土深度。实际施工中一般是采用最后 10 击桩的平均入土深度作为其最后贯入度。当无试验资料或设计无规定时，控制贯入度为

$$S = \frac{nAQH}{mp(mp+nA)} \times \frac{Q+0.2q}{Q+q} \tag{2-1}$$

式中，S——桩的控制贯入度，mm；

Q——锤重力，N；

H——锤击高度，mm；

q——桩及桩帽重力，N；

A——桩的横截面积，mm^2；

p——桩的安全（或设计）承载力，N；

m——安全系数，对永久工程取 2，对临时工程取 1.5；

n——桩材料及桩垫有关系数。钢筋混凝土桩用麻垫时，$n=1$；钢筋混凝土桩用橡木垫时，$n=1.5$；木桩加桩垫时，$n=0.8$；木桩不加垫时，$n=1.0$。

2.1.3　静力压桩施工

静力压桩是利用压桩机桩架自重和配重的静压力将预制桩压入土中的沉桩方法。它适用于软土、淤泥质土、沉设桩截面一般小于 40 cm×40 cm，桩长 30～35 m 的钢筋混凝土桩或空心管桩。

静力压桩法施工时无噪声、无振动、无冲击力、施工应力小。该法可以减小打桩振动对地基和邻近建筑物的影响，桩顶不易损坏，不易产生偏心，节约制桩材料和降低工程成本，且能在沉桩施工中测定沉桩阻力，为设计、施工提供参数，并能预估和验证桩的承载能力。静力压桩机有机械式和液压式两种。

（1）机械静力压桩

机械式静力压桩机（见图 2-9）是利用钢桩架及附属设备重量、配重，通过卷扬机的牵引，由钢丝绳滑轮及压梁将整个压桩机重量传至桩顶，将桩段逐节压入土中，压桩架一般高 16～20 m，静压力 400～800 kN。接头采用焊接法或硫磺胶泥锚接法。

压桩时，由卷扬机牵引，使压桩架就位，吊首节桩至压桩位置，桩顶由桩架固定，下端由滑轮夹持，开动卷扬机，将桩压入土中至露出地面 2 m 左右，再将第二节桩接上，要求接桩的弯曲度不大于 1%，然后继续压入，如此反复操作至

全部桩段压入土中。

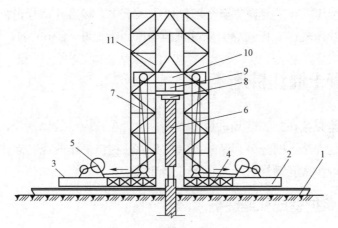

图 2-9　机械静力压桩机

1—垫板；2—底盘；3—操作平台；4—加重物仓；5—卷扬机；6—上段桩；7—加压钢丝绳；

8—桩帽；9—油压表；10—活动压梁；11—桩架

（2）液压静力压桩

液压式静力压桩机（见图 2-10）由压桩机构、行走机构及起吊机构三部分组成。压桩时，先用起吊机构将桩吊入到压桩机主机压桩部位后，用液压夹桩器将

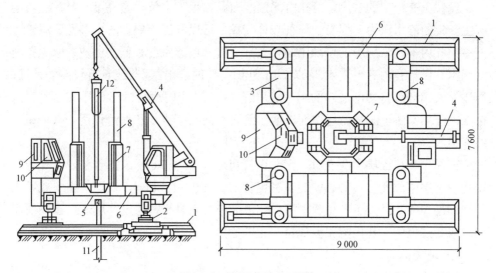

图 2-10　液压式静力压桩机

1—长船行走机构；2—短船行走及回转机构；3—支腿式底盘结构；4—液压起重机；

5—夹持与压桩机构；6—配重铁块；7—导向架；8—液压系统；9—电控系统；

10—操纵室；11—已压入下节桩；12—吊入上节桩

桩头夹紧，开动压桩油缸将桩压入土中，接着回程再吊上第二节桩，用硫磺胶泥接桩后，继续压入，反复操作至全部桩段压入土中。然后开动行走机构，移至下一个桩位继续压桩。液压式静力压桩机的静压力为 800～1 600 kN。

2.2 混凝土灌注桩施工

灌注桩是直接在施工现场桩位上成孔，然后在孔内安放钢筋笼，浇筑混凝土成桩。按成孔方法不同分为：泥浆护壁成孔灌注桩；干作业成孔灌注桩；套管成孔灌注桩；爆扩成孔灌注桩及人工挖孔灌注桩等。

2.2.1 泥浆护壁成孔灌注桩

（1）施工工艺

泥浆护壁成孔是指采用泥浆保护孔壁排出土后成孔。在施工中要制备泥浆、埋设护筒、安放钢筋笼和浇筑水下混凝土。

1）泥浆制备

泥浆在成孔过程中所起的作用是护壁、携碴、冷却和润滑，其中以护壁作用最为主要。

泥浆具有一定的密度，当孔内泥浆液面高出地下水位一定高度，对孔壁就会产生一定的静水压力，相当于一种液体支撑，可以稳固土壁，防止塌孔。泥浆还能将钻孔内不同土层中的空隙渗填密实，形成一层透水性很低的泥皮，避免孔内壁漏水并保持孔内有一定水压，有助于维护孔壁的稳定。泥浆还具有较高的黏性，通过泥浆循环可将切削破碎的土石渣肩悬浮起来，随同泥浆排出孔外，起到携碴、排土的作用。由于泥浆循环作冲洗液，因而对钻头有冷却和润滑作用，减轻钻头的磨损。

在黏土和粉土层中成孔时，泥浆密度可取 1.1～1.3 t/m³。在砂和砂砾等容易塌孔的土层中成孔时，必须使泥浆密度保持在 1.3～1.5 t/m³。在不含黏土或粉土的纯砂层中成孔时，还需在贮水槽和贮水池中加入黏土，并搅拌成适当比例的泥浆。成孔过程中，孔内泥浆要保持一定的密度。

2）埋设护筒

护筒是保证钻机沿着桩位垂直方向顺利钻孔的辅助工具。护筒一般用 3～5 mm 的钢板制成，其直径比桩孔直径大 100～200 mm，具有保护孔口和提高桩孔内的泥浆水头，防止塌孔的作用。

3）安放钢筋笼

当钻孔到设计深度后，即可安放钢筋笼。钢筋骨架应预先在施工现场制作，保护层厚 4～5 cm，在骨架外侧绑扎水泥垫块控制。直径 1 m 以上的钢筋骨架，箍筋与主筋间应间隔点焊，以防止变形。

吊放钢筋笼应注意勿碰孔壁，并防止坍孔或将泥土杂物带入孔内；如钢筋笼长度在 8 m 以上，可分段绑扎、吊放。钢筋笼放入后应校正轴线位置和垂直度。定位完成后，应在 4 h 内浇筑混凝土，以防坍孔。

4）浇筑水下混凝土

水下混凝土浇筑时不能直接将混凝土倾倒于水中，最常用的是导管法。该法是将密封连接的钢管（或强度较高的硬质非合金管）作为水下混凝土的灌注通道，混凝土倾落时沿竖向导管下落。导管的作用是隔离环境水，使其不与混凝土接触。导管底部以适当的深度埋在灌入的混凝土拌和物内，导管内的混凝土在一定的落差压力作用下，挤压下部管口的混凝土在已浇的混凝土层内部流动、扩散，以完成混凝土的浇筑工作，形成连续的密实的混凝土桩身。

（2）成孔方法

泥浆护壁成孔方法有冲击钻成孔法、回转钻成孔法、潜水电钻成孔法和挤扩支盘成孔法等。

1）冲击钻成孔

冲击钻成孔（见图 2-11）是利用卷扬机悬吊冲击锤连续上下冲的冲击力，将硬质土层，或岩层破碎成孔，部分碎渣和泥浆挤入孔壁，大部分用掏渣筒掏出，适用于有孤石的砂卵石层、坚实土层、岩层等成孔，对流砂层亦能克服。所成孔壁较坚实、稳定、坍孔少。缺点是掏泥渣较费工费时，不能连续作业，成孔速度较慢。

冲击钻孔机有钢丝式和钻杆式两种，前者钻头为锻制或铸钢，式样有十字形和三翼形，锤重 0.5～3.0 t，用钢桩架悬吊，卷扬机作动力，钻孔径有 800 mm、1 000 mm、1 200 mm 等几种；后者钻头带钻杆，钻孔孔径较小，效率低，较少使用。钻头型式如图 2-12 所示。

冲击钻成孔灌注桩施工工艺流程如下：

场地平整→桩位放线→开挖浆池、浆沟→护筒埋设→钻机就位→孔位校正→冲击造孔，泥浆循环、清除废浆、泥渣，清孔换浆→终孔验收→下钢筋笼和导管→灌注水下混凝土→成桩养护。

2）回转钻成孔

回转钻成孔灌注桩又称为正、反循环成孔灌注桩（见图 2-13 和图 2-14），是用一般的地质钻机，在泥浆护壁条件下，慢速钻进排渣成孔，灌注混凝土成桩，为国内最为常用和应用范围较广的成桩方法之一。

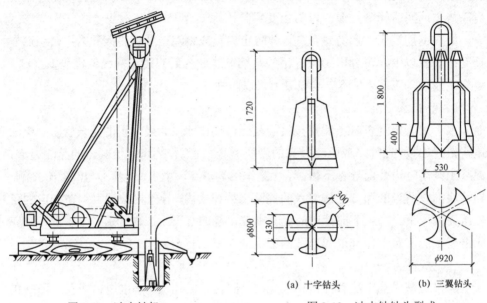

图 2-11　冲击钻机

(a) 十字钻头　　　(b) 三翼钻头

图 2-12　冲击钻钻头型式

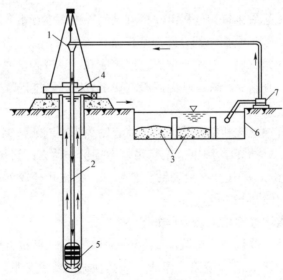

图 2-13　正循环旋转钻机

1—泥浆笼头；2—钻杆；3—钻渣；4—转盘；5—钻头；6—泥浆池；7—泥浆泵

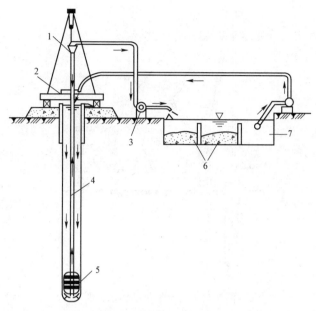

图 2-14　反循环旋转钻机

1—泥浆笼头；2—转盘；3—吸泥泵；4—钻杆；5—钻头；6—钻殖；7—泥浆池

回转钻成孔的特点是可利用常规地质钻机，适用于各种地质条件，各种大小孔径和深度，护壁效果好，成孔质量可靠，施工无噪声、无震动、无挤压，操作方便，费用较低，但成孔速度慢，效率低，泥浆排量大，污染环境，扩孔率较难控制，适用于地下水位较高的软、硬土层，如淤泥、黏性土、砂土、软质岩层。

施工要点：施工前平整场地，铺好枕木并用水平尺校正，保证钻机平稳、牢固；成孔一般多采用正循环工艺，对于孔深大于 30 m 的端承桩宜用反循环工艺成孔；钻进时应根据土质情况加压，开始应轻压力、慢转速，逐步转入正常；钻孔完成后，应采用空气压缩机清孔，也可采用泥浆置换方法进行清孔；清孔符合要求后吊放钢筋笼，进行隐蔽工程验收，合格后浇筑水下混凝土。

3）潜水钻成孔灌注桩

潜水电钻成孔法是利用潜水电钻机构中密封的电动机、变速机构，直接带动钻头在泥浆中旋转削土，同时用泥浆泵压送高压泥浆（或用水泵压送清水），使从钻头底端射出与切碎的土颗粒混合，然后不断由孔底向孔口溢出，或用砂石泵或空气吸泥机采用反循环方式排出泥渣。如此连续钻进、排出泥渣直至形成所需深度的桩孔，浇筑混凝土成桩。潜水钻机结构如图 2-15 所示。

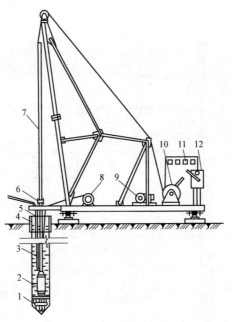

图 2-15　潜水钻机结构示意图

1—钻头；2—潜水钻机；3—电缆；4—护筒；5—水管；6—滚轮支点；7—钻杆；
8—电缆盘；9—卷扬机；10—控制箱；11—电流电压表；12—起动开关

该法具有设备定型、体积小、移动灵活、维修方便、无噪声、无振动、钻孔深、成孔精度和效率高、劳动强度低等特点，但需设备较复杂，施工费用较高，适用于地下水位较高的软硬土层、游泥、黏土、粉质黏土、砂土、砂夹卵石及风化页岩层等，不得用于漂石。

4）挤扩支盘成孔

挤扩支盘灌注桩是一种新型变截面桩，它是在普通灌注桩基础上，按承载力要求和工程地质条件的不同，在桩身不同部位设置分支和承力盘或仅设置承力盘而成。这种桩由主桩、分支、承力盘和在它周围被挤密压实的固结料组成，类似树根根系，但施工工艺方法及受力性能又不同于一般树根桩，也不同于普通直线形混凝土灌注桩，而是一种介于摩擦桩和端承桩之间的变截面桩型。如图 2-16 所示，为液压挤扩支盘成型器结构构造。

挤扩支盘灌注桩适用于黏性土、细砂土、砂中含少量姜结石及软土等多种土层，不适合于淤泥质土、中粗砂层、砾石层以及液化砂土层中分支和成盘。

挤扩支盘桩施工工艺流程为：桩定位放线→挖桩坑、设钢板套→钻机就位→钻孔至设计深度→钻机移位至下→桩钻孔→第一次清孔→将支盘成型器吊入已钻孔内→在设计位置压分支、承力盘→下钢筋笼→下导管→二次清孔→水下灌注混凝土→清理桩头→拆除导管、护筒。如图 2-17 所示为挤扩多分支承力盘灌注桩成桩工艺示意图。

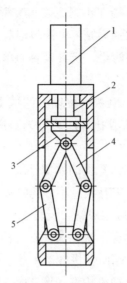

图 2-16 液压挤扩支盘成型器结构构造

1—液压缸；2—活塞杆；3—压头；4—上弓臂；5—下弓臂

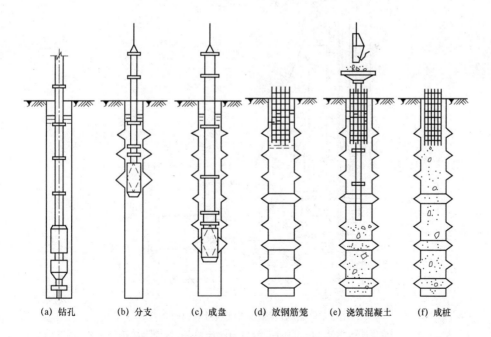

(a) 钻孔　　(b) 分支　　(c) 成盘　　(d) 放钢筋笼　　(e) 浇筑混凝土　　(f) 成桩

图 2-17 挤扩多分支承力盘灌注桩成桩工艺示意图

2.2.2　干作业螺旋成孔灌注桩

干作业螺旋钻孔灌注桩是指在不用泥浆和套管护壁的情况下，用螺旋钻机在桩位处钻孔，然后在孔中放入钢筋笼，再浇筑混凝土成桩。这类桩具有施工时无噪声，无振动，对环境无泥浆污染，机具设备简单，施工速度快，降低施工成本等优点。

干作业螺旋钻成孔适用于地下水位以上的填土层、黏性土层、粉土层、砂土层和粒径不大的砾砂层。按成孔方法可分为短螺旋钻孔灌注桩和长螺旋钻孔灌注桩。

短螺旋钻成孔是用短螺旋钻孔机的螺旋钻头，在桩位处就地切削土层，使被切土块钻屑随钻头旋转，沿着带有数量不多的螺旋叶片的钻杆上升，积聚在短螺旋叶片上，形成"土柱"，此后靠提钻、反转、甩土、将钻肩散落在孔周。短螺旋钻孔优点是省去了长孔段输送土块钻屑的功能消耗，回转阻力矩小；缺点是因升降钻具等辅助作业时间长，因而钻进效率不如长螺旋钻机高，适宜在大直径或深桩孔的情况下施工。短螺旋钻机构造如图 2-18 所示。

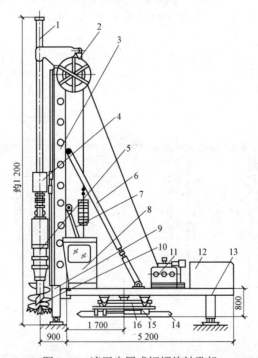

图 2-18　液压步履式短螺旋钻孔机

1—钻杆；2—电缆卷筒；3—臂架；4—导向架；5—主机；6—斜撑；7—起架油缸；8—操纵室；
9—前支腿；10—钻头；11—卷扬机；12—液压系统；13—后支腿；14—履靴；15—中盘；16—上盘

长螺旋钻成孔施工法是用长螺旋钻孔机的螺旋钻头，在桩位处就地切削土层，被切土块钻屑随钻头旋转，沿着带有长螺旋叶片的钻杆上升，输送到出土器后自动排出孔外，然后装卸到小型机动翻斗车（或手推车）中运走。国产长螺旋钻孔的钻孔直径为 300～800 mm，成孔深度在 26 m 以下。长螺旋钻机如图 2-19 所示。

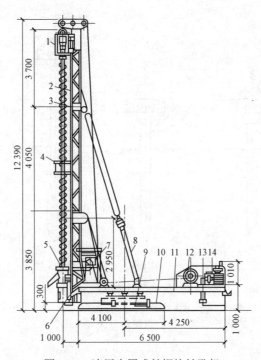

图 2-19　液压步履式长螺旋钻孔机

1—减速箱总成；2—臂架；3—钻杆；4—中间导向套；5—出土装置；6—前支腿；7—操纵室；
8—斜撑；9—中盘；10—下盘；11—上盘；12—卷扬机；13—后支腿；14—液压系统

2.2.3　套管护壁成孔灌注桩

套管护壁成孔灌注桩是目前采用较为广泛的一种灌注桩，该法又称为沉管灌注桩。按其成孔方法不同，可分为振动沉管灌注桩和锤击沉管灌注桩。

沉管灌注桩适用于一般黏性土、粉土、淤泥质土、淤泥、松散至中密的砂土及人工填土等，不宜用于标准贯入击数大于 12 的砂土，大于 15 的黏性土及碎石土。

（1）振动沉管灌注桩

振动沉管灌注桩通常利用振动锤作为动力，施工时以激振力和冲击力的联合作用将桩管沉入土中。在达到设计的桩端持力层后，向管内灌注混凝土，然后边振动桩管、边上拔桩管而形成灌注桩。如图 2-20 所示为振动沉管灌注桩成桩过程。

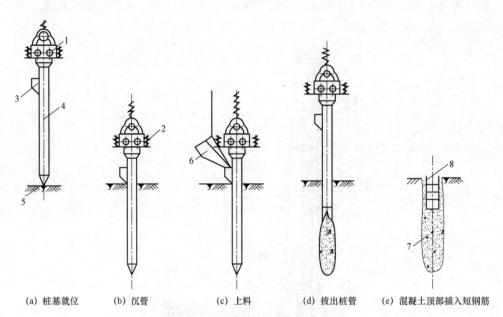

(a) 桩基就位　　(b) 沉管　　　　(c) 上料　　　　(d) 拔出桩管　　(e) 混凝土顶部插入短钢筋

图 2-20　振动沉管灌注桩成桩过程

1—振动锤；2—加压减振弹簧；3—加料口；4—桩管；5—活瓣桩尖；
6—上料口；7—混凝土桩；8—短钢筋骨架

振动沉管灌注桩的施工工艺可分为单振法、复振法和反插法三种。

单振法施工时，在桩管灌满混凝土后，开动振动器，先振动 5～10 s，再开始拔管。应边振边拔，每拔 0.5～1 m，停拔 5～10 s，但保持振动。如此反复，直至桩管全部拔出。复振法是在单振法施工完成后，再把活瓣桩尖闭合起来，在原桩孔混凝土中第二次沉下桩管，将未凝固的混凝土向四周挤压，然后进行第二次灌注混凝土和振动拔管。复振法适用于饱和黏土层。反插法是在桩管灌满混凝土后，先振动再开始拔管，每次拔管高度 0.5～1.0 m，反插深度 0.3～0.5 m，在拔管过程中分段添加混凝土，保持管内混凝土面始终不低于地表面或高于地下水位 1.0～1.5 m 以上，拔管速度应小于 0.5 m/min。如此反复进行，直至桩管拔出地面。反插法能使混凝土的密实性增加，宜在较差的软土地基施工中采用。

（2）锤击沉管灌注桩

锤击沉管灌注桩又称打拔管灌注桩，是用锤击沉桩设备将桩管打入到地基土中成孔。桩尖（也称桩靴）常使用预制混凝土桩尖。如图 2-21 所示为锤击沉管灌注桩成桩工艺。

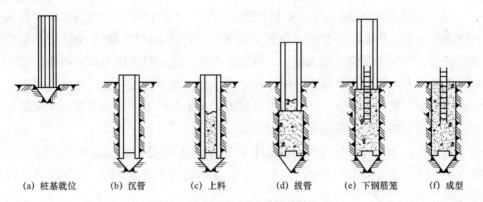

| (a) 桩基就位 | (b) 沉管 | (c) 上料 | (d) 拔管 | (e) 下钢筋笼 | (f) 成型 |

图 2-21　锤击沉管灌注桩成桩工艺

锤击沉管灌注桩的工艺特点如下：

1）可用小桩管打较大截面桩，承载力大。

2）有套管护壁，可防止坍孔、缩孔、断桩，桩质量可靠。

3）可采用普通锤击打桩机施工，速度快，效率高，操作简便，费用较低。

锤击沉管灌注桩施工时，首先将桩机就位，吊起桩管使其对准预埋在桩位的预制钢筋混凝土桩尖，将桩管连同桩尖一起压入土中，桩管上部扣上桩帽，并检查桩管、桩尖与桩锤是否在同一垂直线上，垂直度偏差应小于 0.5%桩管高度。

锤击沉管灌注桩的施工工艺可分为单打法和复打法。对于单打法施工，初打时应低锤轻击，当桩管无偏移时方可正常施打。当桩管打入至要求的贯入度或标高后，用吊砣检查管内有无泥浆或渗水，并测量孔深，符合要求后，即可将混凝土通过灌注漏斗灌入桩管内。待混凝土灌满桩管后，开始拔管，拔管过程应保持对桩管进行连续低锤密击，保证浇注的混凝土密实。拔管速度不宜过快，对一般土层以 1.0 m/min 为宜。拔管高度不宜过高，第一次拔管高度应控制在能容纳第二次所需要灌入的混凝土量为限。同时，应保证管内混凝土高度不少于 2 m，在拔管过程中应用侧锤或浮标检查管内混凝土面的下降情况。灌入桩管内的混凝土，从搅拌到最后拔管结束不得超过混凝土的初凝时间。复打法是在单打施工完毕、拔出桩管后，及时清除黏附在管壁和散落在地面上的泥土，在原桩位上第二次安放桩尖，以后的施工过程则与单打灌注桩相同。复打沉管灌注桩施工时应注意，复打施工必须在第一次灌注的混凝土初凝以前全部完成，桩管在第二次打入时应与第一次的轴线相重合，且第一次灌注的混凝土应达到自然地面，不得少灌。

（3）套管成孔灌注桩常遇问题和处理方法

套管成孔灌注施工时常发生断桩，缩颈桩，吊脚桩，夹泥桩，桩尖进水、进泥等问题。

1）缩颈桩，也称瓶颈，是指桩身局部直径小于设计直径。缩颈常出现在饱和淤泥质土中。产生的主要原因是在含水量高的黏性土中沉管时，土体受到强烈扰动挤压，产生很高的孔隙水压力，桩管拔出后，超孔隙水压力作用在所浇筑的混凝土桩身上，使桩身局部直径缩小；施工过程中拔管速度过快，管内形成真空吸力，且管内混凝土量少、和易性差，使混凝土扩散性差，导致缩颈；桩间距过小，施工时受邻桩挤压使混凝土桩身缩小。

施工过程中应经常检查管内混凝土的下落情况，严格控制拔管速度，采取"慢拔密振"或"慢拔密击"的方法。在可能产生缩颈的土层施工时，采用反插法或复打法可避免缩颈。

2）断桩，指桩身裂缝呈水平或略有倾斜且贯通全截面。常见于地面以下 1～3 m 不同软硬土层交接处。产生断桩的主要原因是桩距过小，桩身混凝土终凝不久，强度低，邻桩沉管时使土体隆起和挤压，产生横向水平力和竖向拉力使混凝土桩身断裂。

避免断桩的措施是：布桩不宜过密，桩间距以不小于 3.5d 为宜；当桩身混凝土强度较低时，可采用跳打法施工；合理制定打桩顺序和桩架行走路线以减少振动的影响。

3）吊脚桩，指桩底部的混凝土悬空，或混入泥沙在桩底部形成松软层。产生吊脚桩的主要原因是活瓣桩尖被周围土压实而不张开，拔至一定高度时才张开，而此时孔底部已被孔壁回落土充填而形成吊脚桩；预制桩尖强度不足，在沉管时破损，被挤入桩管内，拔管时振动冲击未能将桩尖压出，拔管至一定高度时，桩尖才落下但又被硬土层卡住，未落到孔底而形成吊脚桩；振动沉管时，桩管入土较深并进入低压缩性土层，灌完混凝土开始拔管时，形成空隙。

避免出现吊脚桩的措施是严格检查预制桩尖的强度和规格，防止桩尖打碎或压入桩管；采用"密振慢抽"方法，开始拔管 50 cm，可将桩管反插几下，然后再正常拔管；混凝土应保持良好的和易性，坍落度应不小于 5～7 cm。如已发现吊脚现象，应将桩管拔出，桩孔回填后重新沉入桩管。

4）桩尖进水、进泥沙，在含水量大的淤泥、粉砂土层中沉入桩管时，往往有水或泥沙进入桩管内，这是由于活瓣桩尖合拢后有较大的间隙，或预制桩尖与桩管接触不严密，或桩尖打坏所致。

预防措施是预制桩尖的尺寸和配筋均应符合设计要求，混凝土强度等级不得低于 C30；在桩尖与桩管接触处缠绕麻绳或垫衬；对缝隙较大的活瓣桩尖应及时修复或更换；当地下水量大时，桩管沉至接近地下水位，可灌注 0.05～0.1 m³

封底混凝土，将桩管底部的缝隙用混凝土封住，灌 1 m 高的混凝土后，再继续沉管。

2.3 地下连续墙施工

地下连续墙是建造深基础工程和地下构筑物广泛应用的一项新技术，可作为防渗墙、挡土墙、地下结构的边墙和建筑物的基础。地下连续墙的施工程序如图 2-22 所示。

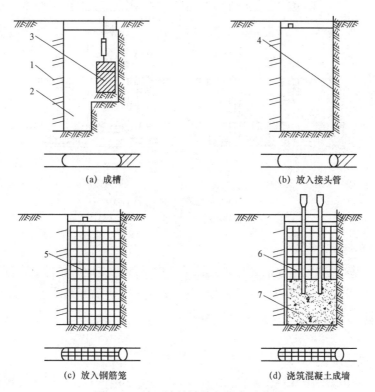

(a) 成槽   (b) 放入接头管

(c) 放入钢筋笼   (d) 浇筑混凝土成墙

图 2-22 地下连续墙施工程序示意图

1—已完成的单元槽段；2—泥浆；3—成槽机；4—接头管；5—钢筋笼；6—导管；7—浇筑的混凝土

现浇钢筋混凝土地下连续墙是在地面上用专门的挖槽设备，沿开挖工程周边已铺筑的导墙，在泥浆护壁的条件下，开挖一条窄长的深槽，在槽内放置钢筋笼，浇筑混凝土，筑成一道连续的地下墙体，施工工艺如下。

（1）导墙设置与施工

深槽开挖前，须在地下连续墙纵向轴线位置开挖导沟，导坑深 1～2 m。在两侧浇筑混凝土或钢筋混凝土导墙，也有采用预制混凝土板、型钢和钢板及砖砌体作导墙的。导墙的作用主要为地下连续墙定线、定标高、支承挖槽机等施工荷重、挖槽时定向、存储泥择、稳定浆位、维护上部土体稳定和防止土体塌落等。导墙的截面形式如图 2-23 所示。

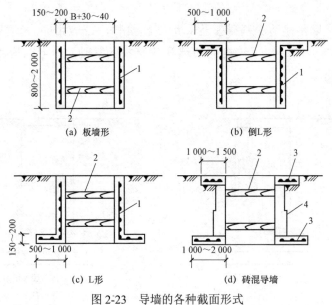

图 2-23　导墙的各种截面形式
1—导墙；2—横撑；3—导梁；4—变截面导墙

（2）单元槽段划分

地下连续墙单元槽段的划分，应综合考虑现场水文地质条件、附近现有建筑物的情况、挖槽时槽壁的稳定性、挖槽机械类型、钢筋笼的重量及尺寸、混凝土搅拌机的供应危力以及地下连续墙构造要求等因素，其中以槽壁的稳定性最为重要。

（3）成槽工艺

地下连续墙槽段开挖常用的挖槽机械有多头钻挖槽机、钻抓斗式挖槽机和冲击钻等。

1）多头钻施工法

多头钻挖槽机主体由多头钻和潜水电动机组成（见图 2-24）。挖槽时用钢索悬吊，采用全断面钻进方式，可一次完成一定长度和宽度的深槽。施工槽壁平整，效率高，对周围建筑物影响小，适用于黏性土、砂质土、砂砾层及淤泥等土层。

2）钻抓式施工法

钻抓式钻机由潜水钻机、导板抓斗机架、轨道等组成（见图2-25）。抓斗有中心提拉文和斗体推压式两种。钻抓斗式挖槽机构造简单，出土方便，能抓出地层中障碍物，但当深度大于 15 m 及挖坚硬土层时，成槽效率显著降低，成槽精度较多头挖槽机差，适用于黏性土和砂性土，不适用于软黏土。

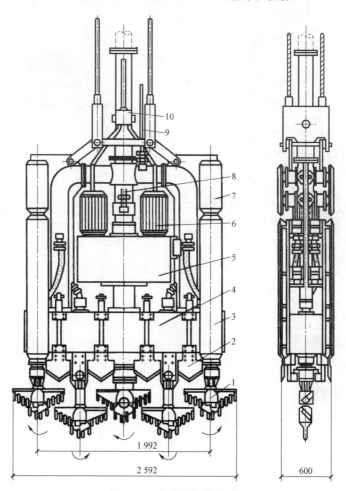

图 2-24　多头钻机的钻头

1—钻头；2—铡刀；3—导板；4—齿轮箱；5—减速箱；6—潜水电动机；

7—纠偏装置；8—高压进气管；9—泥浆管；10—电缆结头

3）冲击式施工法

冲击式钻机由冲击锥、机架和卷扬机等组成，主要采用各种冲击式凿井机械，适用于老黏性土、硬土和夹有孤石等地层，多用于排桩式地下连续墙成孔。其设备比较简单，操作容易，但工效较低，槽壁平整度也较差。桩排对接和交错接头采取间隔挖槽施工方法。

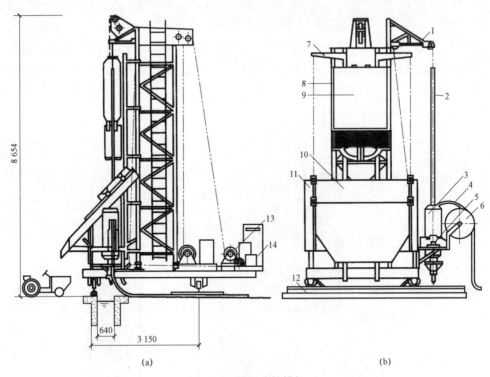

图 2-25 钻抓式挖槽机

1—电钻吊臂；2—钻杆；3—潜水电钻；4—泥浆管及电缆；5—钳制台；6—转盘；

7—吊臂滑车；8—机架立柱；9—导板抓斗；10—出土上滑槽；11—出土下滑槽；

12—轨道；13—卷扬机；14—控制箱

（4）泥浆护壁工艺

地下连续墙在成槽过程中，为了保持开挖槽段土壁的稳定，通常采用泥浆护壁。

1）泥浆的组成

泥浆的主要成分是膨润土、掺和物和水。

2）泥浆的控制指标

新制备的泥浆密度应小于 1.05 t/m³，成槽后泥浆密度不大于 1.15 t/m³，槽底泥浆密度不大于 1.20 t/m³。此外，对泥浆黏度、泥浆失水量和泥皮厚度、泥浆 pH、泥浆的稳定性和胶体率也要进行控制。

3）泥浆的配制及管理

泥浆应用泥浆搅拌机进行搅拌，拌和好的泥浆在贮浆池内一般静置 24 h 以上，最低不少于 3 h，以便膨润土颗粒充分水化、膨胀，确保泥浆质量。通过沟槽循环或浇筑混凝土置换排出的泥浆，必须经过净化处理，才能继续使用。

（5）钢筋笼的加工和吊放

钢筋笼应根据地下连续墙体的钢筋设计尺寸和单元槽段、接头形式及现场起重能力等确定。钢筋笼的宽度应按单元槽段组装成一个整体，长度方向如需分节接长，则分节制作钢筋笼。钢筋笼采用整体吊装，为了保证钢筋笼在吊运过程中有足够的刚度，应根据钢筋笼的重量、起吊方式和吊点位置，在钢筋笼内设置2～4榀纵向钢筋桁架及主筋平面的斜向拉杆，以防止在起吊时钢筋笼横向变形和吊放入槽时发生左右相对变形。

（6）混凝土浇筑

地下连续墙混凝土的浇筑采用水下浇筑混凝土导管法进行。混凝土强度配合比设计应比设计强度提高 5 MPa，混凝土应具有良好的和易性和流动性。

（7）槽段接头施工

地下连续墙两相邻单元槽段之间接头方式最常用的是接头管方式。接头管外径等于槽宽，在钢筋笼吊放前用吊车吊放入槽段内，起到侧模作用，接着吊入钢筋笼并浇筑混凝土。为防止接头管与混凝土粘结，而使接头管拔出困难，在槽段混凝土初凝前，用千斤顶或卷扬机转动及提动接头管。

2.4 墩式基础施工

墩式基础是在人工或机械成孔中浇筑混凝土（或钢筋混凝土）而成，我国多采用人工开挖，也称大直径人工挖孔桩，直径在 1～5 m，多为一柱一墩。墩身直径较大，有很大的强度和刚度，多穿过深厚的软土层直接支承在岩石或密实的土层上（见图 2-26）。

墩式基础的优点是：人工开挖时可直接检查成孔质量，易于清除孔底虚土，施工时无噪音、无振动，且可多人同时进行若干墩的开挖，底部扩孔易于施工。

（1）施工工艺

场地平整→架设电动葫芦、潜水泵、鼓风机、照明灯具→放线、定墩位→在墩孔原位制作沉井→边挖土、边抽水，使沉井穿过流砂及淤泥质土层→每下挖 1 m 土层清理墩孔四壁，校核墩孔的垂直度和直径→支模板→浇灌→圈混凝土护壁拆模后继续下挖、支模、浇混凝土护壁，达到强度后拆模→进入岩层一定深度，确认可作为持力层后进行扩大头施工→对墩孔直径、深度、扩大端尺寸、持力层进行全面验收→排除孔底积水、放入串桶、浇灌墩身混凝土→混凝土面上升到一定标高时放入钢筋笼→继续浇灌混凝土直至墩顶→墩顶覆盖养护。

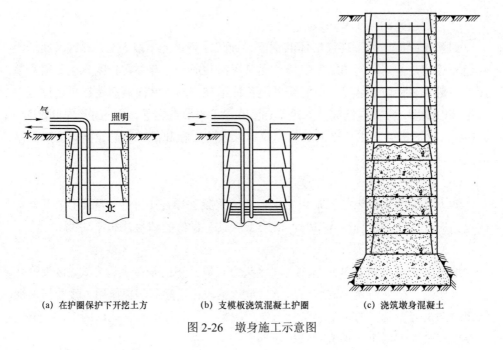

(a) 在护圈保护下开挖土方　　　　(b) 支模板浇筑混凝土护圈　　　　(c) 浇筑墩身混凝土

图 2-26　墩身施工示意图

（2）质量控制标准

1）中心偏差不宜大于 5 cm，垂直度偏差不大于 0.3%L（L 为墩身实际长度）。

2）墩端部应坐落在可靠的持力层上，若存在局部软弱夹层应予以清除，当面积超过墩端截面积的 10% 时，必须继续掘进。

3）当墩端挖到比较完整的岩石后，应采用小型钻机再向下钻 5 m 深，并取样鉴别，以确定其是否还存在软弱层，查清无软弱下卧层后方可终孔。

2.5　沉井基础施工

沉井是深基础施工的一种方法，多用于建筑物和构筑物的深基础、蓄水池、取水结构、重型设备深基础、超高层建筑物基础和桥墩等工程。其施工特点是：将位于地下一定深度的建筑物，先在地面制作，形成一个井状结构，然后在井内不断挖土，借助于井体自重而逐渐下沉，形成一个地下建筑物。

（1）沉井的构造

沉井是由刃脚（见图 2-27）、井筒、井隔墙等组成的呈圆形或矩形的筒状钢筋混凝土结构。刃脚在井筒最下端，形如刀刃，在沉井下沉时起切入土中的作用。井筒是沉井的外壁，在下沉过程中起挡土作用，同时还需有足够的重量克服筒壁与土之间的摩阻力和刃脚底部的土阻力，使沉井能在自重作用下逐步下沉。内隔墙的作用是把沉井分成许多小间，减小井壁的净跨距以减小弯矩，施工时亦便于挖土和控制沉降。

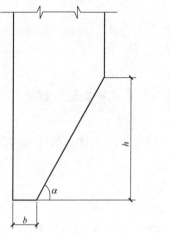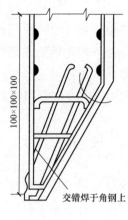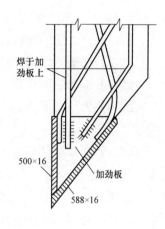

图 2-27　沉井的刃脚

（2）沉井的施工工艺

1）现浇带刃脚的钢筋混凝土圆形或方形井筒，可设内隔墙，可竖向分段。

2）井筒内挖土或水力吸泥后，井筒靠自重逐步下沉，边挖边沉。

3）沉至设计标高后用素混凝土封底防渗水，浇钢筋混凝土底板或内填。

4）若沉井为内空的地下结构物，则浇钢筋混凝土顶板。

（3）沉井的纠偏

由于土质不均匀或出现障碍物，以及施工中要求不严等原因，会造成沉井施工中产生偏差。偏差主要包括倾斜和位移两方面。沉井纠偏的方法主要有以下几种。

1）当矩形沉井长边产生偏差时，可采用偏心压重进行纠偏。

2）当沉井向某侧倾斜时，可在高的一侧多挖土，使沉井恢复水平，然后再均匀挖土。

3）当采用触变泥浆润滑套时，可采用导向木法纠偏。

4）小沉井或矩形沉井短边方向产生偏差时，应在下沉少的一侧外部用压力水冲井壁附近的土，并加偏心压重；在下沉多的一侧加一水平推力，以纠正倾斜。

5）当沉井中心线与设计中心线不重合时，可先在一侧挖土，使沉井倾斜，然后均匀挖土，使沉井沿倾斜方向下沉到沉井底面中心线接近设计中心线位置时，再纠正倾斜。

思考题

【2-1】什么是预制桩、灌注桩？各自的特点是什么？施工中应如何控制？

【2-2】桩架的作用是什么？如何确定桩架的高度？

【2-3】桩锤的种类及特点是什么？如何选择桩锤？

【2-4】为什么要确定打桩顺序？合理的打桩顺序有哪几种？如何确定打桩顺序？

【2-5】什么是打桩施工的贯入度、最后贯入度？施工中应在什么条件下测定最后贯入度？

【2-6】打桩的质量要求及保证质量的措施有哪些？

【2-7】简述接桩的方法有哪些？各适用于什么情况？

【2-8】灌注桩按成孔方法分为几种？它们的适用范围是什么？

【2-9】护筒的作用与埋设要求是什么？

【2-10】泥浆在泥浆护壁成孔灌注桩施工中有什么作用？对泥浆有何要求？

【2-11】地下连续墙具有哪些特点？试述地下连续墙的施工工艺。

【2-12】地下连续墙导墙有哪些作用？

3 混凝土结构工程

混凝土结构工程在土木工程施工中占主导地位,它对工程的人力、物力消耗和工期均有很大的影响。混凝土结构工程包括现浇混凝土结构施工与装配式预制混凝土构件施工两个方面。在建筑工程方面,原先是以现浇混凝土结构施工为主,限于当时的技术条件,现场施工的模板材料消耗多,劳动强度大,工期亦相对较长,因而逐渐向工厂化施工方面发展。但现浇混凝土结构的整体性好,抗震能力强,钢材消耗少,特别是近些年来一些新型工具式模板、大型起重设备及混凝土栗的出现,使混凝土结构工程现浇施工亦能达到较好的技术经济指标,因而得到迅速发展。目前我国的高层建筑大多数为现浇混凝土,地下工程和桥墩、路面等亦多为现浇混凝土,它们的发展亦促进了混凝土结构施工技术的提高。根据现有条件,混凝土结构的现浇施工和预制装配各有所长,皆有其发展前途。

混凝土结构工程是由钢筋、模板、混凝土等多个工种组成的,由于施工过程多,因而要加强施工管理,统筹安排,合理组织,以达到保证质量、加速施工和降低造价的目的。

3.1 钢筋工程

土木工程结构中常用的钢材有钢筋、钢丝和钢绞线三类。

钢筋按其强度分为 HPB235、HRB335、HRB400、RRB400 四种等级。钢筋的强度和硬度逐级提高,但塑性则逐级降低。HPB235 为热轧光圆钢筋,HRB335 和 HRB400 为热轧带肋钢筋,RRB400 为余热处理钢筋。

常用的钢丝有光面钢丝、三面刻痕钢丝和螺旋肋钢丝三类。

钢绞线一般由 3 根或 7 根圆钢丝捻成,钢丝均为高强钢丝。

目前我国重点发展屈服强度标准值为 400 MPa 的新型钢筋和屈服强度为 1 570～1 860 MPa 的低松弛、高强度钢丝的钢绞线,同时辅以小直径（$\phi4\sim\phi12$ mm）的冷轧带肋螺纹钢筋。同时,我国还大力推广焊接钢筋网和以普通低碳钢热轧盘条经冷轧扭工艺制成的冷轧扭钢筋。

钢筋出厂应有出厂质量证明书或试验报告单。每捆（盘）钢筋均应有标牌。运至工地后应分别堆存，并按规定抽取试样对钢筋进行力学性能检验。对热轧钢筋的级别有怀疑时，除作力学性能试验外，尚需进行钢筋的化学成分分析。使用中如发生脆断、焊接性能不良和机械性能异常时，应进行化学成分检验或其他专项检验。对国外进口钢筋，应按国家有关规定进行力学性能和化学成分的检验。

钢筋一般在钢筋车间或工地的钢筋加工棚内进行加工，然后运至现场安装或绑扎。钢筋加工过程取决于成品种类，一般的加工过程有冷拔、调直、剪切、镦头、弯曲、焊接、绑扎等。本节着重介绍钢筋冷拔及钢筋连接。

3.1.1 钢筋冷拔

冷拔是用热轧钢筋（直径 8 mm 以下）通过钨合金的拔丝模（见图 3-1）进行强力拉拔。铜筋通过拔丝模时，受到轴向拉伸与径向压缩的作用，使钢筋内部晶格变形而产生塑性变形，因而抗拉强度提高（可提高 50%～90%），塑性降低，呈硬钢性质。光圆钢筋经冷拔后称"冷拔低碳钢丝"。

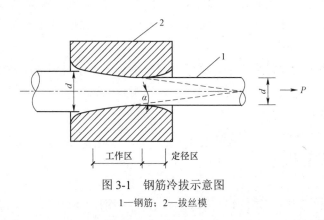

图 3-1 钢筋冷拔示意图

1—钢筋；2—拔丝模

钢筋冷拔的工艺过程是：轧头→剥壳→通过润滑剂进入拔丝模冷拔。

钢筋表面常有一硬渣层，易损坏拔丝模，并使钢筋表面产生沟纹，因而冷拔前要进行剥壳，方法是使钢筋通过 3～6 个上下排列的辊子以剥除渣壳。润滑剂常用石灰、动植物油、肥皂、白蜡等与水按一定配比制成。

冷拔用的拔丝机有立式（见图 3-2）和卧式两种。其鼓筒直径一般为 500 mm。冷拔速度约为 0.2～0.3 m/s，速度过大易断丝。

影响冷拔低碳钢丝质量的主要因素是原材料的质量和冷拔总压缩率。

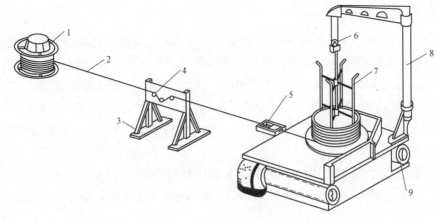

图 3-2 立式单鼓筒冷拔机

1—盘圆架；2—钢筋；3—剥壳装置；4—槽轮；5—拔丝模；6—滑轮；7—绕丝筒；8—支架；9—电动机

冷拔低碳钢丝都是用普通低碳热乳光圆钢筋拔制的，按国家标准《普通低碳钢热轧圆盘条》GB701-92 的规定，光圆钢筋都是用 1～3 号乙类钢轧制的，因而强度变化较大，直接影响冷拔低碳钢丝的质量，为此应严格控制原材料。冷拔低碳钢丝分甲、乙两级。对主要用作预应力筋的甲级冷拔低碳钢丝，宜用符合 I 级钢标准的 3 号钢圆盘条进行拔制。

冷拔总压缩率（β）是光圆钢筋拔成钢丝时的横截面缩减率。若原材料光圆钢筋直径为 d_0，冷拔后成品钢丝直径为 d，则总压缩率 $\beta = \dfrac{d_0^2 - d^2}{d_0^2}$。总压缩率越大，则抗拉强度提高越多，而塑性下降越多，故 β 不宜过大。直径 5 mm 的冷拔低碳钢丝，宜用直径 8 mm 的圆盘条拔制；直径 4 mm 和小于 4 mm 者，宜用直径 6.5 mm 的圆盘条拔制。

冷拔低碳钢丝有时是经过多次冷拔而成，一般不是一次冷拔就能达到总压缩率。每次冷拔的压缩率也不宜太大，否则拔丝机的功率大，拔丝模易损耗，且易断丝。一般前道钢丝和后道钢丝的直径之比以 1:0.87 为宜。冷拔次数亦不宜过多，否则易使钢丝变脆。

冷拔低碳钢丝经调直机调直后，抗拉强度约降低 8%～10%，塑性有所改善，使用时应注意。

3.1.2 钢筋连接

钢筋连接有三种常用的连接方法：绑扎连接、焊接连接和机械连接（挤压连接和螺纹套管连接）。

1. 钢筋焊接

钢筋焊接分为压焊和熔焊两种形式。压焊包括闪光对焊、电阻点焊和气压焊；熔焊包括电弧焊和电渣压力焊。此外，钢筋与预埋件 T 形接头的焊接应采用埋弧压力焊，也可用电弧焊或穿孔塞焊，但焊接电流不宜大，以防烧伤钢筋。

1）闪光对焊

闪光对焊广泛用于钢筋连接及预应力钢筋与螺丝端杆的焊接。热轧钢筋的焊接宜优先用闪光对焊。

钢筋闪光对焊（见图3-3）是利用对焊机使两段钢筋接触，通过低电压的强电流，待钢筋被加热到一定温度变软后，进行轴向加压顶锻，形成对焊接头。

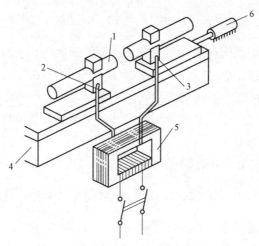

图 3-3　钢筋闪光对焊

1—焊接的钢筋；2—固定电极；3—可动电极；4—机座；

5—变压器；6—手动顶压机构

钢筋闪光对焊工艺常用的有连续闪光焊、预热闪光焊和闪光—预热—闪光焊（见图3-4）RRB400 钢筋，有时在焊接后还进行通电热处理。

（1）闪光对焊工艺

① 连续闪光焊这种焊接的工艺过程是待钢筋夹紧在电极钳口上后，闭合电源，使两钢筋端面轻微接触。由于钢筋端部不平，开始只有一点或数点接触，接触面小而电流密度和接触电阻很大，接触点很快熔化并产生金属火花飞溅，形成闪光现象。闪光一开始就徐徐移动钢筋，使形成连续闪光过程，同时接头也被加热。待接头烧平、闪去杂质和氧化膜、白热熔化时，随即施加轴向压力迅速进行顶锻，使两根钢筋焊牢。

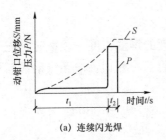
(a) 连续闪光焊

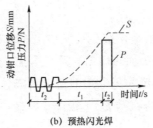
(b) 预热闪光焊

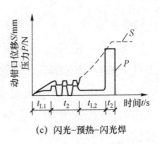
(c) 闪光-预热-闪光焊

图 3-4　钢筋闪光对焊工艺过程

连续闪光焊宜于焊接直径 25 mm 以下的 HPB235、HRB335、HRB400 的钢筋，最适宜焊接直径较小的钢筋。连续闪光焊的工艺参数有调伸长度、烧化留量、顶锻留量及变压器级数等。

② 钢筋直径较大、端面比较平整时，宜用预热闪光焊。它与连续闪光焊不同之处在于前面增加一个预热时间，先使大直径钢筋预热后再连续闪光烧化进行加压顶锻。

③ 闪光—预热—闪光焊适用于端面不平整的大直径钢筋，连接采用半自动或自动对焊机，焊接大直径钢筋宜采用闪光—预热—闪光焊。这种焊接的工艺过程是进行连续闪光，使钢筋端部烧化平整；再使接头处作周期性闭合和断开，形成断续闪光使钢筋加热；接着连续闪光，最后进行加压顶锻。

闪光—预热—闪光焊的工艺参数有调伸长度、一次烧化留量、预热留量和预热时间、二次烧化留量、顶锻留量及变压器级数等。

（2）闪光焊工艺参数（见图 3-5）

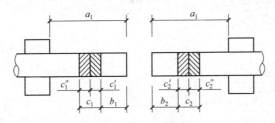

图 3-5　调伸长度及留量

a_1，a_2—左、右钢筋的调伸长度；b_1，b_2—烧化留量；c_1，c_2—顶锻留量；
c_1'，c_2'—有电顶锻留量；c_1''，c_2''—无电顶锻留量

① 调伸长度调。伸长度是指焊接前钢筋从电极钳口伸出的长度。其数值取决于钢筋的品种和直径，应能使接头加热均匀，且顶锻时钢筋不致弯曲。HRB400 及 RRB400 钢筋对焊应采取较大的调伸长度。

② 烧化留量与预热留量。烧化留量与预热留量是指在闪光和预热过程中烧

化的钢筋长度。

③ 顶锻留量。顶锻留量是指接头顶压挤出而消耗的钢筋长度。顶锻时，先在有电流作用下顶锻，使接头加热均匀、紧密结合，然后在断电情况下顶锻而后结束，所以分为有电顶锻留量与无电顶锻留量两部分。

④ 变压器级数。变压器级数是用来调节焊接电流的大小，根据钢筋直径确定。

钢筋闪光对焊后，除对接头进行外观检查，对焊后钢筋还应保证无裂纹和烧伤、接头弯折不大于 4°，接点轴线偏移不大于 $0.1d$（d 为钢筋直径），也不大于 2 mm。此外，另须按规定进行抗拉试验和冷弯试验。

2）电弧焊

电弧焊是利用电弧焊机使焊条与焊件之间产生高温，电弧使焊条和电弧燃烧范围内的焊件熔化，待其凝固便形成焊缝或接头，电弧焊广泛用于钢筋接头、钢筋骨架焊接、装配式结构节点的焊接、钢筋与钢板的焊接及各种钢结构焊接。

钢筋电弧焊的接头形式有：搭接焊接头（单面焊缝或双面焊缝）、帮条焊接头（单面焊缝或双面焊缝）、剖口焊接头（平焊或立焊）和熔槽帮条焊接头，如图 3-6 所示。

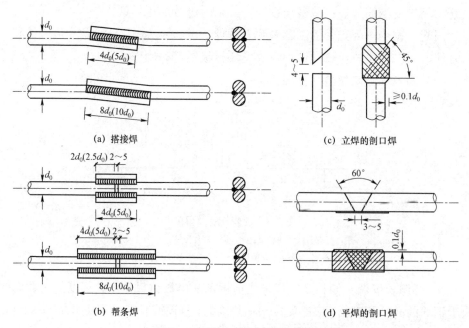

(a) 搭接焊　　　　　　　　(c) 立焊的剖口焊

(b) 帮条焊　　　　　　　　(d) 平焊的剖口焊

图 3-6　钢筋电弧焊的接头形式

电弧焊机有直流与交流之分，常用的为交流电弧焊机。

焊条的种类很多，如 E4303、E5003、E5503 等，钢筋焊接根据钢材等级和焊接接头形式选择焊条。焊接电流和焊条直径根据钢筋级别、直径、接头形式和焊接位置进行选择。

焊接接头质量检查除外观外，亦需抽样作拉伸试验。如对焊接质量有怀疑或发现异常情况，还可进行非破损检验（X 射线、γ 射线、超声波探伤等）。

3）电渣压力焊

电渣压力焊在施工中多用于现浇混凝土结构构件内竖向或斜向（倾斜度在4:1 的范围内）钢筋的焊接接长。电渣压力焊有自动和手工电渣压力焊两类。与电弧焊比较，它工效高、成本低，可进行竖向连接，故在工程中应用较普遍。电渣压力焊构造原理如图 3-7 所示。

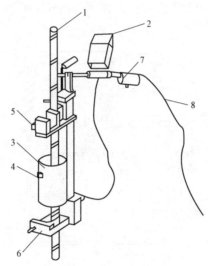

图 3-7　电渣压力焊构造原理图
1—钢筋；2—监控仪表；3—焊剂盒；4—焊剂盒扣环；5—活动夹具；
6—固定夹具；7—操作手柄；8—控制电缆

进行电渣压力焊应选用合适的焊接变压器。夹具需灵巧，上下钳口同心，保证上、下钢筋的轴线最大偏移不得大于 0.1d，同时也不得大于 2 mm。

焊接时，先将钢筋端部约 120 mm 范围内的铁锈除尽，将夹具夹牢在下部钢筋上，并将上部钢筋扶直夹牢于活动电极中。当采用自动电渣压力焊时，还在上、下钢筋间放置引弧用的钢丝圈等。再装上药盒，装满焊药，接通电路，用手柄使电弧引燃（引弧）。然后稳定一定时间，使之形成渣池并使钢筋熔化（稳弧），随着钢筋的熔化，用手柄使上部钢筋缓缓下送。当稳弧达到规定时间后，在断电同时用手柄进行加压顶锻，以排除夹渣和气泡，形成接头。待冷却一定时间后，即拆除药盒、回收焊药、拆除夹具和清除焊渣。引弧、稳弧、顶锻三个过程应连续进行。

电渣压力焊的工艺参数为焊接电流、渣池电压和通电时间，根据钢筋直径选择，钢筋直径不同时，根据较小直径的钢筋选择参数。电渣压力焊的接头，应按规定检查外观质量和进行试件拉伸试验。

4）电阻点焊

电阻点焊主要用于小直径钢筋的交叉连接，如用来焊接近年来推广应用的钢筋网片、钢筋骨架等。它的生产效率高、节约材料，应用广泛。

电阻点焊的工作原理是当钢筋交叉点焊时，接触点只有一点，且接触电阻较大，在接触的瞬间，电流产生的全部热量都集中在一点上，使金属受热熔化，同时在电极加压下使焊点金属得到焊合，原理如图3-8所示。

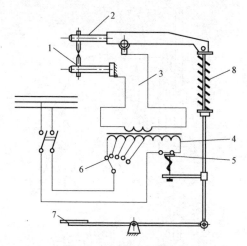

图 3-8　点焊机工作原理

1—电极；2—电极臂；3—变压器的次级线圈；4—变压器的初级线圈；5—断路器；
6—变压器的调节开关；7—踏板；8—压紧机构

常用的点焊机有单点点焊机、多头点焊机（一次可焊数点，用于焊接宽大的钢筋网）、悬挂式点焊机（可焊钢筋骨架或钢筋网）、手提式点焊机（用于施工现场）。

电阻点焊的主要工艺参数为变压器级数、通电时间和电极压力。在焊接过程中，应保持一定的预压和锻压时间。通电时间根据钢筋直径和变压器级数而定。电极压力则根据钢筋级别和直径选择。

焊点应进行外观检查和强度试验。热轧钢筋的焊点应进行抗剪试验。冷加工钢筋的焊点除进行抗剪试验外，还应进行拉伸试验。

5) 气压焊

气压焊接钢筋是利用乙炔-氧混合气体燃烧的高温火焰对已有初始压力的两根钢筋端面接合处加热，使钢筋端部产生塑性变形，并促使钢筋端面的金属原子互相扩散，当钢筋加热到约 1 250～1 350 ℃（相当于钢材熔点的 80%～90%）时进行加压顶锻，使钢筋焊接在一起。

钢筋气压焊接属于热压焊。在焊接加热过程中，加热温度只为钢材熔点的 80%～90%，且加热时间较短，所以不会出现钢筋材质劣化倾向。另外，气压焊设备轻巧、使用灵活、效率高、节省电能、焊接成本低，可进行全方位（竖向、水平和斜向）焊接，所以在我国逐步得到推广。

气压焊接设备（见图 3-9）主要包括加热系统与加压系统两部分。

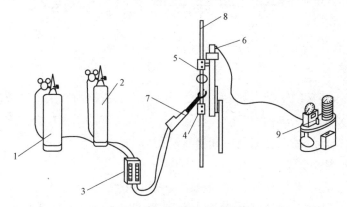

图 3-9 气压焊接设备示意图

1—乙炔；2—氧气；3—流量计；4—固定卡具；5—活动卡具；6—压接器；
7—加热器与焊炬；8—被焊接的钢筋；9—加压油泵

加热系统中加热能源是氧和乙炔。用流量计来控制氧和乙炔的输入量，焊接不同直径的钢筋要求不同的流量。加热器用来将氧和乙炔混合后，从喷火嘴喷出火焰加热钢筋，要求火焰能均匀加热钢筋，有足够的温度和功率并安全可靠。

加压系统中的压力源为电动油泵，使加压顶锻的压力平稳。压接器是气压焊的主要设备之一，要求它能准确、方便地将两根钢筋固定在同一轴线上，并将油泵产生的压力均匀地传递给钢筋，以达到焊接目的。

气压焊接的钢筋要用砂轮切割机断料，要求端面与钢筋轴线垂直。焊接前应打磨钢筋端面，清除氧化层和污物，使之现出金属光泽，并喷涂一薄层焊接活化剂保护端面不再氧化。

2. 钢筋机械连接

钢筋机械连接包括挤压连接和螺纹套管连接，是近年来大直径钢筋现场连接的主要方法。

1）钢筋挤压连接

钢筋挤压连接亦称钢筋套筒冷压连接。它适用于竖向、横向及其他方向的较大直径变形钢筋的连接。与焊接相比，它具有节省电能、不受钢筋可焊性好坏影响、不受气候影响、无明火、施工简便和接头可靠度高等特点。连接时将钢筋插入特制钢套筒内，利用液压驱动的挤压机进行径向或轴向挤压，使钢套筒产生塑性变形，紧紧咬住钢筋实现连接（见图3-10）。

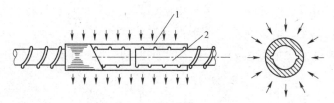

图 3-10　钢筋径向挤压连接
1—钢套筒；2—被连接的钢筋

钢筋挤压连接的工艺参数，主要是压接顺序、压接力和压接道数。压接顺序应从中间隧道向两端压接。压接力要能保证套筒与钢筋紧密咬合，压接力和压接道数取决于钢筋直径、套筒型号和挤压机型号。

2）钢筋螺纹套管连接

螺纹套管连接分锥螺纹连接与直螺纹连接两种。

用于这种连接的钢套管内壁，用专用机床加工有锥螺纹或直螺纹，钢筋的对接端头亦在套丝机上加工有与套管匹配的螺纹。连接时，经过螺纹检查无油污和损伤后，先用手旋入钢筋，然后用扭矩扳手紧固至规定的扭矩即完成连接（见图3-11）。它施工速度快，不受气候影响，质量稳定，易对中，已在我国广泛应用。

由于钢筋的端头在套丝机上加工有螺纹，截面有新削弱，为达到连接接头与钢筋等强，目前有两种方法，一种是将钢筋端头先镦粗后再套丝，使连接接头处截面不削弱；另一种采用冷轧的方法轧制螺纹，接头处经冷轧后强度有所提高，亦可达到等强的目的。

3. 钢筋绑扎

绑扎目前仍为钢筋连接的主要手段之一。钢筋绑扎时，钢筋交叉点用铁丝扎牢；板和墙的钢筋网，除外围两行钢筋的相交点全部扎牢外，中间部分交叉点可相隔交错扎牢，保证受力钢筋位置不产生偏移；梁和柱的箍筋应与受力钢筋垂直设置，弯钩叠合处应沿受力钢筋方向错开设置。受拉钢筋和受压钢筋接头的搭接长度及接头位置应符合施工质量验收规范的规定。

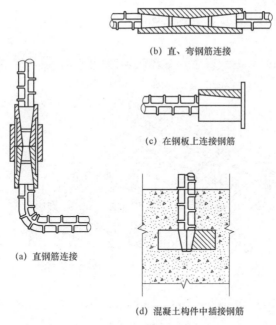

(b) 直、弯钢筋连接

(c) 在钢板上连接钢筋

(a) 直钢筋连接

(d) 混凝土构件中插接钢筋

图 3-11　钢筋螺纹套管连接

3.2　模板工程

模板是新浇混凝土成形用的模型，在设计与施工中要求能保证结构和构件的形状、位置、尺寸的准确；具有足够的强度、刚度和稳定性；装拆方便，能多次周转使用；接缝严密不漏浆。模板系统包括模板、支撑和紧固件。模板工程量大，材料和劳动力消耗多，正确选择其材料、形式和合理组织施工，对加速混凝土工程施工和降低造价有显著效果。

3.2.1　模板形式

1. 木模板

木模板、胶合板模板在一些工程上仍有广泛应用。这类模板一般为散装散拆式模板，也有的加工成基本元件（拼板），在现场进行拼装，拆除后亦可周转使用。

拼板由一些板条用拼条钉拼而成（胶合板模板则用整块胶合板），板条厚度一般为 25～50 mm，板条宽度不宜超过 200 mm，以保证干缩时缝隙均匀，浇水后易于密封。但梁底板的板条宽度不限制，以减少漏浆。拼板的拼条（小肋）的间距取决于新浇混凝土的侧压力和板条的厚度，多为 400～500 mm。

建筑物施工用的木模板，其构造如下。

1）基础模板

基础模板安装时，要保证上、下模板不发生相对位移（见图 3-12）。如有杯口，还要在其中放入杯口模板。

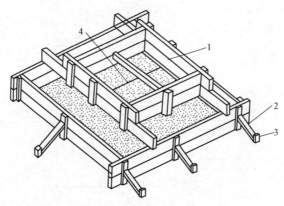

图 3-12　阶梯形基础模板
1—拼板；2—斜撑；3—木桩；4—铁丝

2）柱子模板

柱模的拼板用拼条连接，两两相对组成矩形。为承受混凝土侧压力，拼板外要设柱箍，其间距与混凝土侧压力、拼板厚度有关，因而柱模板下部的柱箍较密。

柱模板底部开有清理孔，沿高度每隔约 2 m 开有浇筑孔。柱底的混凝土上一般设有木框，用以固定柱模板的位置。柱模板顶部根据需要可开有与梁模板连接的缺口（见图 3-13）。

梁模板由底模板和侧模板组成。底模板承垂直荷载，一般较厚，下面有支撑（或桁架）承托。支撑多为伸缩式，可调整高度，底部应支承在坚实地面或楼面上，下垫木楔。如地面松软，则底部应垫以木板。在多层建筑施工中，应使上、下层的支撑在同一条竖向直线上，否则，要采取措施保证上层支撑的荷载能传到下层支撑上。支撑间应用水平和斜向拉杆拉牢，以增强整体稳定性。当层间高度大于 5 m 时，宜用桁架支模或多层支架支模。

梁跨度在 4 m 或 4 m 以上时，底模板应起拱，如设计无具体规定，一般可取结构跨度的 1/1 000～3/1 000，木模板可取偏大值，钢模板可取偏小值。

梁侧模板承受混凝土侧压力，底部用钉在支撑顶部的夹条上夹住，顶部可由支承楼板模板的搁栅顶住，或用斜撑顶住。

楼板模板多用定型模板或胶合板，放置在搁栅上，搁栅支承在梁侧模板外的横楞上（见图 3-14）。

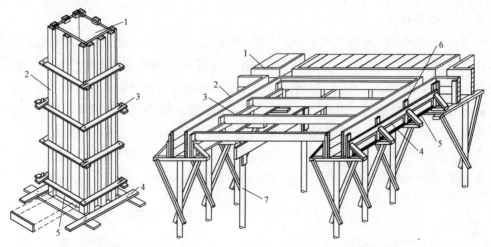

图 3-13　柱子模板

1—内拼板；2—外拼板；3—柱摘；

4—定位木框；5—清理孔

图 3-14　梁及楼板模板

1—楼板模板；2—梁侧模板；3—搁栅；

4—横楞；5—夹条；6—小肋；7—支撑

　　桥梁墩台木模板如图 3-15 所示。墩台一般向上收小，其模板为斜面和斜圆锥面，由面板、楞木、立柱、支撑、拉杆等组成。立柱安放在基础枕梁上，两端用钢拉杆拉紧，以保证模板刚度和不产生位移，楞木（直线形和拱形）固定在立柱上，木面板则竖向布置在愣木上。如桥墩较高，要加设斜撑、横撑木和拉索（见图 3-16）

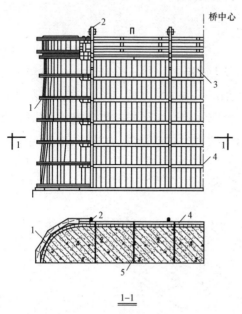

图 3-15　桥梁墩台模板

1—拱形肋木；2—立柱；3—面板；4—水平愣木；5—拉杆

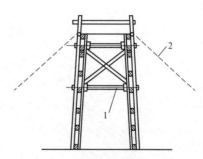

图 3-16　稳定桥墩模板的措施

1—临时撑木；2—拉索

2. 组合模板

组合模板是一种基本的工具式模板，也是工程施工用得最多的一种模板。它由具有一定模数的若干类型的板块、角模、支撑和连接件组成（见图3-17），用它可以拼出多种尺寸和几何形状，以适应多种类型建筑物的梁、柱、板、墙、基础和设备基础等施工的需要，也可用它拼成大模板、隧道模和台模等。施工时可以在现场直接组装，亦可以预拼装成大块模板或构件模板用起重机吊运安装。组合模板的板块有钢的，亦有钢框木（竹）胶合板的。组合模板不但用于建筑工程，在桥梁工程、地下工程和市政工程中亦被广泛应用。

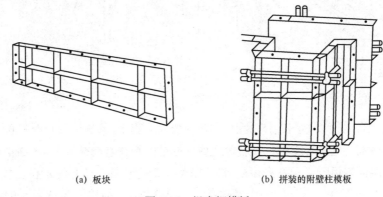

(a) 板块　　　　　　　　　　　(b) 拼装的附壁柱模板

图 3-17　组合钢模板

1）板块与角模

板块是定型组合模板的主要组成构件，它由边框、面板和纵横肋构成。我国所用的钢模板多以2.75～3.0 mm厚的钢板为面板，以55 mm或70 mm高和3 mm厚的扁钢为纵、横肋，边框高度与纵、横肋相同。钢框木（竹）胶合模板（见图3-18）的板块，由钢边框内镶可更换的木胶合板或竹胶合板组成。胶合板两面涂塑，经树脂覆膜处理，所有边缘和孔洞均经有效的密封材料处理，以防吸水受潮变形。

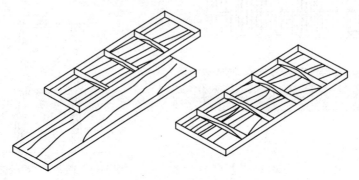

图 3-18　钢框木（竹）胶合板模板

为了和组合钢模板形成相同系列，以达到可以同时使用的目的，钢框木（竹）胶合板模板的型号尺寸基本与组合钢模板相同，只是由于钢框木（竹）胶合板模板的自重轻，其平面模板的长度最大可达 2 400 mm，宽度最大可达 1 200 mm。由于板块尺寸大，模板拼缝少，所以拼装和拆除效率高，浇出的混凝土表面平整光滑。钢框木（竹）胶合板的转角模板和异形模板由钢材压制成形，其配件与组合钢模板相同。

板块的模数尺寸关系到模板的使用范围，是定型组合模板设计的基本要素之一。确定时应以数理统计方法确定结构各种尺寸使用的频率，充分考虑我国的模数制，并使最大尺寸板块的重量便于工人安装。目前我国应用的组合钢模板板块长度为 1 500 mm、1 200 mm、900 mm 等。板块的宽度为 600 mm、300 mm、250 mm、200 mm、150 mm、100 mm 等。各种型号的模板有所不同。进行配板设计时，如出现不足 50 mm 的空缺，则用木方补缺，用钉子或螺栓将木方与板块边框上的孔洞连接。

由于组合钢模板的面板和肋是焊接的，面板一般按四面支承形式计算，纵、横肋视其与面板的焊接情况，确定是否考虑其与面板共同工作，如果边框与面板一次轧成，则边框可按与面板共同工作进行计算。

为便于板块之间的连接，边框上有连接孔，边框不论长向和短向其孔距都为 150 mm，以便横竖都能拼接。孔形取决于连接件。板块的连接件有钩头螺栓、U 形卡、L 形插销、紧固螺栓（拉杆）。

角模有阴、阳角模和连接角模之分，用来成型混凝土结构的阴、阳角，也是两个板块拼装成 90° 角的连接件。

定型组合模板虽然具有较大灵活性，但并不能适应一切情况。为此，对特殊部位仍需在现场配制少量木模填补。

2）支承件

支承件包括支承墙模板的支承梁（多用钢管和冷弯薄壁型钢）和斜撑，支承梁、板模板的支撑桁架和顶撑等。

梁、板的支撑有梁托架、支撑桁架和顶撑（见图 3-19），还可用多功能门架式脚手架来支撑。桥梁工程中由于高度大，多用工具式支撑架支撑。梁托架可用钢管或角钢制作。支撑桁架的种类很多，一般用由角钢、扁铁和钢管焊成的整榀式桁架或由两个半榀桁架组成的拼装式桁架，还有可调节跨度的伸缩式桁架，使用更加方便。

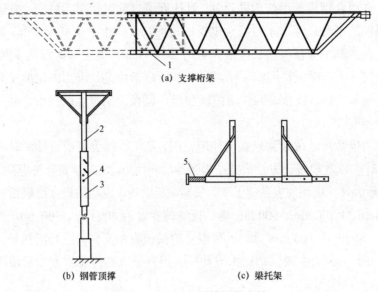

(a) 支撑桁架

(b) 钢管顶撑　　　　　　　　　　(c) 梁托架

图 3-19　定型组合模板的支撑

1—桁架伸缩销孔；2—内套钢管；3—外套钢管；4—插销孔；5—调节螺栓

　　顶撑皆采用不同直径的钢套管，通过套管的抽拉可以调整到各种高度。近年来发展了模板快拆体系，在顶撑顶部设置早拆柱头（见图 3-20），可以使楼板混凝土浇筑后模板下落提早拆除，而顶撑仍撑在楼板底面。

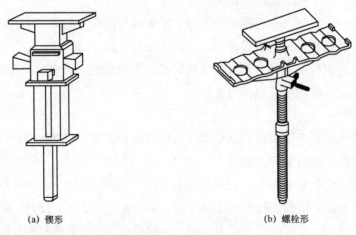

(a) 锲形　　　　　　　　　　　　(b) 螺栓形

图 3-20　早拆柱头

　　对整体式多层房屋，分层支模时，上层支撑应对准下层支撑，并铺设垫板。采用定型组合模板时需进行配板设计。由于同一面积的模板可以用不同规格的板块和角模组成各种配板方案，配板设计就是从中找出最佳组配方案。进行配板设计之前，先绘制结构构件的展开图，据此作构件的配板图。在配板图上要表明，所配板块和角模的规格、位置和数量。

3. 大模板

大模板在建筑、桥梁及地下工程中被广泛应用，它是一种大尺寸的工具式模板，如建筑工程中一面墙用一块大模板。因为其重量大，装拆皆需起重机械吊装，可提高机械化程度，减少用工量和缩短工期。大模板是目前我国剪力墙和筒体体系的高层建筑、桥墩、筒仓等施工用得较多的一种模板，已形成工业化模板体系。

大模板由面板、次肋、主肋、支撑桁架、稳定机构及附件组成（见图3-21）。

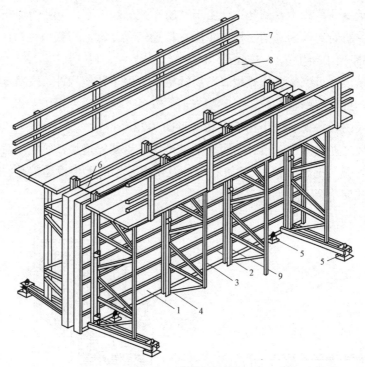

图 3-21　大模板构造

1—面板；2—次肋；3—支撑桁架；4—主肋；5—调整螺旋；
6—卡具；7—栏杆；8—脚手板；9—对销螺栓

面板要求平整、刚度好，可用钢板或胶合板制作。钢面板厚度根据次肋的布置而不同，一般为 3～5 mm，可重复使用 200 次以上。胶合板面板常用七层或九层胶合板，板面用树脂处理，可重复使用 50 次以上。面板设计一般由刚度控制，按照加劲肋布置的方式，分单向板和双向板。如图 3-23 所示的为单向板面板，它加工容易，但刚度小，耗钢量大；双向板面板刚度大，结构合理，但加工复杂、焊缝多、加工时易变形。单向板面板的大模板，计算面板时，取 1 m 宽的板条为计算单元，次肋视作支承，按连续板计算，强度和挠度都要满足要求。双向板面板的大模板，计算面板时，取一个区格作为计算单元，其四边支承情况取决于混凝土浇筑情况，在实际施工中，可取三边固定、一边简支的情况进行计算。

次肋的作用是固定面板，把混凝土侧压力传递给主肋。面板若按双向板计算，则不分主、次肋。单向板的次肋一般用 L65 角钢或 L65 槽钢。间距一般为 300～500 mm。次肋受面板传来的荷载，主肋为其支承，按连续梁计算。为降低耗钢量，设计时应考虑使之与面板共同作用，按组合截面计算截面抵抗矩，验算强度和挠度。

主肋承受的荷载由次肋传来，由于次肋布置一般较密，可视为均布荷载以简化计算，主肋的支承为对销螺栓。主肋也按连续梁计算，一般用相对的两根 L65 或 L80 槽钢，间距约为 1～1.2 m。

组合模板亦可拼装成大模板，用后拆卸仍可用于其他构件，虽然重量较大但机动灵活，目前应用较多。

大模板的转角处多用小角模方案（见图 3-22）。

大模板之间的固定，相对的两块平模是用对销螺栓连接，顶部的对销螺栓亦可用卡具代替（见图 3-21）。建筑物外墙及桥墩等单侧大模板通常是将大模板支承在附壁式支承架上（见图 3-23）。

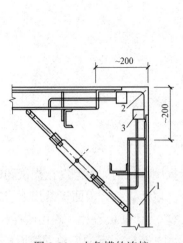

图 3-22　小角模的连接

1—大模板；2—小角模；3—偏心压杆

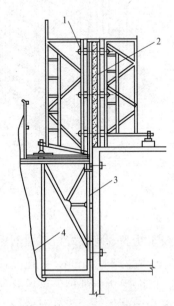

图 3-23　外大模安装

1—外墙的外模；2—外墙的内模；3—附墙支承架；4—安全网

大模板堆放时要防止倾倒伤人，应将板面后倾一定角度。大模板板面须喷涂脱模剂以利脱模，常用的有海藻酸钠脱模剂、油类脱模剂、甲基树脂脱模剂和石蜡乳液脱模剂等。

此外，对于电梯井、小直径的筒体结构等的浇筑，有时利用由大模板组成的筒模（见图3-24），即四面模板用铰链连接，可整体安装和脱模，脱模时旋转花篮螺丝脱模器，拉动相对两片大模板向内移动，使单轴铰链折叠收缩，模板脱离墙体。支模时，反转花篮螺丝脱模器，使相对两片大模板向外推移，单轴铰链伸张，达到支模的目的。

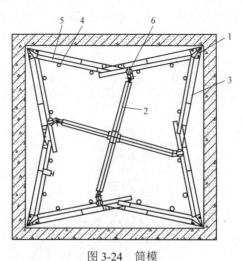

图 3-24　筒模

1—单轴铰链；2—花篮螺丝脱模器；3—平面大模板；4—主肋；5—次肋；6—连接板

4. 滑升模板

滑升模板是一种工业化模板，用于现场浇筑高耸构筑物和建筑物等的竖向结构，如烟囱、筒仓、高桥墩、电视塔、竖井、沉井、双曲线冷却塔和高层建筑等。

滑升模板的施工特点，是在构筑物或建筑物底部，沿其墙、柱、梁等构件的周边组装高 1.2 m 左右的模板，随着向模板内不断地分层浇筑混凝土，用液压提升设备使模板不断地沿埋在混凝土中的支承杆向上滑升，直到到达需要浇筑的高度为止。用滑升模板施工，可以节约模板和支撑材料，加快施工速度和保证结构的整体性。但模板一次性投资多、耗钢量大，对于立面造型和构件断面变化有一定的限制。施工时宜连续作业，施工组织要求较严。

1）滑升模板的组成

滑升模板（见图3-25）由模板系统、操作平台系统和液压系统三部分组成。模板系统包括模板、围圈和提升架等。模板用于成型混凝土，承受新浇混凝土的侧压力，多用钢模或钢木组合模板。模板的高度取决于滑升速度和混凝土达到出模强度（0.2～0.4 N/mm²）所需的时间，一般高 1.0～1.2 m，模板呈上口小下口大的锥形，单面锥度约 0.2%～0.5%，以模板上口以下 2/3 模板高度处的净间距为结构断面的厚度。围圈用于支承和固定模板，一般情况下，模板上、下各布置一道，它承受模板传来的水平侧压力（混凝土的侧压力和浇筑混凝土时的水平冲击力）和由摩阻力、模板与围圈自重（如操作平台支承在围圈上，还包括平台自重和施工荷载）等产生的竖向力。围圈可视为以提升架为支承的双向弯曲的多跨连续梁，材料多用角钢或槽钢，以其受力最不利情况计算确定其截面。提升架的作用是固定围圈，把模板系统和操作平台系统连成整体，承受整个模板系统和操作平台系统的全部荷载并将其传递给液压千斤顶。提升架分单横梁式与双横梁式两种，多用型钢制作，其截面按框架计算确定。

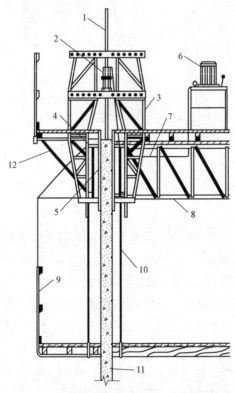

图 3-25　滑升模板

1—支承杆；2—液压千斤顶；3—提升架；4—围圈；5—模板；6—高压油泵；

7—油管；8—操作平台桁架；9—外吊脚手架；10—内脚手架吊杆；

11—混凝土墙体；12—外挑脚手架

操作平台系统包括操作平台、内外吊脚手架和外挑脚手架，是施工操作的场所。其承重构件（平台桁架、钢梁、铺板、吊杆等）根据其受力情况按一般的钢结构进行计算。

液压系统包括支承杆、液压千斤顶和操纵装置等，是使滑升模板向上滑升的动力装置。支承杆既是液压千斤顶向上爬升的轨道，又是滑升模板的承重支柱，它承受施工过程中的全部荷载。其规格要与选用的千斤顶相适应，用钢珠作卡头的千斤顶，支承杆需用 HPB235 圆钢筋；用楔块作卡头的千斤顶，各类钢筋皆可作为支承杆，如用体外滑模（支承杆在浇筑墙体的外面，不埋在混凝土内），支承杆多用钢管。

2）滑升原理

目前滑升模板所用之液压千斤顶，有以钢珠作卡头的 GYD-35 型和以楔块作卡头的 QYD-35 型等起重力为 35 kN 的小型液压千斤顶，还有起重力为 60 kN 及 100 kN 的中型液压千斤顶 YL50-10 型等。GYD-35 型（见图 3-26）。

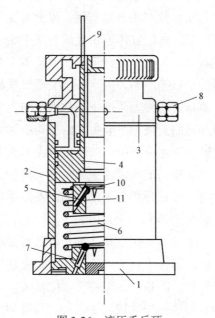

图 3-26　液压千斤顶

1—底座；2—缸体；3—缸盖；4—活塞；5—上卡头；
6—排油弹簧；7—下卡头；8—油嘴；9—行程指示杆；
10—钢珠；11—卡头小弹簧

目前仍应用较多。滑升模板滑升原理如图 3-27 所示。

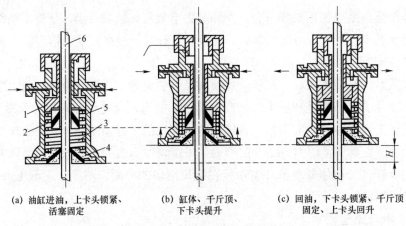

(a) 油缸进油，上卡头锁紧、　　　(b) 缸体、千斤顶、　　　(c) 回油，下卡头锁紧、千斤顶
活塞固定　　　　　　　　下卡头提升　　　　　　固定、上卡头回升

图 3-27　液压千斤顶工作原理

1—活塞；2—上卡头；3—排油弹簧；4—下卡头；5—缸体；6—支承杆

　　施工时，将液压千斤顶安装在提升架横梁上与之联成一体，支承杆穿入千斤顶的中心孔内。当高压油压入活塞与缸盖之间，在高压油作用下，由于上卡头（与活塞相连）内的小钢珠与支承杆产生自锁作用，使上卡头与支承杆锁紧，活塞不能下行。这样在油压作用下，迫使缸体连带底座和下卡头一起向上升起，由此带动提升架等整个滑升模板上升。当上升到下卡头紧碰着上卡头时，即完成一个工作进程。此时排油弹簧处于压缩状态，上卡头承受滑升模板的全部荷载。当回油时，油压力消失，在排油弹簧的弹力作用下，把活塞与上卡头一起推向上，油即从进油口排出。在排油开始的瞬间，下卡头又由于其小钢珠与支承杆间的自锁作用，与支承杆锁紧，使缸筒和底座不能下降，接替上卡头所承受的荷载。当活塞上升到极限后，排油工作完毕，千斤顶便完成一个上升的工作循环。一次上升的行程 20～30 mm。排油时，千斤顶保持不动。如此不断循环，千斤顶就沿着支承杆不断上升，模板也就被带着不断向上滑升。

　　采用钢珠式的上、下卡头，其优点是体积小，结构紧凑，动作灵活，但钢珠对支承杆的压痕较深，这样不仅不利于支承杆拔出重复使用，而且会出现千斤顶上升后的"回缩"下降现象，此外，钢珠还有可能被杂质卡死在斜孔内，导致卡头失效。楔块式卡头则利用四瓣楔块锁固支承杆，具有加工简单、起重量大、卡头下滑量小、锁紧能力强、压痕小等优点，它不仅适用于光圆钢筋支承杆，亦可用于螺纹钢筋支承杆。

　　5. 爬升模板

　　爬升模板简称爬模，是施工剪力墙和筒体结构的混凝土结构高层建筑和桥墩、桥塔等的一种有效的模板体系，我国已推广应用。由于模板能自爬，不需起重运输机械吊运，减少了施工中的起重运输机械的工作量，能避免大模板受大风的影响。由于自爬的模板上还可悬挂脚手架，所以可省去结构施工阶段的外脚手架，因此其经济效益较好。

爬模分有爬架爬模和无爬架爬模两类。有爬架爬模由爬升模板、爬架和爬升设备三部分组成（见图3-28）。

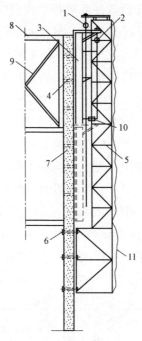

图 3-28　爬升模板

1—提升外模板的动力机构；2—提升外爬架的动力机构；3—外爬升模板；4—预留孔；
5—外爬架（包括支承架和附墙架）；6—螺栓；7—外墙；8—楼板模板；
9—楼板模板支撑；10—模板校正器；11—安全网

爬架是一格构式钢架，用来提升外爬模，由下部附墙架和上部支承架两部分组成，总高度应大于每次爬升高度的3倍。附墙架用螺栓固定在下层墙壁上；上部支承架高度大于两层模板的高度，坐落在附墙架上，与之成为整体。支承架上端有挑横梁，用以悬吊提升爬升模板用的提升动力机构（如手拉葫芦、千斤顶等），通过提升动力机构提升模板。模板顶端也装有提升外爬架用的提升动力。在模板固定后，通过它提升爬架。由此，爬架与模板相互提升，向上施工。爬升模板的背面还可悬挂有外脚手架。

提升动力可为手拉葫芦、电动葫芦或液压千斤顶和电动千斤顶。手拉葫芦简单易行，由人力操纵。如用液压千斤顶，则爬架、爬升模板各用一台油泵供油。

爬杆使用圆钢，用螺帽和垫板固定在模板或爬架的挑横梁上。

桥墩和桥塔混凝土浇筑用的模板，也可用有爬架的爬模，如桥墩和桥塔为斜向的，则爬架与爬升模板也应斜向布置，进行斜向爬升以适应桥墩和桥塔的倾斜及截面变化的需要。

无爬架爬模取消了爬架，模板由甲、乙两类模板组成，爬升时，两类模板间隔布置、互为依托，通过提升设备使两类相邻模板交替爬升。

甲、乙两类模板中甲型模板为窄板，高度大于两个提升高度，乙型模板按混凝土浇筑高度配置，与下层墙体应有搭接，以免漏浆。两类模板交替布置，甲型模板布置在转角处，或较长的墙中部。内、外模板用对销螺栓拉结固定。

爬升装置由三角爬架、爬杆和液压千斤顶组成。三角爬架插在模板上口两端的套筒内，套筒与背楞连接，三角爬架可自由回转，用以支承爬杆。爬杆为ϕ25 mm的圆钢，上端固定在三角爬架上。每块模板上装有两台液压千斤顶，乙型模板装在模板上口两端，甲型模板安装在模板中间偏上处。

爬升时，先放松穿墙螺栓，并使墙外侧的甲型模板与混凝土脱离。调整乙型模板上三角爬架的角度，装上爬杆，爬杆下端穿入甲型模板中间的液压千斤顶中，然后拆除甲型模板的穿墙螺栓，起动千斤顶将甲型模板爬升至预定高度，待甲型模板爬升结束并固定后，再用甲型模板爬升乙型模板（见图3-29）。

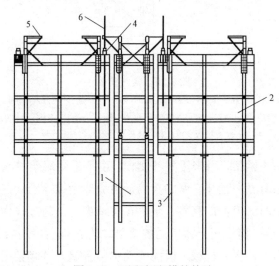

图 3-29　无爬架爬模的构造

1—甲型模板；2—乙型模板；3—背楞；4—液压千斤顶；5—三角爬架；6—爬杆

6. 其他模板

近年来，随着各种土木工程和施工机械化的发展，新型模板不断出现，除上述外，国内外目前常用的还有下述几种：

1）台模（飞模、桌模）

台模是一种大型工具式模板，主要用于浇筑平板式或带边梁的水平结构，如用于建筑施工的楼面模板，它是一个房间用一块台模，有时甚至更大。按台模的支承形式分为支腿式（见图3-30）和无支腿式两类。前者又有伸缩式支腿和折叠式支腿之分；后者是悬架于墙上或柱顶，故也称悬架式。支腿式台模由面板（胶合板或钢板）、支撑框架、檩条等组成。支撑框架的支腿底部一般带有轮子，以便移动。浇筑后待混凝土达到规定强度，落下台面，将台模推出墙面放在临时挑台上，再用起重机整体吊运至上层或其他施工段。亦可不用挑台，推出墙面后直接吊运。

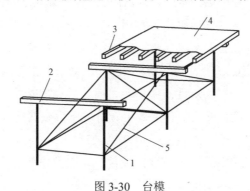

图 3-30　台模

1—支腿；2—可伸缩的横梁；3—檩条；4—面板；5—斜撑

2）隧道模

隧道模是用于可以同时整体浇筑竖向结构和水平结构的大型工具式模板，用于建筑物墙与楼板的同步施工，它能将各开间沿水平方向逐段整体浇筑，故施工的结构整体性好，抗震性能好，施工速度快。但模板的一次性投资大，模板起吊和转运需较大的起重机。隧道模有全隧道模（整体式隧道模）和双拼式隧道模（见图3-31）两种。前者自重大，推移时多需铺设轨道，目前逐渐少用。后

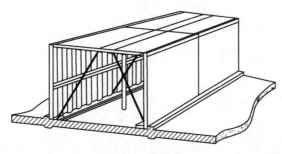

图 3-31　隧道模

者由两个半隧道模对拼而成，两个半隧道模的宽度可以不同，再增加一块插板，即可以组合成各种开间需要的宽度。

混凝土浇筑后强度达到 7 N/mm² 左右，即可先拆除半边的隧道模，推出墙面放在临时挑台上，再用起重机转运至上层或其他施工段。拆除模板处的楼板临时用竖撑加以支撑，再养护一段时间（视气温和养护条件而定），待混凝土强度约达到 20 N/mm² 以上时，再拆除另一半边的隧道模，但保留中间的竖撑，以减小施工期间楼板的弯矩。

3）永久式模板

永久式模板是一些在施工时起模板作用而在浇筑混凝土后又是结构本身组成部分之一的预制模板，目前国内外常用的有异形（波形、密肋形等）金属薄板（亦称压形钢板）、预应力混凝土薄板、玻璃纤维水泥模板、小梁填块（小梁为倒 T 形，填块放在梁底凸缘上，再浇筑混凝土）、钢桁架型混凝土板等。预应力混凝土薄板在我国已在一些高层建筑中应用，铺设后稍加支撑，然后在其上铺放钢筋浇筑混凝土形成楼板，施工简便，效果较好。压形金属薄板在我国土木工程施工中亦有应用，施工简便，速度快，但耗钢量较大。

模板是混凝土工程中的一个重要组成部分，国内外都十分重视，新型模板亦不断出现，除上述各种类型模板外，还有各种玻璃钢模板、塑料模板、提模、艺术模板和专门用途的模板等。

3.2.2　模板设计

定型模板和常用的模板拼板，在其适用范围内一般不需进行设计或验算，但其支撑系统应进行设计计算。重要结构的模板、特殊形式的模板或超出适用范围的定型模板及支撑系统，应该进行设计或验算以确保安全，保证质量，防止浪费。

模板和支架的设计，包括选型、选材、荷载计算、结构计算、拟定制作安装和拆除方案、绘制模板图。

以下介绍模板设计的荷载及有关规定。

1. 荷载

模板、支架按下列荷载设计或验算。

1）模板及支架自重

模板及支架的自重，可按图纸或实物计算确定，或参考表 3-1。

表 3-1 楼板模板自重标准值

模板构件	木模板/（kN/m²）	定型组合钢模板/（kN/m²）
平板模板及小楞自重	0.3	0.5
楼板模板自重（包括梁模板）	0.5	0.75
楼板模板及支架自重（楼层高度 4 m 以下）	0.75	1.0

2）新浇筑混凝土的自重标准值

普通混凝土用 24 kN/m³，其他混凝土根据实际重力密度确定。

3）钢筋自重标准值

根据设计图纸确定。一般梁板结构每立方米混凝土结构的钢筋自重标准值：楼板 1.1 kN；梁 1.5 kN。

4）施工人员及设备荷载标准值

计算模板及直接支承模板的小楞时：均布活荷载 2.5 kN/m²，另以跨中的集中荷载 2.5 kN 进行验算，取两者中较大的弯矩值；

计算支承小楞的构件时：均布活荷载 1.5 kN/m²；

计算支架立柱及其他支承结构构件时：均布活荷载 1.0 kN/m²。

对大型浇筑设备（上料平台等）、混凝土泵等按实际情况计算。木模板板条宽度小于 150 mm 时，集中荷载可以考虑由相邻两块板共同承受。如混凝土堆集料的高度超过 100 mm 时，则按实际情况计算。

5）振捣混凝土时产生的荷载标准值

水平面模板 2.0 kN/m²；垂直面模板 4.0 kN/m²（作用范围在有效压头高度之内）。

6）新浇筑混凝土对模板侧曲的压力标准值

影响混凝土侧压力的因素很多，如与混凝土组成有关的骨料种类、配筋数量、水泥用量、外加剂、坍落度等都有影响。此外还有外界影响，如混凝土的浇筑速度、混凝土的温度、振捣方式、模板情况、构件厚度等。

混凝土的浇筑速度是一个重要的影响因素，最大侧压力一般与其成正比。但当其达到一定速度后，再提高浇筑速度，则对最大侧压力的影响就不明显。混凝土的温度影响混凝土的凝结速度，温度低、凝结慢，混凝土侧压力的有效压头高，最大侧压力就大。反之，最大侧压力就小。模板情况和构件厚度影响拱作用的发挥，因此对侧压力也有影响。

由于影响混凝土侧压力的因素很多，仅用一个计算公式全面反映众多影响因素是有一定困难的。国内外研究混凝土侧压力，都是抓住几个主要影响因素，通过典型试验或现场实测取得数据，再用数学分析方法归纳后提出公式。

我国目前采用的计算公式为采用内部振动器时，新浇筑的混凝土作用于模板的最大侧压力，按下列两式计算，并取两式中的较小值（见图 3-32）：

$$F = 0.22\gamma_c t_0 \beta_1 \beta_2 v^{1/2} \tag{3-1}$$

$$F = \gamma_c H \tag{3-2}$$

式中，F——新浇混凝土对模板的最大侧压力（kN/m^2）；

    γ_c——混凝土的重力密度（kN/m^3）；

    t_0——新浇混凝土的初凝时间（h），可按实测确定。

当缺乏试验资料时，可采用 $t_0 = 200/(t+15)$ 计算（t 为混凝土的温度，℃）

    v——混凝土的浇筑速度（m/h）；

    H——混凝土的侧压力计算位置处至新浇混凝土顶面的总高度（m）；

    β_1——外加剂影响修正系数，不掺外加剂时取 1.0，掺具有缓凝作用的外加剂时取 1.2；

    β_2——混凝土坍落度影响修正系数，当坍落度小于 30 mm 时，取 0.85；当坍落度为 50～90 mm 时，取 1.0；当坍落度为 110～150 mm 时，取 1.15。

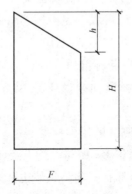

图 3-32　混凝土侧压力计算分布图

h—有效压头高度，$h = F/\gamma_0$

7）倾倒混凝土时产生的荷载标准值

倾倒混凝土时对垂直面模板产生的水平荷载标准值，按表 3-2 采用。

表 3-2　向模板中倾倒混凝土时产生的水平荷载标准值

项次	向模板中供料方法	水平荷载标准/（kN/m^2）
1	用溜槽、串筒或由异管输出	2

续表

项次	向模板中供料方法	水平荷载标准/（kN/m²）
2	用容量为小于 0.2 m³ 的运输器具倾倒	2
3	用容量为 0.2～0.8 m³ 的运输器具倾倒	4
4	用容量为大于 0.8 m³ 的运输器具倾倒	6

注：作用范围在有效压头高度以内。

　　计算模板及其支架时的荷载设计值，应采用荷载标准值乘以相应的荷载分项系数求得，荷载分项系数按表 3-3 采用。

表 3-3　荷载分项系数

项次	荷载类别	γi
1	模板及支架自重	
2	新浇筑混凝土自重	1.2
3	钢筋自重	
4	施工人员及施工设备荷载	1.4
5	振捣混凝土时产生的荷载	
6	新浇筑混凝土对模板侧面的压力	1.2
7	倾倒混凝土时产生的荷载	1.4

　　参与模板及其支架荷载效应组合的各项荷载，应符合表 3-4 的规定。

表 3-4　参与模板及其支架荷载效应组合的各项荷载

模板类别	参与组合的荷载项	
	计算承载能力	验算刚度
平板和薄壳的模板及支架	1，2，3，4	1，2，3
梁和拱模板的底板及支架	1，2，3，5	1，2，3
梁、拱、柱（边长＜300 mm）、墙（厚＜100 mm）的侧面模板	5，6	6
大体积结构、柱（边长＞300 mm）、墙（厚＞100 mm）的侧面模板	6，7	6

2. 计算规定

　　计算钢模板、木模板及支架时都要遵守相应结构的设计规范。验算模板及其支架的刚度时，其最大变形值不得超过下列允许值：

　　对结构表面外露的模板，为模板构件计算跨度的 1/400；

对结构表面隐蔽的模板，为模板构件计算跨度的 1/250；

对支架的压缩变形值或弹性挠度，为相应的结构计算跨度的 1/1 000。

支架的立柱或桁架应保持稳定，并用撑拉杆件固定。验算模板及其支架在自重和风荷载作用下的抗倾倒稳定性时，应符合有关规定。

3.2.3 模板拆除

现浇结构的模板及其支架拆除时的混凝土强度，应符合设计要求；当设计无具体要求时，侧模可在混凝土强度能保证其表面及棱角不因拆除模板而受损坏后拆除；底模拆除时所需的混凝土强度如表 3-5 所示。

表 3-5 底模拆除时的混凝土强度要求

构件类型	构件跨度/m	达到设计的混凝土立方体抗压强度标准值的百分率/%
板	≤2	≥50
	>2，≤8	≥75
	>8	≥100
梁、拱、壳	≤8	≥75
	>8	≥100
悬臂构件	—	≥100

注：设计的混凝土强度标准值系指与设计混凝土强度等级相应的混凝土立方体抗压强度标准值。

3.3 混凝土工程

混凝土工程包括混凝土制备、运输、浇筑捣实和养护等施工过程，各个施工过程相互联系和影响，任一施工过程处理不当都会影响混凝土工程的最终质量。近年来，混凝土外加剂发展很快，它们的应用影响了混凝土的性能和施工工艺。此外，自动化、机械化的发展和新的施工机械和施工工艺的应用，也大大改变了混凝土工程的施工面貌。

3.3.1 混凝土的制备

1. 混凝土施工配制强度确定

混凝土的施工配合比，应保证结构设计对混凝土强度等级及施工对混凝土和易性的要求，并应符合合理使用材料、节约水泥的原则。必要时，还应符合抗冻性、抗渗性等要求。

混凝土制备之前按式（3-3）确定混凝土的施工配制强度，以达到 95%的保证率：

$$f_{cu,0} = f_{cu,k} + 1.645\sigma \qquad (3-3)$$

式中，$f_{cu,0}$——混凝土的施工配制强度（N/mm²）；

$f_{cu,k}$——设计的混凝土强度标准值（N/mm²）

σ——施工单位的混凝土强度标准差（N/mm²）。

当施工单位具有近期的同一品种混凝土强度的统计资料时，σ 可按式（3-4）计算：

$$\sigma = \sqrt{\frac{\sum f_{cu,i}^2 - N\mu_{fcu}^2}{N-1}} \qquad (3-4)$$

式中，$f_{cu,t}$——统计周期内同一品种混凝土第组试件强度（N/mm²）；

u_{fcu}——统计周期内同一品种混凝土 N 组强度的平均值（N/mm²）；

N——统计周期内相同混凝土强度等级的试件组数，$N \geqslant 25$。

当混凝土强度等级为 C20 或 C25 时，如计算得到的 $\sigma < 2.5\,\text{N/mm}^2$，取 $\sigma = 2.5\,\text{N/mm}^2$；当混凝土强度等级高于 C25 时，如计算得到的 $\sigma < 3.0\,\text{N/mm}^2$，$\sigma = 3.0\,\text{N/mm}^2$。

对预拌混凝土厂和预制混凝土的构件厂，其统计周期可取为 1 个月；对现场拌制混凝土的施工单位，其统计周期可根据实际情况确定，但不宜超过 3 个月。

施工单位如无近期同一品种混凝土强度统计资料时，可按表 3-6 取值。

表 3-6　混凝土强度标准值

混凝土强度等级/（N/mm²）	低于 C20	C25～C35	高于 C35
σ	4.0	5.0	6.0

注：表中 σ 值，反映我国施工单位的混凝土施工技术和管理的平均水平，采用时可根据本单位情况作适当调整。

2. 混凝土搅拌机选择

混凝土制备是指将各种组成材料拌制成质地均匀、颜色一致、具备一定流动性的混凝土拌合物。由于混凝土配合比是按照细骨料恰好填满粗骨料的间隙，而水泥浆又均匀地分布在粗细骨料表面的原理设计的。如混凝土制备得不均匀，就不能获得密实的混凝土，影响混凝土的质量，所以制备是混凝土施工工艺过程中很重要的一道工序。

混凝土制备的方法，除工程量很小且分散的场合用人工拌制外，皆应采用机械搅拌。混凝土搅拌机按其搅拌原理分为自落式和强制式两类（见图 3-33）。自落式搅拌机的搅拌筒内壁焊有弧形叶片，当搅拌筒绕水平轴旋转时，弧形叶片不断将物料提高到一定高度，然后自由落下而互相混合。

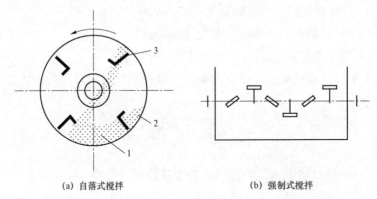

(a) 自落式搅拌　　　　　　　　　(b) 强制式搅拌

图 3-33　混凝土搅拌原理

1—混凝土拌合物；2—搅拌筒；3—叶片

因此，自落式搅拌机主要是以重力机理设计的。在这种搅拌机中，物料的运动轨迹是这样的：未处于叶片带动范围内的物料，在重力作用下沿拌合料的倾斜表面自动滚下；处于叶片带动范围内的物料，在被提升到一定高度后，先自由落下再沿倾斜表面下滚。由于下落时间、落点和滚动距离不同，使物料颗粒相互穿插、翻拌、混合而达到均匀。自落式搅拌机宜于搅拌普通流动性较大的混凝土。

双锥反转出料式搅拌机（见图 3-34）是自落式搅拌机中较好的一种。双锥反转出料式搅拌机的搅拌筒由两个截头圆锥组成，搅拌筒每转一周，物料在筒中的循环次数多，效率较高而且叶片布置较好，物料一方面被提升后靠自落进行拌合，另一方面又迫使物料沿轴向左右窜动，搅拌作用强烈。它正转搅拌，反转出料，构造简单，制造容易。

双锥倾翻出料式搅拌机适合于大容量、大骨料、大坍落度混凝土搅拌，在我国多用于水电工程、桥梁工程和道路工程。

强制式搅拌机（见图 3-35）主要是根据剪切机理设计的。在这种搅拌机中有转动的叶片，这些不同角度和位置的叶片转动时通过物料，克服了物料的惯性、摩擦力和粘滞力，强制其产生环向、径向、竖向运动。这种由叶片强制物料产生剪切位移而达到均匀混合的机理，称为剪切搅拌机理。

强制式搅拌机的搅拌作用比自落式搅拌机强烈，不仅适用普通混凝土，也适宜于搅拌硬性混凝土和轻骨料混凝土。但强制式搅拌机的转速比自落式搅拌机高，动力消耗大，叶片、衬板等磨损也大。

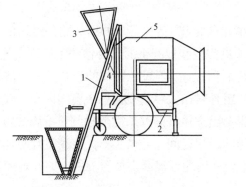

图 3-34 双锥反转出料式搅拌机   图 3-35 强制式搅拌机

1—上料架；2—底盘；3—料斗；4—下料口；5—锥形搅拌筒   1—进料口；2—拌筒罩；3—搅拌筒；4—出料口

强制式搅拌机分为立轴式与卧轴式，卧轴式有单轴、双轴之分，而立轴式又分为涡浆式和行星式（见表 3-7）。

表 3-7   混凝土搅拌机类型

双锥自落式		强制式			
		立轴式			卧轴式（单轴、双轴）
		涡浆式	行星式		
反转出料	倾翻出料		定盘式	盘转式	
⬭	⬭	⊙	⊙	⊙	〜

立轴式搅拌机是通过盘底部的卸料口卸料，卸料迅速。但如卸料口密封不好，水泥浆易漏掉，所以立轴式搅拌机不宜于搅拌流动性大的混凝土。卧轴式搅拌机具有适用范围广、搅拌时间短、搅拌质量好等优点，是目前国内外在大力发展的机型。

选择搅拌机时，要根据工程量大小、混凝土的坍落度、骨料尺寸等而定。既要满足技术上的要求，亦要考虑经济效益和节约能源。

我国规定混凝土搅拌机以其出料容量（m³）×1 000 为标定规格，故我国混凝土搅拌机的系列为 50、150、250、350、500、750、1 000、1 500 和 3 000。

3. 搅拌制度确定

为了获得质量优良的混凝土拌合物，除正确选择搅拌机外，还必须正确确定搅拌制度，即搅拌时间、投料顺序和进料容量等。

1）混凝土搅拌时间

搅拌时间是指从原材料全部投入搅拌筒时起，到开始卸料时为止所经历的时间。它与搅拌质量密切相关。它随搅拌机类型和混凝土的和易性的不同而变化。在一定范围内随搅拌时间的延长而强度有所提高，但过长时间的搅拌既不经济也不合理。因为搅拌时间过长，不坚硬的粗骨料在大容量搅拌机中会因脱角、破碎等而影响混凝土的质量。加气混凝土也会因搅拌时间过长而使含气量下降。为了保证混凝土的质量，应控制混凝土搅拌的最短时间（见表3-8）。该最短时间是按一般常用搅拌机的回转速度确定的，不允许用超过混凝土搅拌机规定的回转速度进行搅拌以缩短搅拌延续时间。

表 3-8   混凝土搅拌的最短时间 单位：s

混凝土坍落度/mm	搅拌机机型	搅拌机出料量/L		
		<250	250~500	>500
≤30	强制式	60	90	120
	自落式	90	120	150
>30	强制式	60	60	90
	自落式	90	90	120

注：① 当掺有外加剂时，搅拌时间应适当延长；
② 全轻混凝土、砂轻混凝土搅拌时间应延长 60~90 s。

2）投料顺序

投料顺序应从提高搅拌质量、减少叶片和衬板的磨损、减少拌合物与搅拌筒的粘结、减少水泥飞扬、改善工作环境等方面综合考虑确定。常用的有一次投料法和两次投料法。一次投料法是在上料斗中先装石子，再加水泥和砂，然后一次投入搅拌机。对自落式搅拌机要在搅拌筒内先加部分水，投料时石子盖住水泥，水泥不致飞扬，且水泥和砂先进入搅拌筒形成水泥砂浆，可缩短包裹石子的时间。对立轴强制式搅拌机，因出料口在下部，不能先加水，应在投入原料的同时，缓慢均匀分散地加水。

两次投料法经过我国的研究和实践形成了"裹砂石法混凝土搅拌工艺"，它是在日本研究的造壳混凝土（简称 SEC 混凝土）基础上结合我国的国情研究成功的，它分两次加水，两次搅拌。用这种工艺搅拌时，先将全部的石子、砂和70%的拌合水倒入搅拌机，拌合 15 s，使骨料湿润，再倒入全部水泥进行造壳搅拌 30 s 左右，然后加入30%的拌合水，再进行糊化搅拌 60 s 左右即完成。与普通搅拌工艺相比，用裹砂石法搅拌工艺可使混凝土强度提高 10%~20%，或节约水泥 5%~

10%。在我国推广这种新工艺，有巨大的经济效益。此外，我国还对净浆法、净浆裹石法、裹砂法、先拌砂浆法等各种两次投料法进行了试验和研究。

3）进料容量

进料容量是将搅拌前各种材料的体积累积起来的容量，又称干料容量。进料容量 V_j 与搅拌机搅拌筒的几何容量 V_g 有一定的比例关系，一般情况下，$V_j/V_g=0.22\sim0.40$。如任意超载（进料容量超过 10% 以上），就会使材料在搅拌筒内无充分的空间进行掺合，影响混凝土拌合物的均匀性。反之，如装料过少，则又不能充分发挥搅拌机的效能。

对拌制好的混凝土，应经常检查其均匀性与和易性，如有异常情况，应检查其配合比和搅拌情况，及时加以纠正。

预拌（商品）混凝土能保证混凝土的质量，节约材料，减少施工临时用地，实现文明施工，是今后的发展方向，国内一些大中城市已推广应用，不少城市已有相当的规模，有的城市已规定在一定范围内必须采用商品混凝土，不得现场拌制。

3.3.2 混凝土的运输

对混凝土拌合物运输的基本要求是，不产生离析现象、保证浇筑时规定的坍落度和在混凝土初凝之前能有充分时间进行浇筑和捣实。

匀质的混凝土拌合物，为介于固体和液体之间的弹塑性物体，其中的骨料，由于作用其上的内摩阻力、粘着力和重力处于平衡状态，而能在混凝土拌合物内均匀分布和处于固定位置。在运输过程中，由于运输工具的颠簸振动等动力作用，粘着力和内摩阻力将明显削弱，由此骨料失去平衡状态，在自重作用下向下沉落，质量越大，向下沉落的趋势越强，由于粗、细骨料和水泥浆的质量各异，因而各自聚集在一定深度，形成分层离析现象，这对混凝土质量是有害的。为此，运输道路要平坦，运输工具要选择恰当，运输距离要限制，以防止分层离析。如已产生离析，在浇筑前要进行二次搅拌。

此外，运输混凝土的工具要不吸水、不漏浆，且运输时间有一定限制。普通混凝土从搅拌机中卸出后到浇筑完毕的延续时间不宜超过表 3-9 中的规定。

表 3-9　混凝土从搅拌机中卸出到浇筑完毕的延续时间　　　单位：min

混凝土强度等级	气温	
	≤25 ℃	>25 ℃
≤C30	120	90
>C30	90	60

混凝土运输分为地面水平运输、垂直运输和高空水平运输三种情况。

（1）混凝土地面水平运输

如采用预拌（商品）混凝土且运输距离较远时，多用混凝土搅拌运输车。混凝土如来自工地搅拌站，则多用小型翻斗车，有时还用皮带运输机和窄轨翻斗车，近距离亦可用双轮手推车。

（2）混凝土垂直运输

多采用混凝土泵、塔式起重机、快速提升斗和井架。用塔式起重机时，混凝土多放在吊斗中，这样可直接进行浇筑。

（3）混凝土高空水平运输

如垂直运输采用塔式起重机，一般可将料斗中混凝土直接卸在浇筑点；如用混凝土栗，则用布料机布料；如用井架等，则以双轮手推车为主。

混凝土搅拌运输车（见图3-36）为长距离运输混凝土的有效工具，它是将一双锥式搅拌筒斜放在汽车底盘上。在混凝土搅拌站装入混凝土后，由于搅拌筒内有两条螺旋状叶片，在运输过程中，搅拌筒可进行慢速转动进行拌合，以防止混凝土离析，运至浇筑地点，搅拌筒反转即可迅速卸出混凝土。搅拌筒的容量一般为 $2\sim10\ m^3$。

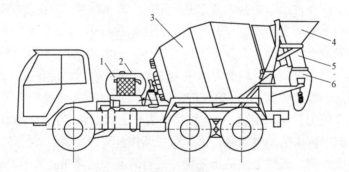

图 3-36　混凝土搅拌运输车

1—外水箱；2—外加剂箱；3—搅拌筒；4—进料斗；5—固定卸料溜槽；6—活动卸料溜槽

混凝土泵是一种有效的混凝土运输和浇筑工具，它以泵为动力，沿管道输送混凝土，可以一次完成水平及垂直运输，将混凝土直接输送到浇筑地点，是一种高效的混凝土运输方法。道路工程、桥梁工程、地下工程、工业与民用建筑施工皆可应用，在我国城市建设中已普遍使用并取得较好效果。

我国目前主要采用活塞泵，活塞泵多用液压驱动，它主要由料斗、液压缸和活塞、混凝土缸、分配阀、Y形输送管、冲洗设备、液压系统和动力系统等组成（见图3-37）。活塞泵工作时，搅拌机卸出的或由混凝土搅拌运输车卸出的混凝土倒入料斗 4，分配阀 5 开启、分配阀 6 关闭，在液压作用下通过活塞杆带动活塞 2 后移，料斗内的混凝土在重力和吸力作用下进入混凝土缸 1。然后，液压系统中压力油的进出反向，活塞 2 向前推压，同时分配阀 5 关闭，而分配阀 6 开启，混凝土缸中的混凝土拌合物就通过"Y"形输送管压入输送管。由于有两个缸体交替进料和出料，因而能连续稳定的排料。不同型号的混凝土泵，其排量不同，水平运距和垂直运距亦不同，常用者混凝土排量 30～90 m³/h，水平运距 200～900 m，垂直运距 50～300 m。目前我国已能一次垂直泵送达 400 m。如一次泵送困难时，可用接力泵送。

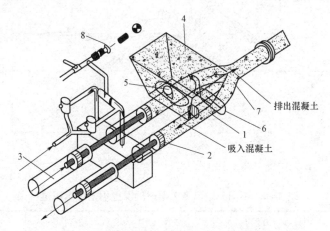

图 3-37　液压活塞式混凝土泵工作原理图
1—混凝土缸；2—活塞；3—液压缸；4—料斗；5—控制吸入的水平分配阀；
6—控制排出的竖向分配阀；7—Y 形输送胃；8—冲洗系统

常用的混凝土输送管为钢管、橡胶和塑料软管。直径为 75～200 mm，其每段长约 3 m，还配有 45°、90° 等弯管和锥形管。

将混凝土泵装在汽车上便成为混凝土泵车（见图 3-38），在车上还装有可以伸缩或曲折的"布料杆"，其末端是一软管，可将混凝土直接送至浇筑地点，使用十分方便。

泵送混凝土工艺对混凝土的配合比提出了要求：碎石最大粒径与输送管内径之比一般不宜大于 1:3，卵石可为 1:2.5；泵送高度在 50～100 m 时宜为 1:3～1:4，泵送高度在 100 m 以上时宜为 1:4～1:5，以免堵塞。如用轻骨料，则以吸水率小者为宜，并宜用水预湿，以免在压力作用下强烈吸水，使坍落度降低而在管道中形成阻塞。砂宜用中砂，通过 0.315 mm 筛孔的砂应不少于 15%。砂率宜控制在 38%～45%，如粗骨料为轻骨料时，还可适当提高。水泥用量不宜过少，否则泵送阻力会增大，最小水泥用量为 300 kg/m³。水灰比宜为 0.4～0.6。泵送混凝土的坍落度根据不同泵送高度可参考表 3-10 选用。

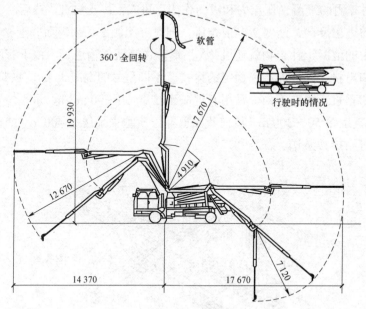

图 3-38　带布料杆的混凝土泵车

表 3-10　不同泵送高度入泵时混凝土坍落度选用值

泵送高度/m	30 以下	30～60	60～100	100 以上
坍落度/mm	100～140	140～160	160～180	180～200

混凝土泵宜与混凝土搅拌运输车配套使用，且应使混凝土搅拌站的供应能力和混凝土搅拌运输车的运输能力大于混凝土泵的泵送能力，以保证混凝土泵能连续工作，保证泵送管道不堵塞。进行输送管线布置时，应尽可能直，转弯要缓，管段接头要严，少用锥形管，以减少压力损失。如输送管向下倾斜，要防止因自重流动使管内混凝土中断、混入空气而引起混凝土离析，产生阻塞。为减小泵送阻力，用前先泵送适量的水和水泥浆或水泥砂浆以润滑输送管内壁，然后进行正常的泵送。在泵送过程中，泵的受料斗内应充满混凝土，防止吸入空气形成阻塞。混凝土泵排量大，在浇筑大面积混凝土时，最好用布料机进行布料，泵送结束要及时清洗泵体和管道。

3.3.3　混凝土的浇捣和养护

浇筑混凝土要保证混凝土的均匀性和密实性，要保证结构的整体性、尺寸准确和钢筋、预埋件的位置正确，拆模后混凝土表面要平整、光洁。

浇筑前应检查模板、支架、钢筋和预埋件的正确性，并进行验收。由于混凝土工程属于隐蔽工程，因而对混凝土施工，均应随时填写施工记录。

1. 浇筑混凝土应注意的问题

1）防止离析

浇筑混凝土时，混凝土拌合物由料斗、漏斗、混凝土输送管、运输车内卸出时，如自由倾落高度过大，由于粗骨料在重力作用下，克服粘着力后的下落动能大，下落速度较砂浆快，因而可能形成混凝土离析。为此，混凝土自高处倾落的自由高度不应超过 2 m，在竖向结构中限制自由倾落高度不宜超过 3 m，否则应沿串筒、斜槽或振动溜管等下料。

2）正确留置施工缝

混凝土结构多要求整体浇筑，如因技术或组织上的原因不能连续浇筑时，且停顿时间有可能超过混凝土的初凝时间，则应事先确定在适当的位置设置施工缝。由于混凝土的抗拉强度约为其抗压强度的 1/10，因而施工缝是结构中的薄弱环节，宜留在结构剪力较小而且施工方便的部位。例如建筑工程的柱子宜留在基础顶面、梁或吊车梁牛腿的下面、吊车梁的上面、无梁楼盖柱帽的下面（见图 3-39）。和板连成整体的大截面梁应留在板底面以上 20～30 mm 处，当板下有梁托时，留置在梁托下部。单向板应留在平行于板短边的任何位置。有主次梁的楼盖宜顺着次梁方向浇筑，应留在次梁跨度的中间 1/3 梁跨长度范围内（见图 3-40）。楼梯应留在楼梯长食中间 1/3 长度范围内。墙可留在门洞口过梁跨中 1/3 范围内，也可留在纵、横墙的交接处。双向受力的楼板、大体积混凝土结构、拱、薄壳、多层框架等及其他结构复杂的结构，应按设计要求留置施工缝。

在施工缝处继续浇筑混凝土时，应除掉水泥薄层和松动石子，表面加以湿润并冲洗干净，先铺水泥浆或与混凝土砂浆成分相同的砂浆一层，待已浇筑的混凝土强度不低于 1.2 N/mm^2 后才允许继续浇筑。

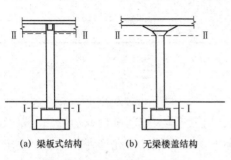

(a) 梁板式结构   (b) 无梁楼盖结构

图 3-39　柱子的施工缝位置

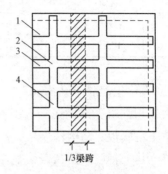

1/3 梁跨

图 3-40　主次梁楼盖的施工缝位置

1—楼板；2—柱；3—次梁；4—主梁

2. 混凝土浇筑方法

1）现浇混凝土框架结构浇筑

浇筑这种结构首先要划分施工层和施工段，施工层一般按结构层划分，而每一施工层如何划分施工段，则要考虑工序数量、技术要求、结构特点等。尽量做到各工种的流水施工并注意各层施工应保证下层的混凝土强度达到允许工人在上面操作的强度（1.2 N/mm²）。

混凝土浇筑前应做好必要的准备工作，如模板、钢筋和预埋管线的检查和清理以及隐蔽工程的验收；浇筑用脚手架、走道的搭设和安全检查；根据试验室下达的混凝土配合比准备和检查材料；施工用具的准备等。

浇筑柱子时，一施工段内的每排柱子应对称浇筑，不要由一端向另一端推进，预防柱子模板逐渐受推倾斜。柱子开始浇筑时，底部应先浇筑一层厚 50～100 mm 与混凝土内成分相同的水泥砂浆或水泥浆。浇筑完毕，如柱顶处有较大厚度的砂浆层，则应加以处理。柱子浇筑后，应间隔 1～1.5 h，待混凝土拌合物初步沉实，再浇筑上面的梁板结构。

梁和板一般同时浇筑，从一端开始向前推进。只有当梁高大于 1 m 时才允许将梁单独浇筑，此时的施工缝留在楼板板面下 20～30 mm 处。

为保证捣实质量，混凝土应分层浇筑，每层厚度如表 3-11 所示。

表 3-11 混凝土浇筑的厚度

项次	捣实混凝土的方法		浇筑层厚度/mm
1	插入式振动		振动器作用部分长度的 1.25 倍
2	表面振动		200
3	人工捣固	（1）在基础或无筋混凝土和配筋稀疏结构中	250
		（2）在梁、墙板、柱结构中	200
	捣固	（3）在配筋密集的结构中	150
4	轻骨料	插入式振动	300
	混凝土	表面振动（振动式需加荷）	200

2）大体积混凝土结构浇筑

大体积混凝土结构在土木工程中常见，如工业建筑中的设备基础；在高层建筑中地下室底板、结构转换层；各类结构的厚大桩基承台或基础底板以及桥梁的墩台等。其上有巨大的荷载，整体性要求高，往往不允许留施工缝，要求一次连续浇筑完毕。另外，大体积混凝土结构在浇筑后水泥的水化热量大，由于体积大，水化热聚积在内部不易散发。浇筑初期混凝土内部温度显著升高，而表面散热较快，这样形成较大的内外温差。混凝土内部产生压应力，而表面产生拉应力，如温差过大则易于在混凝土表面产生裂纹。一般混凝土的硬化过程会产生体积收缩，而且在浇筑后期，混凝土内部逐渐冷却也会产生收缩，由于受到基底或已浇筑的混凝土的约束，接触处将产生很大的剪应力，在混凝土正截面形成拉应力。当拉应力超过混凝土当时龄期的极限抗拉强度时，便会产生裂缝，甚至会贯穿整个混凝土断面，由此带来严重的危害。在大体积混凝土结构的浇筑中，上述两种裂缝（尤其是后一种裂缝）都应设法防止。

要防止大体积混凝土结构浇筑后产生裂缝，就要降低混凝土的温度应力，这就必须减少浇筑后混凝土的内外温差。为此应优先选用水化热低的水泥，降低水泥用量，掺入适量的粉煤灰，降低浇筑速度和减小浇筑层厚度，浇筑后宜进行测温，采取蓄水法或覆盖法进行保温或人工降温措施。控制内外温差不超过 25 ℃，必要时，经过计算和取得设计单位同意后可留施工缝而分段分层浇筑。

如要保证混凝土的整体性，则要求保证使每一浇筑层在初凝前就被上一层混凝土覆盖并捣实成为整体。为此要求混凝土按不小于下述的浇筑强度（单位时间的浇筑量）进行浇筑。

$$Q = \frac{FH}{T} \tag{3-5}$$

式中，Q——混凝土单位时间最小浇筑量（m³/h）；

　　　F——混凝土浇筑区的面积（m³）；

　　　H——浇筑层厚度（m），取决于混凝土捣实方法；

　　　T—下层混凝土从开始浇筑到初凝为止所容许的时间间隔（h），一般等于混凝土初凝时间减去运输时间。

大体积混凝土结构的浇筑方案，可分为全面分层、分段分层和斜面分层三种（见图 3-41）。全面分层法要求的混凝土浇筑强度较大，斜面分层法混凝土浇筑强

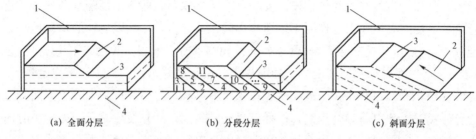

(a) 全面分层　　　　　　　(b) 分段分层　　　　　　　(c) 斜面分层

图 3-41　大体积混凝土浇筑方案

1—模板；2—新浇筑的混凝土；3—已浇筑的混凝土

度较小。工程中可根据结构物的具体尺寸、捣实方法和混凝土供应能力，通过计算选择浇筑方案。目前建筑物基础底板等大面积的混凝土整体浇筑应用较多的是斜面分层法。

3）水下浇筑混凝土

深基础、沉井与沉箱的封底等，常需要进行水下浇筑混凝土，地下连续墙及钻孔灌注桩则是在泥浆中浇筑混凝土。水下或泥浆中浇筑混凝土，目前多用导管法（见图3-42）。

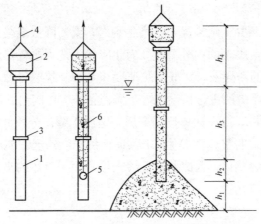

图3-42　导管法水下浇筑混凝土

1—钢导管；2—料斗；3—接头；4—吊索；5—隔水塞；6—铁丝

导管直径约 250～300 mm（不小于最大骨料粒径的 8 倍），每节长 3 m，用快速接头连接，顶部装有漏斗。导管用起重设备吊住，可以升降。浇筑前，导管或料斗下口先用隔水塞（混凝土、木或橡胶球胆等制成）堵塞，隔水塞用铁丝吊住。然后在料斗和导管内浇筑一定量的混凝土，保证开管前料斗及管内的混凝土量要使混凝土冲出后足以封住并高出管口。将导管插入水下，使其下口距底面的距离约 300 mm 时进行浇筑，距离太小易堵管，太大则要求料斗及管内混凝土量较多。当导管内混凝土的体积及高度满足上述要求后，剪断吊住隔水塞的铁丝进行开管，使混凝土在自重作用下迅速推出隔水塞进入水中。以后一面均衡地浇筑混凝土，一面慢慢提起导管，导管下口必须始终保持在混凝土表面之下不小于 1～1.5 m。下口埋得越深，则混凝土顶面越平、质量越好，但混凝土浇筑也越难。

在整个浇筑过程中，一般应避免在水平方向移动导管，直到混凝土顶面接近设计标高时，才可将导管提起，换插到另一浇筑点。一旦发生堵管，如半小时内不能排除，应立即换插备用导管。待混凝土浇筑完毕，应清除顶面与水或泥浆接触的一层松软部分。

3. 混凝土密实成型

混凝土拌合物浇筑之后，需经密实成型才能赋予混凝土结构一定的外形和内部结构。强度、抗冻性、抗渗性、耐久性等皆与密实成型的好坏有关。

混凝土拌合物密实成型的途径有三：一是借助于机械外力（如机械振动）来克服拌合物内部的剪应力而使之液化；二是在拌合物中适当多加水以提高其流动性，使之便于成型，成型后用分离法、真空作业法等将多余的水分和空气排出；三是在拌合物中掺入高效减水剂，使其坍落度大大增加，可自流浇筑成型。此处仅讨论前两种方法。

（1）混凝土振动密实成型

1）混凝土振动密实原理

混凝土振动密实的原理是产生振动的机械将振动能量通过某种方式传递给混凝土拌合物时，受振混凝土拌合物中所有的骨料颗粒都受到强迫振动，使混凝土拌合物保持一定塑性状态的粘着力和内摩擦力随之大大降低。受振混凝土拌合物呈现出所谓的"重质液体状态"，因而使混凝土拌合物中的骨料犹如悬浮在液体中，在其自重作用下向新的稳定位置沉落。排除存在于混凝土拌合物中的气体，消除孔隙，使骨料和水泥浆在模板中得到致密的排列。

振动密实的效果和生产率，与振动机械的结构形式和工作方式（插入振动或表面振动）、振动机械的振动参数（振幅、频率、激振力）以及混凝土拌合物的性质（骨料粒径、坍落度等）密切有关。混凝土拌合物的性质影响着混凝土的固有频率，它对各种振动的传播呈现出不同的阻尼和衰减，有着适应它的最佳频率和振幅。振动机械的结构形式和工作方式，决定了它对混凝土传递振动能量的能力，也决定了它适用的有效作用范围和生产率。

2）振动机械的选择

振动机械按其工作方式分为：内部振动器、表面振动器、外部振动器和振动台（见图3-43）。

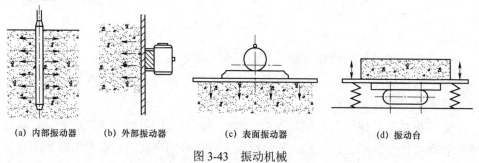

(a) 内部振动器　　(b) 外部振动器　　　(c) 表面振动器　　　　(d) 振动台

图3-43　振动机械

内部振动器又称插入式振动器（见图 3-44），其工作部分是一棒状空心圆柱体，内部装有偏心振子，在电动机带动下高速转动而产生高频微幅的振动。多用于振实梁、柱、墙、厚板和大体积混凝土结构等。

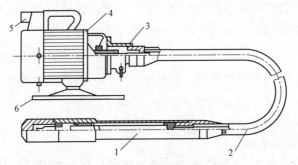

图 3-44　电动软轴行星式内部振动器

1—振动棒；2—软轴；3—防逆装置；4—电动机；5—电器开关；6—支座

用内部振动器振捣混凝土时，应垂直插入，并插入下层尚未初凝的混凝土中 50 mm，以促使上下层结合。插点的分布有行列式和交错式两种（见图 3-45）。对普通混凝土插点间距不大于 $1.5R$（R 为振动器作用半径），对轻骨料混凝土，则不大于 $1.0R$。

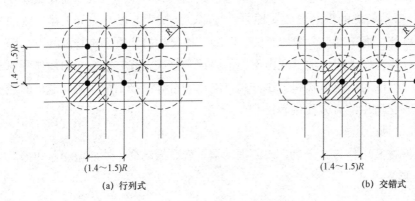

(a) 行列式　　　　　　　　　　　　　　(b) 交错式

图 3-45　插点的分布

表面振动器又称平板振动器，它由带偏心块的电动机和平板（木板或钢板）等组成。其作用深度较小，多用在混凝土表面进行振捣，适用于楼板、地面、道路、桥面等薄型水平构件。

外部振动器又称附着式振动器，它通过螺栓或夹钳等固定在模板外部，通过模板将振动传给混凝土拌合物，因而模板应有足够的刚度。它宜于振捣断面小且钢筋密的构件，如簿腹梁、箱型桥面梁等以及地下密封的结构，无法采用插入式振揭器的场合。其有效作用范围可通过实测确定。

振动台是混凝土制品厂中的固定生产设备，用于振实预制构件。

（2）混凝土真空作业法

混凝土真空作业法是借助于真空负压，将水从刚浇筑成型的混凝土拌合物中吸出，同时使混凝土密实的一种成型方法（见图3-46）。在道路工程、建筑工程中都有应用。

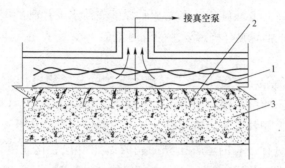

图 3-46　混凝土真空作业法原理图
1—真空腔；2—吸出的水；3—混凝土拌合物

按真空作业的方式，分为表面真空作业与内部真空作业。表面真空作业是在混凝土构件的上、下表面或侧表面布置真空腔进行吸水。

上表面真空作业利用最多，它适用于楼板、预制混凝土平板、道路、机场跑道等，下表面真空作业适用于薄壳、隧道顶板等；墙壁、水池、桥墩等则宜用侧表面真空作业。有时还将上述几种方法结合使用。

内部真空作业是利用插入混凝土内部的真空腔进行，其构造比较复杂，实际工程中应用较少。进行真空作业的主要设备有：真空吸水机组、真空腔和吸水软管。真空吸水机组由真空泵、真空室、排水管及滤网等组成。真空腔有刚性吸盘和柔性吸垫两种。

4. 混凝土养护

混凝土养护包括人工养护和自然养护，现场施工多采用自然养护。混凝土浇捣后之所以能逐渐硬化，主要是因为水泥水化作用的结果，而水化作用则需要适当的温度和湿度条件。所谓混凝土的自然养护，即在平均气温高于+5 ℃的条件下于一定时间内使混凝土保持湿润状态。

混凝土浇筑后，如天气炎热、空气干燥，不及时进行养护，混凝土中的水分会蒸发过快，出现脱水现象，使已形成凝胶体的水泥颗粒不能充分水化，不能转化为稳定的结晶，缺乏足够的粘结力，从而会在混凝土表面出现片状或粉状剥落，影响混凝土的强度。此外，在混凝土尚未具备足够的强度时，其中水分过早的蒸发还会产生较大的收缩变形，出现干缩裂纹，影响混凝土的整体性和耐久性。所以混凝土浇筑后初期阶段的养护非常重要。混凝土浇筑完毕 12 h 以内就应开始养护，干硬性混凝土应于浇筑完毕后立即进行养护。

自然养护分洒水养护和喷涂薄膜养生液养护两种。

洒水养护即用草帘等将混凝土覆盖，经常洒水使其保持湿润。养护时间长短取决于水泥品种，对普通硅酸盐水泥和矿渣硅酸盐水泥拌制的混凝土，应不少于 7 d 掺有缓凝型外加剂或有抗渗要求的混凝土应不少于 14 d。洒水次数以能保证湿润状态为宜。

喷涂薄膜养生液养护适用于不易洒水养护的高耸构筑物和大面积混凝土结构。它是将过氯乙烯树脂塑料溶液用喷枪喷涂在混凝土表面上，溶液挥发后在混凝土表面形成一层塑料薄膜，将混凝土与空气隔绝，阻止其中水分的蒸发以保证水化作用的正常进行。有的薄膜在养护完成后能自行老化脱落，否则不宜于喷洒在以后要做粉刷的混凝土表面上。在夏季，薄膜成型后要防晒，否则易产生裂纹。地下建筑或基础，可在其表面涂刷沥青乳液以防止混凝土内水分蒸发。混凝土必须养护至其强度达到 1.2 N/mm^2 以上，才允许在其上行人或安装模板和支架。

5. 混凝土质量的检查

混凝土质量检查包括拌制和浇筑过程中的质量检查和养护后的质量检查。在拌制和浇筑过程中，对组成材料的质量检查每一工作班至少 2 次；拌制和浇筑地点坍落度的检查每一工作班至少 2 次；每一工作班内，如混凝土配合比由于外界影响而有变动时，应及时检查；对混凝土搅拌时间应随时检查。

对预拌（商品）混凝土，应在商定的交货地点进行坍落度检查。混凝土的坍落度与要求坍落度之间的允许偏差应附合表 3-14 的规定。

表 3-14　混凝土坍落度与要求坍落度之间的允许偏差

混凝土要求坍落度/mm	<50	50～90	>90
允许偏差/mm	±10	±20	±30

混凝土养护后的质量检查，主要指抗压强度检查，如设计上有特殊要求时，还需对其抗冻性、抗渗性等进行检查。混凝土的抗压强度是根据 150 mm 边长标准立方体试块在标准条件下［（20±3）℃的温度和相对湿度90%以上］养护 28 d 的抗压强度来确定。评定强度的试块，应在浇筑处或制备处随机抽样制成，不得

挑选或特殊制作。建筑工程中目前确定的试块组数如下：

① 每拌制 100 盘且不超过 100 m³ 的相同配合比的混凝土，取样不得少于 1 次；

② 每工作班拌制同一配合比的混凝土不足 100 盘时，取样不得少于 1 次；

③ 当一次连续浇筑超过 1 000 m³ 时，同一配合比的混凝土每 200 m³ 取样不得少于 1 次；

④ 每一楼层、同一配合比的混凝土，取样不得少于 1 次；

⑤ 每次取样应至少留置一组标准养护试件，同条件养护试件的留置组数应根据实际需要确定。

若有其他需要，如为了检查结构或构件的拆模、出池、出厂、吊装、张拉、放张及施工期间临时负荷的需要等，尚应留置与结构或构件同条件养护的试件，试件组数按实际需要确定。试验组的 3 个试件应在同盘混凝土中取样制作。

混凝土强度应分批验收。同一验收批的混凝土应由强度等级相同、龄期相同以及生产工艺和配合比基本相同的混凝土组成。按单位工程的验收项目划分验收批，每个验收项目应按有关规定确定。同一验收批的混凝土强度，应以同批内全部标准试件的强度代表值评定。

如由于施工质量不良、管理不善、试件与结构中混凝土质量不一致，或对试件检验结果有怀疑时，可采用从结构或构件中钻取芯样的方法，或采用非破损检验方法，按有关规定对结构或构件混凝土的强度进行推定，作为处理混凝土质量问题的一个重要依据。

6. 混凝土冬期施工

（1）混凝土冬期施工原理

混凝土能凝结、硬化并取得强度，是由于水泥和水进行水化作用的结果。水化作用的速度在一定湿度条件下主要取决于温度，温度越高，强度增长也越快，反之则慢。当温度降至 0 ℃以下时，水化作用基本停止，温度再继续降至−4～−2 ℃，混凝土内的水开始结冰。水结冰后体积增大 8%～9%，在混凝土内部产生冰晶应力，使强度很低的水泥石结构内部产生微裂纹，同时减弱了水泥与砂石和钢筋之间的粘结力，从而使混凝土后期强度降低。

受冻的混凝土在解冻后，其强度虽然能继续增长，但已不能达到原设计的强度等级。试验证明，混凝土遭受冻结带来的危害，与遭冻的时间早晚、水灰比等有关。遭冻时间愈早，水灰比愈大，则强度损失愈多，反之则损失少。

经过试验得知，混凝土经过预先养护达到一定强度后再遭冻结，后期抗压强度损失就会减少。一般把遭冻结其后期抗压强度损失在 5% 以内的预养强度值定为"混凝土受冻临界强度"。

通过试验得知，混凝土受冻临界强度与水泥品种、混凝土强度等级有关。对普通硅酸盐水泥和硅酸盐水泥配制的混凝土，受冻临界强度定为设计的混凝土强度标准值的30%；对矿渣硅酸盐水泥配制的混凝土，受冻临界强度定为设计的混凝土强度标准值的40%，但不大于C10的混凝土，不得低于5 N/mm^2。

混凝土冬期施工除上述早期冻害之外，还需注意拆模不当带来的冻害。混凝土构件拆模后表面急剧降温，由于内外温差较大会产生较大的温度应力，亦会使表面产生裂纹，在冬期施工中亦力求避免这种冻害。

凡根据当地多年气温资料室外日平均气温连续5 d稳定低于5 ℃时，就应采取冬期施工的技术措施进行混凝土施工。因为从混凝土增长的情况看，新拌混凝土在5 ℃的环境下养护，其强度增长很慢。而且在日平均气温低于5 ℃时，一般最低气温已低于$-1\sim0$ ℃，混凝土已有可能受冻。

（2）混凝土冬期施工方法的选择

混凝土冬期施工方法分为三类：混凝土养护期间不加热的方法、混凝土养护期间加热的方法和综合方法。混凝土养护期间不加热的方法包括蓄热法、掺化学外加剂法；混凝土养护期间加热的方法包括电极加热法、电器加热法、感应加热法、蒸汽加热法和暖棚法；综合方法即把上述两类方法综合应用，如目前最常用的综合蓄热法，即在蓄热法基础上掺加外加剂（早强剂或防冻剂）或进行短时加热等综合措施。

选择混凝土冬期施工方法，要考虑自然气温、结构类型和特点、原材料、工期限制、能源情况和经济指标。对工期不紧和有特殊限制的工程，从节约能源和降低冬期施工费用考虑，应优先选用养护期间不加热的施工方法或综合方法；在工期紧张、施工条件又允许时才考虑选用混凝土养护期间的加热方法，一般要经过技术经济比较确定。一个理想的冬期施工方案，应当是在杜绝混凝土早期受冻的前提下，用最低的冬期施工费用，在最短的施工期限内，获得优良的施工质量。

（3）混凝土冬期施工方法

1）蓄热法

① 蓄热法是利用加热原材料（水泥除外）或混凝土（热拌混凝土）所预加的热量及水泥水化热，再利用适当的保温材料覆盖，防止热量过快散失，延缓混凝土的冷却速度，使混凝土在正温条件下增长强度以达到预定值，使其不小于混凝土受冻临界强度。

室外最低气温不低于-15 ℃、地面以下的工程或表面系数不大于15 m^{-1}的结构，应优先采用蓄热法。

② 原材料加热方法及热工计算水的比热容比砂石大，且水的加热设备简单，故应首先考虑加热水。如水加热至极限温度而热量尚嫌不足时，再考虑加热砂石。水的加热极限温度视水泥标号和品种而定，当水泥标号小于 525 号时，不得超过 80 ℃；当水泥标号等于或大于 525 号时，不得超过 60 ℃，如加热温度超过此值，则搅拌时应先与砂石拌合，然后加入水泥，以防止水泥假凝。骨料加热可用将蒸汽直接通到骨料中的直接加热法或在骨料堆、贮料斗中安设蒸汽盘管进行间接加热。工程量小也可放在铁板上用火烘烤。砂石加热的极限温度亦与水泥标号和品种有关，对于标号小于 525 号的水泥，不应超过 60 ℃；对标号大于或等于 525 号的水泥，则不应超过 40 ℃。当骨料不需加热时，也必须除去骨料中的冰棱后再进行搅拌。

为保证混凝土在冬期施工中能达到混凝土受冻临界强度，应对原材料的加热、搅拌、运输、浇筑和养护进行热工计算。水泥绝对不允许加热。此处不介绍具体计算方法，但其计算步骤如下：

混凝土拌合物的温度→拌合物的出机温度→混凝上在成型完成时的温度→混凝土蓄热养护过程中任一时刻的温度及从蓄热养护开始至任一时刻的平均温度-混凝土蓄热养护至冷却至 0 ℃的时间。根据混凝土强度增长曲线求出混凝土在此养护过程中能达到的强度，看其是否满足混凝土受冻临界强度的要求。如果满足，则制定施工方案可行，否则，可采取下列措施：

a. 提高混凝土的热量，即提高水、砂、石的加热温度，但不能超过规定的最高值；

b. 改善蓄热法用的保温措施，更换或加厚保温材料,使混凝土热量散发较慢,以提高混凝土的平均养护温度；

c. 掺加外加剂，使混凝土早强、防冻；

d. 混凝土浇筑后对其进行短期加热,提高混凝土热量和延长其冷却至 0 ℃的时间。

2）掺外加剂法

这是一种只需要在混凝土中掺入外加剂，不需采取加热措施就能使混凝土在负温条件下继续硬化的方法。在负温条件下，混凝土拌合物中的水要结冰，随着温度的降低，固相逐渐增加，一方面增加了冰晶应力，使水泥石内部结构产生微裂缝，另一方面由于液相减少，使水泥水化反应变得十分缓慢而处于休眠状态。

掺外加剂的作用，就是使之产生抗冻、早强、催化、减水等效用。降低混凝土的冰点，使之在负温下加速硬化以达到要求的强度。常用的抗冻、早强的外加剂有氯化钠、氯化钙、硫酸钠、亚硝酸钠、碳酸钾、三乙醇胺、硫代硫酸钠、重铬酸钾、氨水、尿素等，其中氯化钠具有抗冻、早强作用，且价廉易得，早从 20 世纪 50 年代开始就得到应用，对其掺量应有限制，否则会引起钢筋锈蚀。氯盐除去掺量有限制外，在高湿度环境、预应力混凝土结构等情况下禁止使用。

外加剂种类的选择取决于施工要求和材料供应，而掺量应由试验确定，但混凝土的凝结速度不得超过其运输和浇筑时间，且混凝土的后期强度损失不得大于 5%，其他物理力学性能不得低于普通混凝土。随着新型外加剂的不断出现，其效果越来越好。目前掺加外加剂多从单一型向复合型发展，外加剂也从无机化合物向有机化合物方向发展。

3）蒸汽加热法

此法即利用低压（不高于 0.07 MPa）饱和蒸汽对新浇注的混凝土构件进行加热养护。此法各类构件皆可以应用，唯需锅炉等设备，消耗能源多，费用高，因而只有在采用蓄热法、外加剂法达不到要求时考虑采用。此法宜优先选用矿渣硅酸盐水泥，因其后期强度损失比普通硅酸盐水泥少。

蒸汽加热法除去预制构件厂用的蒸汽养护室之外，还有汽套法、毛细管法和构件内部通汽法等。用蒸汽加热法养护混凝土，当用普通硅酸盐水泥时温度不宜超过 80 ℃，用矿渣硅酸盐水泥时可提高到 85～95 ℃，升温、降温速度亦有限制，并应设法排除冷凝水。

汽套法，即在构件模板外再加密封的套板，模板与套板间的空隙不宜超过 15 cm，在套板内通入蒸汽加热养护混凝土。此法加热均匀，但设备复杂、费用大，只在特殊条件下用于养护水平结构的梁、板等。

毛细管法，即利用所谓"毛细管模板"将蒸汽通在模板内进行养护。此法用汽少、加热均匀，适用于垂直结构。此外，大模板施工，亦有在模板背后加装蒸汽管道，再用薄铁皮封闭并适当加以保温，用于大模板工程冬期施工。

构件内部通汽法，即在构件内部预埋外表面涂有隔离剂的钢管或胶皮管，浇筑混凝土后隔一定时间将管子抽出，形成孔洞，再于一端孔内插入短管即可通入蒸汽加热混凝土。加热时混凝土温度一般控制在 30～60 ℃，待混凝土达到要求强度后，用砂浆或细石混凝土灌入通汽孔加以封闭。

用蒸汽养护时，根据构件的表面系数，混凝土的升温速度有一定限制。冷却速度和极限加热温度亦有限制。养护完毕，混凝土的强度至少要达到混凝土冬期施工临界强度。对整体式结构，当加热温度在 40 ℃以上时，有时会使结构物的敏感部位产生裂缝，因而应对整体式结构的温度应力进行验算，对一些结构要采取措施降低温度应力，或设置必要的施工缝。

4）电热法

电热法是利用电流通过不良导体混凝土（或通过电阻丝）所发出的热量来养护混凝土。它虽然设备简单，施工方法有效，但耗电量大，施工费用高，应慎重选用。电热法养护混凝土，分电极法和电热器法两类。

电极法即在新浇筑的混凝土中，按一定间距（200～400 mm）插入电极（$\phi6$～$\phi12$ 短钢筋），接通电源，利用混凝土本身的电阻，变电能为热能进行加热。加热时要防止电极与构件内的钢筋接触而引起短路。对于较薄构件，亦可将薄钢板固定在模板内侧作为电极。

电热器法是利用电流通过电阻丝产生的热量进行加热养护。根据需要，电热器可制成多种形状，如板状电热器、针状电热器、电热模板（模板背面装电阻丝形成热夹层，其外用铁皮包矿渣棉封严）等进行加热。

电热养护属高温干养护，温度过高会出现热脱水现象。混凝土加热有极限温度的限制，升、降温速度亦有限制。混凝土电阻随强度发展而增大，当混凝土达到50%设计强度时电阻增大，养护效果不显著，而且电能消耗增加。为节省电能，用电热法养护混凝土只宜加热养护至设计强度的50%。对整体式结构亦要防止加热养护时产生过大的温度应力。

思考题

【3-1】钢筋冷拔的质量应如何控制？

【3-2】钢筋的连接有哪些方法？在工程中应如何选择？

【3-3】钢筋对焊的工艺参数有哪些？

【3-4】模板设计与施工的基本要求有哪些？

【3-5】大模板结构的基本组成包括哪几部分？

【3-6】试分析柱、梁、楼板、墙等的模板受力状况、荷载及传递路线。

【3-7】影响混凝土侧压力的因素有哪些？

【3-8】混凝土的配制强度如何确定？

【3-9】混凝土搅拌制度包括哪些内容？

【3-10】混凝土运输过程中如何控制质量？

【3-11】泵送混凝土对混凝土质量有何特殊要求？

【3-12】混凝土结构的施工缝留设原则是什么？对不同的结构构件应如何留设？

【3-13】大体积混凝土的裂缝形成原因有哪些？为保证大体混凝土的整体性，可采用哪些浇筑方法？

【3-14】混凝土的密实成型有哪些途径？采用插入式振动器振捣时应注意哪些问题？

【3-15】何谓混凝土的自然养护？自然养护有何要求？

【3-16】何谓"混凝土受冻临界强度"？蓄热法的热工计算步骤如何？

习 题

【3-1】某钢筋混凝土基础尺寸为 50 m×30 m，厚 1.5 m，要求不留施工缝，采用插入式振动器捣实，振动棒长 300 mm，混凝土初凝时间为 2.0 h，运输时间为 0.2 h，试比较三种浇筑方案的混凝土最小浇筑量。

4　预应力混凝土工程

由于预应力混凝土结构的截面小、刚度大、抗裂性和耐久性好，在世界各国的土木工程领域中被广泛应用。近年来，随着高强度钢材及高强度等级混凝土的出现，促进了预应力混凝土结构的发展，也进一步推动了预应力混凝土施工工艺的成熟和完善。

4.1　概述

4.1.1　预应力混凝土的特点

普通钢筋混凝土构件的抗拉极限应变只有 $0.000\,1 \sim 0.000\,15$。构件混凝土受拉不开裂时，构件中受拉钢筋的应力只有 $20 \sim 30\ \text{N/mm}^2$，即使允许出现裂缝的构件，因受裂缝宽度限制，受拉钢筋的应力也仅达 $150 \sim 200\ \text{N/mm}^2$，钢筋的抗拉强度未能充分发挥。

预应力混凝土是解决这一问题的有效方法，即在构件承受外荷载前，预先在构件的受拉区对混凝土施加预压应力。当构件在使用阶段的外荷载作用下产生拉应力时，首先要抵消预压应力，这就推迟了混凝土裂缝的出现，也限制了裂缝的开展，从而提高了构件的抗裂度和刚度。

对混凝土构件受拉区施加预压应力的方法，是张拉受拉区中的预应力钢筋，通过预应力钢筋或是钢筋与锚具共同将预应力钢筋的弹性收缩力传递到混凝土构件上，并产生预应力。

预应力筋之间的连接的装置称为"连接器"。预应力筋与锚具等组合装配而成的受力单元称为"组装件"如预应力筋—锚具组装件、预应力筋—夹具组装件、预应力筋—连接器组装件等。

4.1.2　预应力钢筋的种类

为了获得较大的预应力，预应力筋常用高强度钢材，目前较常见的有以下几种。

1. 高强钢筋

高强钢筋可分为冷拉热轧低合金钢筋和热处理低合金钢筋两种。冷拉钢筋是指经过冷拉提高了屈服强度的热轧低合金钢筋，过去我国采用的冷拉钢筋有冷拉Ⅱ级、冷拉Ⅲ级、冷拉Ⅳ级钢筋等，现已逐渐淘汰。热处理钢筋的强度设计值见表 4-1。

表 4-1　热处理钢筋强度设计值和弹性模量　　　　　单位：N/mm^2

钢筋种类	钢筋直径/mm	符号	f_{ptk}	f_{py}	f'_{py}	E_s
40 Si_2Mn	6					
48 Si_2Mn	8.2	Φ^{HT}	1 470	1 040	400	2.0
45 Si_2Cr	10					

高强钢筋中含碳量和合金含量对钢筋的焊接性能有一定的影响，尤其当钢筋中含碳量达到上限或直径较粗时，焊接质量不稳定。解决这一问题的方法是在钢筋端部冷轧螺纹，或是钢厂用热轧方法直接生产一种无纵肋的精轧螺纹钢筋（见图 4-1），在端部用螺纹套筒连

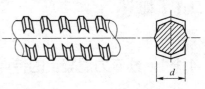

图 4-1　无纵肋精轧螺纹钢筋的外形

接接长。目前，我国生产的精乳螺纹钢筋品种有直径为 25 mm 及 32 mm，其屈服点分别可达 750 MPa 及 950 MPa 以上。

2. 高强度钢丝

高强度钢丝是由高碳钢盘条经淬火、酸洗、冷拔制成，为了消除钢丝拉拔中产生的内应力，还需经过矫直回火处理。钢丝直径一般为 4～9 mm，按外形分为光面、刻痕和螺旋肋三种。钢丝强度高，冷拔后表面光滑，为了保证高强钢丝与混凝土具有可靠的粘结，钢丝的表面常通过刻痕处理形成刻痕钢丝，或加工成螺旋肋，如图 4-2 所示。

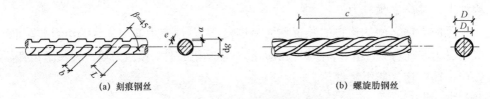

(a) 刻痕钢丝　　　　　　　　　　　　　(b) 螺旋肋钢丝

图 4-2　刻痕和螺旋肋钢丝的外形

预应力钢丝经矫直回火后，可消除钢丝冷拔过程中产生的残余应力，其比例

极限、屈服强度和弹性模量等也会有所提高，塑性也有所改善，同时也解决了钢丝的矫直问题。这种钢丝通常被称为消除应力钢丝。消除应力钢丝的松弛损失虽比消除应力前低一些，但仍然较高。于是人们又发展了一种叫做"稳定化"的特殊生产工艺，即在一定的温度（如 350 ℃）和拉应力下进行应力消除回火处理，然后冷却至常温。经"稳定化"处理后，钢丝的松弛值仅为普通钢丝的 25%～33%。这种钢丝被称为低松弛钢丝，目前巳在国内外广泛应用。我国消除应力钢丝分的品种及其强度设计值见表 4-2。

表 4-2　消除应力钢丝强度设计值和弹性模量　　　　　单位：N/mm²

钢丝种类	符号	钢筋直径/mm	f_{ptk}	f_{py}	f'_{py}	E_s
光面螺旋肋	Φ^P	4.0，5.0	1 770	1 250	410	2.05
			1 670	1 180		
			1 570	1 110		
	Φ^H	6.0	1 670	1 180		
			1 570	1 110		
		7.0，8.0，9.0	1 570	1 110		
刻痕	Φ^I	5.0，7.0	1 570	1 110		

3. 钢绞线

钢绞线是用冷拔钢丝绞扭而成，其方法是在绞线机上以一种稍粗的直钢丝为中心，其余钢丝则围绕其进行螺旋状绞合（见图 4-3），再经低温回火处理即可。钢绞线根据深加工的要求不同又可分为普通松弛钢绞线（消除应力钢绞线）、低松弛钢绞线和镀锌钢绞线、环氧涂层钢绞线和模拔钢绞线等几种。

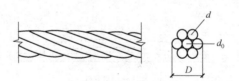

图 4-3　预应力钢绞线的截面
D—钢绞线公称直径；d—外层钢丝直径；d_0—中心钢丝直径

钢绞线规格有 2 股、3 股、7 股和 19 股等。7 股钢绞线由于面积较大、柔软、施工定位方便，适用于先张法和后张法预应力结构与构件，是目前国内外应用最广的一种预应力筋。表 4-3 给出了我国常用的钢绞线的规格及其强度设计值。

表4-3　钢绞线强度设计值和弹性模量　　　　　单位：N/mm²

钢丝种类	符号	钢筋直径/mm	f_{ptk}	f_{py}	f'_{py}	E_s
1×3	Φ^s	8.6, 10.8	1 860	1 320	390	1.95
			1 720	1 220		
			1 570	1 110		
		12.9	1 720	1 220		
			1 570	1 110		
1×7		9.5, 11.1, 12.7	1 860	1 320		
		15.2	1 860	1 320		
			1 720	1 220		

4. 无黏结预应力筋

　　无黏结预应力筋是一种在施加预应力后沿全长与周围混凝土不粘结的预应力筋，它由预应力钢材、涂料层和包裹层组成（见图4-4）。无黏结预应力筋的高强钢材和有黏结的要求完全一样，常用的钢材为7根直径5 mm的碳素钢丝束及由7根5 mm或4 mm的钢丝绞合而成的钢绞线。无黏结预应力筋的制作，通常采用挤压涂塑工艺，外包聚乙烯或聚丙烯套管。

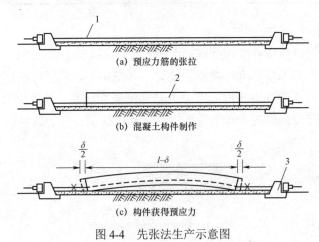

(a) 预应力筋的张拉

(b) 混凝土构件制作

(c) 构件获得预应力

图4-4　先张法生产示意图

1—预应力筋；2—混凝土构件；3—台座

　　套管内涂防腐建筑油脂，经挤压成型，塑料包裹层裹覆在钢绞线或钢丝束上。

4.1.3　对混凝土的要求

　　在预应力混凝土结构中所采用的混凝土应具有高强、轻质和高耐久性的性质，一般要求混凝土的强度等级不应低于 C30，当采用钢绞线、钢丝、热处理钢筋时不宜低于 C40。目前，我国在一些重要的预应力混凝土结构中，已开始采用 C50～C60 的高强混凝土，最高混凝土强度等级已达到 C80，并逐步向更高强度等级的混凝土发展。国外混凝土的平均抗压强度每 10 年提高 5～10 MPa，现已出现抗压强度高达 200 MPa 的混凝土。

4.1.4 预应力的施加方法

预应力的施加方法，根据与构件制作相比较的先后顺序分为先张法、后张法两大类。按钢筋的张拉方法又分为机械张拉和电热张拉，后张法中因施工工艺的不同，又可分为一般后张法、后张自锚法、无黏结后张法等。

4.2 先张法

先张法是在浇筑混凝土构件之前，张拉预应力筋，将其临时锚固在台座或钢模上，然后浇筑混凝土构件，待混凝土达到一定强度（一般不低于混凝土强度标准值的 75%），并使预应力筋与混凝土间有足够黏结力时，放松预应力，预应力筋弹性回缩，借助于混凝土与预应力筋间的黏结，对混凝土产生预压应力。

先张法多用于预制构件厂生产定型的中小型构件，也常用于生产预应力桥跨结构等。如图 4-4 所示为采用先张法施工工艺生产预应力构件的示意图。先张法生产有台座法、台模法两种。用台座法生产时，预应力筋的张拉、锚固、构件浇筑、养护和预应力筋的放松等工序都在台座上进行，预应力筋的张拉力由台座承受。台模法为机组流水、传送番生产方法，此时预应力筋的张拉力由钢台模承受。

本节主要介绍台座法生产预应力混凝土构件的预应力施工方法。

4.2.1 先张法施工设备

1. 台座

用台座法生产预应力混凝土构件时，预应力筋锚固在台座横梁上，台座承受全部预应力的拉力，故台座应有足够的强度、刚度和稳定性，以避免台座变形、倾覆和滑移而引起的预应力损失。

台座由台面、横梁和承力结构等组成。根据承力结构的不同，台座分为墩式台座、槽式台座、桩式台座等。

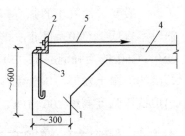

图 4-5　简易墩式台座

1—卧梁；2—角钢；3—预埋螺栓；
4—混凝土台面；5—预应力钢丝

（1）墩式台座

以混凝土墩作承力结构的台座称墩式台座，一般用以生产中小型构件。台座长度较长，张拉一次可生产多根构件，从而减少因钢筋滑动引起的预应力损失。

当生产空心板、平板等平面布筋的小型构件时，由于张拉力不大，可利用简易墩式台座（见图 4-5），它将卧梁和台座浇筑成整体，充分利用台面受力。锚固钢丝的角钢用螺栓锚固在卧梁上。

生产中型构件或多层叠浇构件可用如图 4-6 所示墩式台座。台面局部加厚，以承受部分张拉力。

设计墩式台座时，应进行台座的稳定性和强度验算。稳定性是指台座抗倾覆能力。

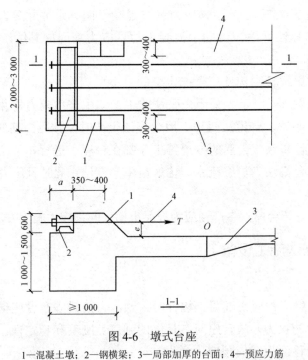

图 4-6　墩式台座

1—混凝土墩；2—钢横梁；3—局部加厚的台面；4—预应力筋

抗倾覆验算的计算简图如图 4-7 所示，台座的抗倾覆稳定性按下式计算：

$$K_0 = M'/M \qquad (4-1)$$

式中，K_0——台座的抗倾覆安全系数；

M——由张拉力产生的倾覆力矩：

$$M = Te \qquad (4-2)$$

e——张拉力合力 T 的作用点到倾覆转动点 o 的力臂；

M'——抗倾覆力矩，如忽略土压力，则

$$M' = G_1 l_1 + G_2 l_2 \qquad (4-3)$$

进行强度验算时，支承横梁的牛腿，按柱子牛腿计算方法计算其配筋；墩式台座与台面接触的外伸部分，按偏心受压构件计算；台面按轴心受压杆件计算；横梁按承受均布荷载的简支梁计算，其挠度应控制在 2 mm 以内，并不得产生翘曲。

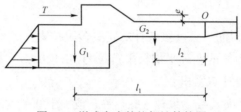

图 4-7　墩式台座的抗倾计算简图

（2）槽式台座

生产吊车梁、屋面梁、箱梁等预应力混凝土构件时，由于张拉力和倾覆力矩都较大，大多采用槽式台座。由于它具有通长的钢筋混凝土压杆，可承受较大的张拉力和倾覆力矩，其上加砌砖墙，加盖后还可进行蒸汽养护（见图 4-8），为方便混凝土运输和蒸汽养护，槽式台座多低于地面。为便于拆迁，台座的压杆亦可分段浇制。

设计槽式台座时，也应进行抗倾覆稳定性和强度验算。

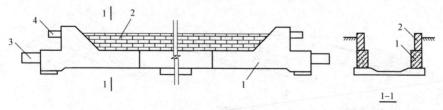

图 4-8　槽式台座

1—钢筋混凝土压杆；2—砖墙；3—上横梁；4—横梁

2. 夹具和张拉机具

（1）夹具

夹具是在先张法预应力混凝土构件施工时，为保持预应力筋的拉力并将其固定在生产台座（或设备）上的临时性锚固装置；或在后张法预应力混凝土结构或构件施工时，在张拉千斤顶或设备上夹持预应力筋的临时性锚固装置。夹具应与预应力筋相适应。张拉机具则是用于张拉钢筋的设备，它应根据不同的夹具和张拉方式选用。预应力钢丝与预应力钢筋张拉所用夹具和张拉机具有所不同。

夹具应具有良好的自铺性能、松锚性能和安全的重复使用性能。主要锚固零件宜采取镀膜防锈。它的静载性能由预应力筋—夹具组装件静载试验测定的夹具效率系数（%）确定。夹具效率系数应按下式计算：

$$\eta_b = \frac{F_{gpu}}{F_{pm}} \qquad\qquad (4\text{-}4)$$

式中，F_{gpu}——预应力筋—夹具组装件的实测极限拉力；

F_{pm}——预应力筋的实际平均极限抗拉力，由预应力钢材试件实测破断荷载平均值计算得出。

试验结果应满足夹具效率系数（%）等于或大于 0.92 的要求。

钢丝张拉与钢筋张拉所用夹具和机具不同。

（2）钢丝的夹具和张拉机具

1）钢丝的夹具

先张法中钢丝的夹具分两类：一类是将预应力筋锚固在台座或钢模上的锚固夹具；另一类是张拉时夹持预应力筋用的夹具。锚固夹具与张拉夹具都是重复使用的工具。夹具的种类繁多，此处仅介绍常用的一些钢丝夹具。如图 4-9 所示是钢丝的锚固夹具，如图 4-10 所示是钢丝的张拉夹具。

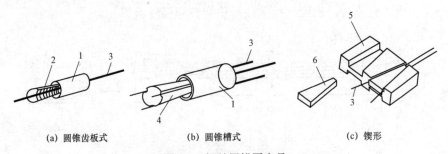

(a) 圆锥齿板式　　　　(b) 圆锥槽式　　　　(c) 锲形

图 4-9　钢丝用锚固夹具

1—套筒；2—齿板；3—钢丝；4—锥塞；5—锚板；6—锲块

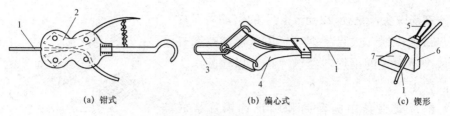

图 4-10　钢丝的张拉夹具

1—钢丝；2—钳齿；3—拉钩；4—偏心齿条；5—拉环；6—锚板；7—锲块

夹具本身须具备自锁和自锚能力。自锁即锥销、齿板或锲块打人后不会反弹而脱出的能力；自锚即预应力筋张拉中能可靠地锚固而不被从夹具中拉出的能力。

2）钢丝的张拉机具

钢丝张拉分单根张拉和多根张拉。

用钢台模以机组流水法或传送带法生产构件多进行多根张拉，如图 4-11 所示是表示用油压千斤顶进行张拉，要求钢丝的长度相等，事先调整初应力。

在台座上生产构件多进行单根张拉，由于张拉力较小，一般用小型电动卷扬机张拉，以弹簧、杠杆等简易设备测力。用弹簧测力时宜设置行程开关，以便张拉到规定的拉力时能自行停车。

选择张拉机具时，为了保证设备、人身安全和张拉力准确，张拉机具的张拉力应不小于预应力筋张拉力的 1.5 倍；张拉机具的张拉行程应不小于预应力筋张拉伸长值的 1.1～1.3 倍。

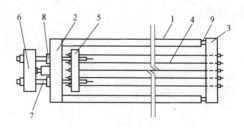

图 4-11　油压千斤顶成组张拉

1—台模；2—前横梁；3—后横梁；4—钢筋；5、6—拉力架横梁；7—螺栓杆；8—油压千斤顶；9—放松装置

（3）钢筋的夹具和张拉机具

1）钢筋夹具

钢筋锚固多用螺丝端杆锚具、镦头锚和销片夹具等。张拉时可用连接器与螺丝端杆锚具连接，或用销片夹具等。

钢筋镦头，直径 22 mm 以下的钢筋用对焊机热镦或冷镦，大直径钢筋可用压模加热锻打或成型。镦过的钢筋需经过冷拉，以检验镦头处的强度。

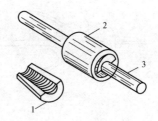

图 4-12　两片式销片夹具
1—销片；2—套筒；3—预应力筋

销片式夹具由圆套筒和圆锥行销片组成（见图 4-12），套筒内壁呈圆锥形，与销片锥度吻合，销片有两片式和三片式，钢筋就夹紧在销片的凹槽内。

先张法用夹具除应具备静载锚固性能，夹具还应具备下列性能：① 在预力夹具组装件达到实际破断拉力时，全部零件均不得出现裂缝和破坏；② 应有良好的自锚性能；③ 应有良好的放松性能。需大力敲击才能松开的夹具，必须证明其对预应力筋的锚固无影响，且对操作人员安全不造成危险。夹具进入施工现场时必须检查其出厂质量证明书，以及其中所列的各项性能指标，并进行必要的静载试验，符合质量要求后方可使用。

2）钢筋的张拉机具

先张法粗钢筋的张拉，分单根张拉和多根成组张拉。由于在长线台座上预应力筋的张拉伸长值较大，一般千斤顶行程多不能满足，故张拉较小直径钢筋可用卷扬机。此外，张拉直径 12～20 mm 的单根钢筋、钢绞线或钢丝束，可用 YC-20型穿心式千斤顶（见图 4-13）。此外，YC-18 型穿心式千斤顶张拉行程可达 250 mm，亦可用于张拉单根钢筋或钢丝束。

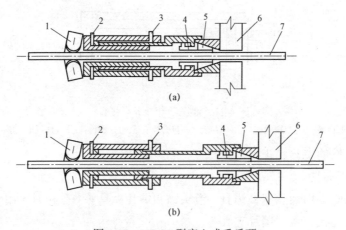

(a)

(b)

图 4-13　YC-20 型穿心式千斤顶
1—偏心夹具；2—后油嘴；3—前油嘴；4—弹性顶压头；
5—销片夹具；6—台座横梁；7—预应力筋

4.2.2 先张法施工工艺

先张法预应力混凝土构件在台座上生产时，一般工艺流程如图 4-14 所示，施工中可按具体情况适当调整。

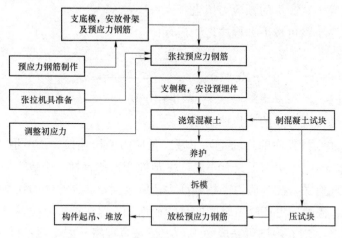

图 4-14 先张法一般工艺流程

1. 预应力筋的张拉

预应力筋张拉应根据设计要求进行。当进行多根成组张拉时，应先调整各预应力筋的初应力，使其长度和松紧一致，以保证张拉后各预应力筋的应力一致。

张拉时的控制应力按设计规定。控制应力的数值影响预应力的效果。控制应力高，建立的预应力值则大。但控制应力过高，预应力筋处于高应力状态，使构件出现裂缝的荷载与破坏荷载接近，破坏前无明显的预兆，这是不允许的。此外，施工中为减少由于松弛等原因造成的预应力损失，一般要进行超张拉，如果原定的控制应力过高，再加上超张拉就可能使钢筋的应力超过流限。为此，《混凝土结构设计规范》（GB 50050）规定预应力钢筋的张拉控制应力值 σ_{con} 不宜超过表 4-4 中规定的张拉控制应力限值，且不应小于 $0.4 f_{\text{ptk}}$。

表 4-4 张拉控制应力限值

钢筋种类	张拉方法	
	先张法	后张法
消除应力钢丝、钢绞线	$0.75 f_{\text{ptk}}$	$0.75 f_{\text{ptk}}$
热处理钢筋	$0.70 f_{\text{ptk}}$	$0.65 f_{\text{ptk}}$

在下列情况下，表 4-4 中的张拉控制应力限值可提高 $0.05 f_{ptk}$。

① 为了提高构件在施工阶段的抗裂性，而在使用阶段受压区内设置的预应力筋；

② 为了部分抵消由于应力松弛、摩擦、钢筋分批张拉以及预应力筋与台座之间的温差等因素产生的预应力损失。

张拉程序一般可按下列程序之一进行：

$$0 \to 105\% \sigma_{con} \xrightarrow{\text{持荷 2 min}} \sigma_{con} \tag{4-5}$$

或

$$0 \to 103\% \tag{4-6}$$

式中，σ_{con} 为预应力筋的张拉控制应力。

建立上述张拉程序的目的是为了减少预应力的松弛损失。所谓"松弛"，即钢材在常温、高应力状态下具有不断产生塑性变形的特性。松弛的数值与控制应力和延续时间有关，控制应力高松弛亦大，所以钢丝、钢绞线的松弛损失比冷拉热轧钢筋大；松弛损失还随着时间的延续而增加，但在第 1 分钟内可完成损失总值的 50%左右，24 h 内则可完成 80%。上述张拉程序，如先超张拉 $5\% \sigma_{con}$ 再持荷几分钟，则可减少大部分松弛损失。超张拉 $3\% \sigma_{con}$ 亦是为了弥补松弛引起的预应力损失。

用应力控制张拉时，为了校核预应力值，在张拉过程中应测出预应力筋的实际伸长值。如实际伸长值大于计算伸长值 10%或小于计算伸长值 5%，应暂停张拉，查明原因并采取措施予以调整后，方可继续张拉。

台座法张拉中，为避免台座承受过大的偏心压力，应先张拉靠近台座截面重心处的预应力筋。多根预应力筋同时张拉时，必须事先调整初应力，使相互间的应力一致。预应力筋张拉锚固后的实际预应力值与设计规定检验值的相对允许偏差为±5%。张拉完毕锚固时，张拉端的预应力筋回缩量不得大于设计规定值；锚固后，预应力筋对设计位置的偏差不得大于 5 mm，并不大于构件截面短边长度的 4%。另外，施工中必须注意安全，严禁正对钢筋张拉的两端站立人员，防止断筋回弹伤人。冬季张拉预应力筋，环境温度不宜低于−15 ℃。

2. 混凝土的浇筑与养护

确定预应力混凝土的配合比时，应尽量减少混凝土的收缩和徐变，以减少预应力损失。收缩和徐变都与水泥品种和用量、水灰比、骨料孔隙率、振动成型等有关。

预应力筋张拉完成后，钢筋绑扎、模板拼装和混凝土浇筑等工作应尽快跟上。混凝土应振捣密实。混凝土浇筑时，振动器不得碰撞预应力筋。混凝土未达到强度前，也不允许碰撞或踩动预应力筋。

混凝土可采用自然养护或湿热养护。但必须注意，当预应力混凝土构件在台座上进行湿热养护时，应采取正确的养护制度以减少由于温差引起的预应力损失。预应力筋张拉后锚固在台座上，温度升高预应力筋膨胀伸长，使预应力筋的应力减小。在这种情况下混凝土逐渐硬结，而预应力筋由于温度升高而引起的预应力损失不能恢复。因此，先张法在台座上生产预应力混凝土构件，其最高允许的养护温度应根据设计规定的允许温差（张拉钢筋时的温度与台座养护温度之差）计算确定。以机组流水法或传送带法用钢模制作预应力构件，湿热养护时钢模与预应力筋同步伸缩，故不引起温差预应力损失。

3. 预应力筋放松

混凝土强度达到设计规定的数值（一般不小于混凝土标准强度的 75%）后，才可放松预应力筋。这是因为放松过早会由于预应力筋回缩而引起较大的预应力损失。预应力筋放松应根据配筋情况和数量，选用正确的方法和顺序，否则易引起构件翘曲、开裂和断筋等现象。

当预应力筋采用钢丝时，配筋不多的中小型钢筋混凝土构件，钢丝可用砂轮锯或切断机切断等方法放松。配筋多的钢筋混凝土构件，钢丝应同时放松，如逐根放松，则最后几根钢丝将由于承受过大的拉力而突然断裂，易使构件端部开裂。长线台座上放松后预应力筋的切断顺序，一般由放松端开始，逐次切向另一端。

预应力筋为钢筋时，对热处理钢筋不得用电弧切割，宜用砂轮锯或切断机切断。数量较多时，也应同时放松。多根钢丝或钢筋的同时放松，可用油压千斤顶、砂箱、楔块等。

采用湿热养护的预应力混凝土构件，宜热态放松预应力筋，而不宜降温后再放松。

4.3 后张法

构件或块体制作时，在放置预应力筋的部位预先留有孔道，待混凝土达到规定强度后在孔道内穿入预应力筋，并用张拉机具夹持预应力筋将其张拉至设计规定的控制应力，然后借助锚具将预应力筋锚固在构件端部，最后进行孔道灌浆（亦有不灌浆者），这种施工方法称为后张法。如图 4-15 所示为预应力后张法构件生产的示意图。

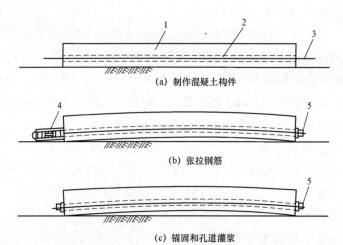

(a) 制作混凝土构件

(b) 张拉钢筋

(c) 锚固和孔道灌浆

图 4-15　预应力混凝土后张法生产示意图

1—混凝土构件；2—预留孔道；3—预应力筋；4—千斤顶；5—锚具

后张法的特点是直接在构件上张拉预应力筋，构件在张拉过程中完成混凝土的弹性压缩，因此不直接影响预应力筋有效预应力值的建立。锚具是预应力构件的一个组成部分，永远留在构件上，不能重复使用。

后张法宜用于现场生产大型预应力构件、特种结构和构筑物，亦可作为一种预制构件的拼装手段。

4.3.1　锚具和预应力筋制作

1. 锚具

在后张法预应力混凝土结构或构件中，为保持预应力筋的拉力并将其传递到混凝土上所用的永久性锚固装置称为锚具。

另一类用于后张法施工的夹具称为工具锚，它是在后张法预应力混凝土结构或构件施工时，在张拉千斤顶或设备上夹持预应力筋的临时性锚固装置。

（1）锚具的性能

锚具的性能应满足以下要求：

在预应力筋强度等级已确定的条件下，预应力筋—锚具组装件的静载锚固性能试验结果，应同时满足锚具效率系数（η_a）等于或大于 0.95 和预应力筋总应变（ε_{apu}）等于或大于 2.0%两项要求。

锚具的静载锚固性能，应由预应力筋—锚具组装件静载试验测定的锚具效率系数（η_a）和达到实测极限拉力时组装件受力长度的总应变（ε_{apu}）确定。

锚具效率系数（η_a）应按下式计算：

$$\eta_a = \frac{F_{apu}}{\eta_p F_{pm}}$$

（4-7）

式中，F_{apu}——预应力筋—锚具组装件的实测极限拉力；

η_p——预应力筋的效率系数，它是指考虑预应力筋根数等因素影响的预应力筋应力不均匀的系数。η_p 应按下列规定取用：预应力筋—锚具组装件中预应力钢材为 1～5 根时，$\eta_p =1$；6～12 根时，$\eta_p =0.99$；13～19 根时，$\eta_p =0.98$；20 根以上时，$\eta_p =0.97$；

F_{pm}——预应力筋的实际平均极限抗拉力。

当预应力筋与锚具（或连接器）组装件达到实测极限拉力（F_{apu}）时，应由预应力筋的断裂，而不应由锚具（或连接器）的破坏导致试验的终结。预应力筋拉应力未超过 $0.8f_{Ptk}$ 时，锚具主要受力零件应在弹性阶段工作，脆性零件不得断裂。

用于承受静、动荷载的预应力混凝土结构，其预应力筋—锚具组装件，除应满足静载锚固性能要求外，尚应满足循环次数为 200 万次的疲劳性能试验要求。在抗震结构中，预应力筋—锚具组装件还应满足循环次数为 50 次的周期荷载试验。

锚具尚应满足分级张拉、补张拉和放松拉力等张拉工艺的要求。锚固多根预应力筋的锚具，除应具有整束张拉的性能外，尚宜具有单根张拉的可能性。

（2）锚具的种类

锚具的种类很多，不同类型的预应力筋所配用的锚具不同，目前，我国采用最多的锚具是夹片式锚具和支承式锚具。以下介绍有关的锚具的构造与使用。

1）支承式锚具

① 螺母锚具

螺母锚具属螺母锚具类，它由螺丝端杆、螺母和垫板三部分组成。型号有 LM18～LM36，适用于直径 18～36 mm 的预应力钢筋，如图 4-16 所示。锚具长度一般为 320 mm，当为一端张拉或预应力筋的长度较长时，螺杆的长度应增加 30～50 mm。螺母锚具用拉杆式千斤顶张拉或穿心式千斤顶张拉。

② 镦头锚具

镦头锚具主要用于锚固多根数钢丝束。钢丝束镦头锚具分 A 型与 B 型。

A 型由锚环与螺母组成，可用于张拉端；B 型为锚板，用于固定端，其构造见图 4-17。

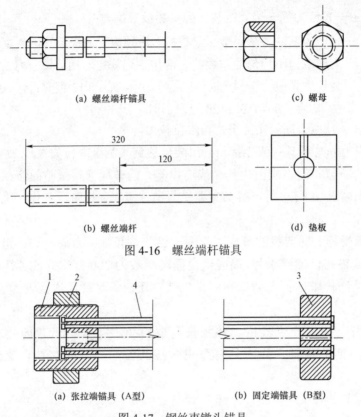

(a) 螺丝端杆锚具　　　　　　　　　　(c) 螺母

(b) 螺丝端杆　　　　　　　　　　(d) 垫板

图 4-16　螺丝端杆锚具

(a) 张拉端锚具（A型）　　　　　(b) 固定端锚具（B型）

图 4-17　钢丝束镦头锚具

1—锚环；2—螺母；3—描板；4—钢丝束

钢丝束镦头锚具的工作原理是将预应力筋穿过锚环的蜂窝眼后，用专门的镦头机将钢筋或钢丝的端头镦粗，将镦粗头的预应力束直接锚固在锚环上，待千斤顶拉杆旋入锚环内螺纹后即可进行张拉，当锚环带动钢筋或钢丝伸长到设计值时，将锚圈沿锚环外的螺纹旋紧顶在构件表面，于是锚圈通过支承垫板将预应力传到混凝土上。

镦头锚具的优点是操作简便迅速，不会出现锥形锚易发生的"滑丝"现象，故不发生相应的预应力损失。这种锚具的缺点是下料长度要求很精确，否则在张拉时会因各钢丝受力不均匀而发生断丝现象。

镦头锚具一般也采用拉杆式千斤顶或穿心式千斤顶张拉。

2）锥塞式锚具

① 锥形锚具

锥形锚具由钢质锚环和锚塞（见图4-18）组成，用于锚固钢丝束。锚环内孔的锥度应与锚塞的锥度一致。锚塞上刻有细齿槽，夹紧钢丝防止滑动。

锥形锚具的尺寸较小，便于分散布置。缺点是易产生单根滑丝现象，钢丝回缩量较大，所引起的应力损失亦大，并且滑丝后无法重复张拉和接长，应力损失很难补救。此外，钢丝锚固时呈辐射状态，弯折处受力较大。

钢质锥形锚具一般用锥锚式三作用千斤顶进行张拉。

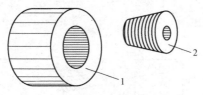

图 4-18　钢质锥形锚具

1—锚环；2—锚塞

② 锥形螺杆锚具

锥形螺杆锚具用于锚固 14～28 根直径 5 mm 的钢丝束。它由锥形螺杆、套筒、螺母等组成（见图 4-19）。锥形螺杆锚具一般与拉杆式千斤顶配套使用，亦可采用穿心式千斤顶。

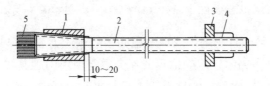

图 4-19　锥形螺杆锚具

1—套筒；2—锥形螺杆；3—垫板；4—螺母；5—钢丝束

3）夹片式锚具

① JM 型锚具

JM 型锚具为单孔夹片式锚具，具由锚环和夹片组成。JM12 型锚具可用于锚固 4～6 根直径为 12 mm 的钢筋或 4～6 束直径为 12 mm 的钢绞线。JM15 型锚具则可锚固直径为 15 mm 的钢筋或钢绞线。JM 型锚具的构造如图 4-20 所示。

JM 型锚具性能好，锚固时钢筋束或钢绞线束被单根夹紧，不受直径误差的影响，且预应力筋是在呈直线状态下被张拉和锚固，受力性能好。为适应小吨位高强钢丝束的锚固，近年来还发展了锚固 6～7 根低碳素钢丝的 JM5-6 和 JM5-7 型锚具，其原理完全相同。

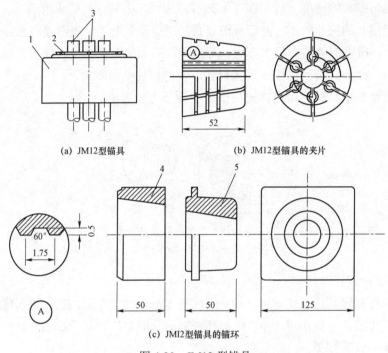

(a) JM12型锚具　　　　　　　　　(b) JM12型锚具的夹片

(c) JMI2型锚具的锚环

图 4-20　JM12 型锚具

1—锚环；2—夹片；3—钢筋束和钢绞线束；4—圆钳环；5—方锚环

JM12 型锚具是一种利用楔块原理锚固多根预应力筋的锚具，它既可作为张拉端的锚具，又可作为固定端的锚具或作为重复使用的工具锚。

JM12 型锚具宜选用相应的穿心式千斤顶来张拉预应力筋。

② XM 型锚具

XM 型锚具属多孔夹片锚具，是一种新型锚具。它是在一块多孔的锚板上，利用每个锥形孔装一副夹片夹持一根钢绞线的楔紧式锚具。这种锚具的优点是任何一根钢绞线锚固失效，都不会引起整束锚固失效，并且每束钢绞线的根数不受限制。

XM 型锚具由锚板与三片夹片组成，如图 4-21 所示。它既适用于锚固钢绞线束，又适用于锚固钢丝束；既可锚固单根预应力筋，又可锚固多根预应力筋。当用于锚固多根预应力筋时，既可单根张拉、逐根锚固，又可成组张拉，成组锚固。另外，它还既可用作工作锚具，又可用作工具锚具。

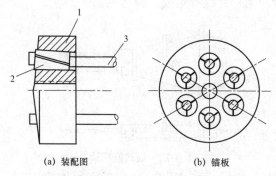

(a) 装配图　　　　　(b) 锚板

图 4-21　XM 型锚具

1—锚板；2—夹片（三片）；3—钢绞线

近年来随着预应力混凝土结构和无黏结预应力结构的发展，XM 型锚具已得到广泛应用。实践证明，XM 型锚具具有通用性强、性能可靠、施工方便、便于高空作业的特点。

③ QM 及 OVM 型描具型

QM 型锚具也属于多孔夹片锚具，它适用于钢绞线束。该锚具由锚板与夹片组成，如图 4-22 所示。QM 型锚固体系配有专门的工具锚，以保证每次张拉后退楔方便，并减少安装工具锚所花费的时间。

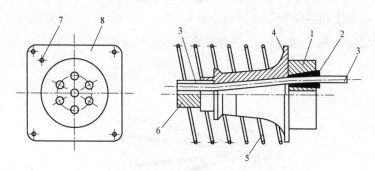

图 4-22　QM 型锚具及配件

1—销板；2—夹片；3—钢绞线；4—喇叭形铸铁垫板；

5—弹簧管；6—预留孔道用的螺旋竹；7—灌浆孔；8—锚垫板

OVM 型锚具是在 QM 型锚具的基础上，将夹片改为二片式，并在夹片背部上部锯有一条弹性槽，以提高锚固性能。

④ BM 型锚具

BM 型锚具是一种新型的夹片式扁形群锚，简称扁锚。它是由扁锚头、扁形垫板、扁形喇叭管及扁形管道等组成，构造见图4-23。

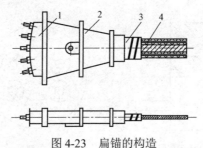

图 4-23　扁锚的构造

1—扁锚板；2—扁形垫板与喇叭管；3—扁形波纹管；4—钢绞线；5—夹片

扁锚的优点是张拉槽口扁小，可减小混凝土板厚，便于梁的预应力筋按实际需要切断后锚固，有利于节省钢材；钢绞线单根张拉，施工方便。这种锚具特别适用于空心板、低高度箱梁以及桥面横向预应力等张拉。

4）握裹式锚具

钢绞线束的固定端的锚具除了可以采用与张拉端相同的锚具外，还可选用握裹式锚具。握裹式锚具有挤压锚具与压花锚具两类。

① 挤压锚具

挤压锚具是利用液压压头机将套筒挤紧在钢绞线端头上的一种锚具。套筒内衬有硬钢丝螺旋圈，在挤压后硬钢丝全部脆断，一半嵌入外钢套，一半压入钢绞线，从而增加钢套筒与钢绞线之间的摩阻力。锚具下设有钢垫板与螺旋筋。这种锚具适用于构件端部的设计力大或端部尺寸受到限制的情况。挤压锚具构造见图4-24。

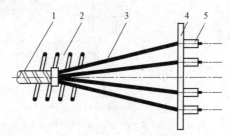

图 4-24　挤压锚具的构造

1—波纹管；2—螺旋筋；3—钢绞线；4—钢雄板；5—挤压锚具

② 压花锚具

压花锚具是利用液压压花机将钢绞线端头压成梨形散花状的一种锚具（见图4-25）。梨形头的尺寸对于$\phi 15$钢绞线不小于$\phi 95\ mm \times 150\ mm$。多根钢绞线梨形头应分排埋置在混凝土内。为提高压花锚四周混凝土及散花头根部混凝土抗裂强度，在散花头的头部配置构造筋，在散花头的根部配置螺旋筋，压花锚距构件截面边缘不小于 30 cm。第一排压花锚的锚固长度，对 ϕ15 钢绞线不小于 95 cm，每排相隔至少 30 cm。多根钢绞线压花锚具构造见图 4-26。

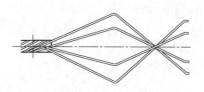

图 4-25　压花锚具

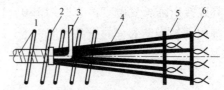

图 4-26　多根钢绞线压花锚具
1—波纹管；2—螺旋筋；3—灌浆管；
4—钢绞线；5—构造筋；6—压花锚具

（3）预应力筋、锚具及张拉机械的配套选用

锚具的选用应根据钢筋种类以及结构要求、产品技术性能和张拉施工方法等选择，张拉机械则应与锚具配套使用。在后张法施工中锚具及张拉机械的合理选择十分重要，工程中可参考表 4-5 进行选用。

表 4-5　预应力筋、锚具及张拉机械的配套选用

预应力筋品种	锚具形式			张拉机械
	固定端		张拉端	
	安装在结构之外	安装在结构之内		
钢绞线及钢绞线束	夹片锚具 挤压锚具	压花锚具 挤压锚具	夹片锚具	穿心式
钢丝束	夹片锚具 镦头锚具 挤压锚具	挤压锚具 镦头锚具	夹片锚具	穿心式
			镦头锚具	拉杆式
			锥塞锚具	锥锚式、拉杆式
精轧螺纹钢筋	螺母锚具		螺母锚具	拉杆式

2. 预应力筋的制作

（1）单根粗钢筋

根据构件的长度和张拉工艺的要求，单根预应力钢筋可在一端或两端张拉。一般张拉端和固定端均采用螺母锚具。

单根粗钢筋预应力筋的制作，包括配料、对焊等工序。预应力筋的下料长度应计算确定，计算时要考虑锚具型号、对焊接头的压缩量、张拉伸长值、构件长

度，如进行冷拉，则还要计入冷拉的冷拉率和弹性回缩率等因素。冷拉弹性回缩率一般为 0.4%～0.6%。对焊接头的压缩量，包括钢筋与钢筋，钢筋与螺丝端杆的对焊压缩，接头的压缩量取决于对焊时的闪光留量和顶锻留量，每个接头的压缩量一般为 20～30 mm。

螺丝端杆外露在构件孔道外的长度，根据垫板厚度、螺母高度和拉伸机与螺母锚具连接所需长度确定，一般为 120～150 mm。

预应力筋钢筋部分的成品长度为 L。（见图 4-27），预应力筋钢筋部分的下料长度为

$$L = \frac{L_0}{1+\gamma-\delta} + nl_0 \qquad (4\text{-}8)$$

式中，L_0——预应力筋中钢筋冷拉完成后的长度；

　　　L——预应力筋中钢筋下料长度；

　　　l_0——每个对焊接头的压缩长度（约等于钢筋直径 d）；

　　　n——对焊接头的数量；

　　　γ——钢筋冷拉伸长率（由试验确定）；

　　　δ——钢筋冷拉弹性回缩率（由试验确定）。

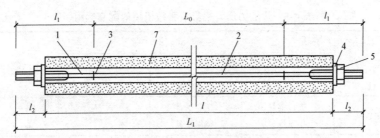

图 4-27　粗钢筋下料长度计算图

1—螺母锚具；2—粗钢筋；3—对焊接头；4—垫板；5—螺母；6—混凝土构件

图中 L_1——包括锚具在内的预应力筋全长；

　　　l——构件的孔道长度；

　　　l_1——螺丝端杆长度；

　　　l_2——螺丝端杆伸出构件外的长度。

（2）钢丝束

钢丝束的制作，随锚具形式的不同制作方式也有差异，一般包括调直、下料、编束和安装锚具等工序。

用钢质锥形锚具锚固的钢丝束，其制作和下料长度计算基本上同钢筋束。

用镦头锚具锚固的钢丝束，其下料长度应力求精确，对直线或一般曲率的钢

丝束，下料长度的相对误差要控制在 $L/5\,000$ 以内，并且不大于 5 mm。为此，要求钢丝在应力状态下切断下料，下料的控制应力为 300 N/mm²。钢丝下料长度，取决于是 A 型或 B 型锚具以及一端张拉或两端张拉。

用锥形螺杆锚固的钢丝束，经过矫直的钢丝可以在非应力状态下料。

为防止钢丝扭结，必须进行编束。在平整场地上先把钢丝理顺平放，然后在其全长中每隔 1 m 左右用 22 号铅丝编成帘子状（见图 4-28），再每隔 1 m 放一个接端杆直径制成的螺丝衬圈，并将编好的钢丝帘绕衬圈围成圆束绑扎牢固。

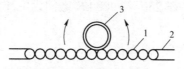

图 4-28　钢丝束的编束
1—钢丝；2—铅丝；3—衬圈

锥形螺杆锚具的安装需经过预紧，即先把钢丝均匀地分布在锥形螺杆的周围，套上套筒，通过工具式套筒将套筒打紧，再用千斤顶和工具式预紧器以110%～130%的张拉控制应力预紧，将钢丝束牢固地锚固在锚具内（见图 4-29）。

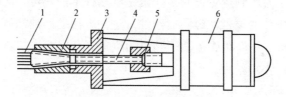

图 4-29　锥形螺杆锚具的预紧
1—钢丝束；2—套筒；3—预紧器；4—锥形螺杆；5—千斤顶连接螺母；6—千斤顶

（3）预应力钢筋束和钢绞线束

钢筋束、热处理钢筋和钢绞线是成盘状供应，长度较长，不需要对焊接长。其制作工序是：开盘→下料→编束。

下料时，宜采用切断机或砂轮锯切机，不得采用电弧切割。钢绞线在切断前，在切口两侧各 50 mm 处，应用铅丝绑扎，以免钢绞线松散。编束是将钢绞线理顺后，用铅丝每隔 1.0 m 左右绑扎成束，在穿筋时应注意防止扭结。

预应力筋的下料长度，主要与张拉设备和选用的锚具有关。一般为孔道长度加上锚具与张拉设备的长度，并考虑 100 mm 左右的预应力筋在张拉设备端部外露长度。

4.3.2 张拉机具设备

张拉设备由液压张拉千斤顶、高压油泵和外接油管组成。

1. 张拉千斤顶

预应力用液压千斤顶是以高压油泵驱动，完成预应力筋的张拉、锚固和千斤顶的回程动作。按机型不同分为拉杆式千斤顶、穿心式千斤顶、锥锚式千斤顶等；按使用功能不同可分为单作用千斤顶和双作用、三作用千斤顶。张拉的吨位小于250 kN 为小吨位千斤顶，在 250～1 000 kN 之间为中吨位千斤顶，大于 1 000 kN 为大吨位千斤顶。

（1）拉杆式千斤顶

拉杆式千斤顶由主油缸、主缸活塞、回油缸、回油活塞、连接器、传力架、活塞拉杆等组成。如图 4-30 所示是用拉杆式千斤顶张拉时的工作示意图。张拉前，先将连接器旋在预应力的螺丝端杆上，相互连接牢固。千斤顶由传力架支承在构件端部的钢板上。张拉时，高压油进入主油缸、推动主缸活塞及拉杆，通过连接器和螺丝端杆，预应力筋被拉伸。千斤顶拉力的大小可由油泵压力表的读数直接显示。当张拉力达到规定值时，拧紧螺丝端杆上的螺母，此时张拉完成的预应力筋被锚固在构件的端部。锚固后回油缸进油，推动回油活塞工作，千斤顶脱离构件、主缸活塞、拉杆和连接器回到原始位置。最后将连接器从螺丝端杆上卸掉，卸下千斤顶，张拉结束。

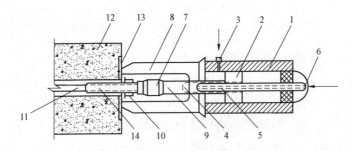

图 4-30　拉杆式千斤顶张拉原理

1—主油缸；2—主缸活塞；3—进油孔；4—回油缸；5—间油活塞；6—回油孔；
7—连接器；8—传力架；9—拉杆；10—螺母；11—预应力筋；
12—混凝土构件；13—预埋铁板；14—螺丝端杆

目前常用的一种千斤顶是 YL60 型拉杆式千斤顶。另外，还生产 YL400 型和 YL500 型千斤顶，其张拉力分别为 4 000 kN 和 5 000 kN，主要用于张拉力大的钢筋张拉。

（2）穿心式千斤顶

穿心式千斤顶是利用双液压缸张拉预应力筋和顶压锚具的双作用千斤顶。穿心式千斤顶适用于张拉带 JM 型锚具的钢筋束或钢绞线束，配上撑脚与拉杆后，也可作为拉杆式千斤顶张拉带螺丝端杆锚具和镦头锚具的预应力筋。如图 4-31 所示为 JM12 型锚具和 YC-60 型千斤顶的安装示意图。系列产品有 YC20D，YC60 与 YC120 型千斤顶。

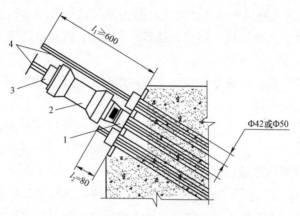

图 4-31　JM12 型锚具和 YC-60 型千斤顶的安装示意图

1—工作锚；2—YC—60 型千斤顶；3—工具锚；4—预应力筋束

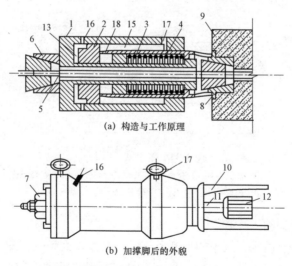

（a）构造与工作原理

（b）加撑脚后的外貌

图 4-32　YC60 型千斤顶

1—张拉油缸；2—顶压油缸（即张拉活塞）；3—顶压活塞；4—弹簧；5—预应力筋；

6—工具锚；7—螺帽；8—撑环；9—构件；10—撑脚；11—张拉杆；12—连接器；

13—张拉工作油室；14—顶压工作油室；15—张拉回程油室；

16—张拉缸油嘴；17—顶压缸油嘴；18—油孔

如图 4-32 所示为 YC60 型千斤顶构造图，主要由张拉油缸、顶压油缸、顶压活塞、穿心套、保护套、端盖堵头、连接套、撑套、回弹弹簧和动、静密封圈等组成。该千斤顶具有双作用，即张拉与顶锚两个作用。其工作原理是张拉预应力筋时，张拉缸油嘴进油，顶压缸油嘴回油，顶压油缸、连接套和撑套连成一体右移顶住锚环；张拉油缸、端盖螺母及堵头和穿心套连成一体带动工具锚左移张拉预应力筋；顶压锚固时，在保持张拉力稳定的条件下，顶压缸油嘴进油，顶压活塞、保护套和顶压头连成一体右移将夹片强力顶入锚环内；此时张拉缸油嘴回油、顶压缸油嘴进油、张拉缸液压回程。最后，张拉缸、顶压缸油嘴同时回油，顶压活塞在弹簧力作用下回程复位。

大跨度结构、长钢丝束等伸长量大者，用穿心式千斤顶为宜。

（3）锥锚式千斤顶

锥锚式千斤顶是具有张拉、顶锚和退楔功能的三作用千斤顶，用于张拉带钢质锥形锚具的钢丝束。系列产品有 YZ38、YZ60 和 YZ85 型千斤顶。

锥锚式千斤顶由张拉油缸、顶压油缸、退楔装置、楔形卡环、退楔翼片等组成（见图 4-33）。其工作原理是当张拉油缸进油时，张拉缸被压移，使固定在其上的钢筋被张拉。钢筋张拉后，改由顶压油缸进油，随即由副缸活塞将锚塞顶人锚圈中。张拉缸、顶压缸同时回油，则在弹簧力的作用下复位。

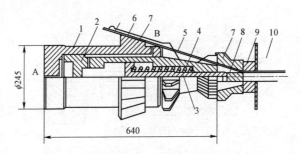

图 4-33　锥锚式千斤顶

1—张拉油缸；2—顶压油缸（张拉活塞）；3—顶压活塞；4—弹簧；5—预应力筋；
6—楔块；7—对中套；8—锚塞；9—锚环；10—构件

（4）其他类型的千斤顶

近年来，由于预应力技术的不断发展，大跨度、大吨位预应力工程越来越普遍，出现了许多新型张拉千斤顶，如大孔径穿心式千斤顶，前置内卡式千斤顶、开口式双千斤顶以及扁千斤顶等。

大孔径穿心式千斤顶又称群锚千斤顶，它是一种具有一个大口径穿心孔，利用单液缸进行张拉的单作用千斤顶。它适用于大吨位钢绞线束，增加拉杆和撑脚等还可具有拉杆式千斤顶的功能。目前的型号有 YCD 型、YCQ 型、YCW 型等。

前置内卡式千斤顶也是一种穿心式千斤顶，它将工具铺设置在千斤顶内的前部，可大大减小预应力钢筋的预留外露长度，节约钢筋。这种千斤顶还具有使用方便、作业效率高的优点。

开口式双千斤顶利用一对单活塞杆缸体将预应力筋固定在其开口处，用于张拉单根超长钢绞线的分段张拉。

扁千斤顶是用于房屋改造加固或补救工程中的一种特殊的千斤顶。它是由特殊钢材做成的薄型压力囊，利用液压产生有限的位移对预应力钢筋施加很大的力。它分为临时式和永久式两种形式。永久式的扁千斤顶在张拉后用树脂材料置换液压油而作为结构的一部分永久保留在结构中。

2. 高压油泵

高压油泵是向液压千斤顶各个油缸供油，使其活塞按照一定速度伸出或回缩的主要设备。油泵的额定压力应等于或大于千斤顶的额定压力。

高压油泵分手动和电动两类，目前常使用的有 ZB 4-500 型、ZB 10/320～4/800 型、ZB 0.8-500 与 ZB 0.6-630 型等几种，其额定压力为 40～80 MPa。

用千斤顶张拉预应力筋时，张拉力的大小是通过油泵上的油压表读数来控制的。油压表读数表示千斤顶张拉油缸活塞单位面积的油压力。在理论上如已知张拉力 N，活塞面积 A，则可求出张拉时油表的相应读数 P。但实际张拉力往往比理论计算值小。其原因是一部分张拉力被油缸与活塞之间的摩阻力所抵消。而摩阻力的大小受多种因素的影响又难以计算确定，为保证预应力筋张拉应力的准确性，应定期校验千斤顶，确定张拉力与油压表读数的关系。校验期一般不超过 6 个月。校正后的千斤顶与油压表必须配套使用。

4.3.3 后张法施工工艺

后张法施工步骤是先制作构件，预留孔道；待构件混凝土达到规定强度后，在孔道内穿放预应力筋，预应力筋张拉并锚固；最后孔道灌浆。如图 4-34 所示是后张法制作的工艺流程图。下面主要介绍孔道的留设、预应力筋的张拉和孔道灌浆三部分内容。

1. 孔道留设

孔道留设是后张法构件制作中的关键工作。孔道留设方法有钢管抽芯法、胶管抽芯法和预埋波纹管法。预埋波纹管法只用于曲线形孔道。在留设孔道的同时，还要在设计规定位置留设灌浆孔。一般在构件两端和中间每隔 12 m 留一个直径

20 mm 的灌浆孔，并在构件两端各设一个排气孔。

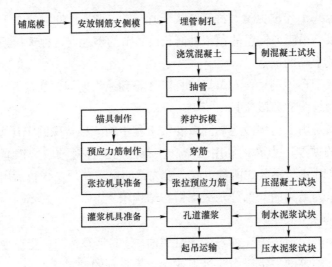

图 4-34　后张法生产工艺流程

（1）钢管抽芯法

预先将钢管埋设在模板内孔道位置处，在混凝土浇筑过程中和浇筑之后，每间隔一定时间慢慢转动钢管，使之不与混凝土粘结，待混凝土初凝后、终凝前抽出钢管，即形成孔道。该法只可留设直线孔道。

钢管要平直，表面要光滑，安放位置要准确。一般用间距不大于 1 m 的钢筋井字架固定钢管位置。每根钢管的长度最好不超过 15 m，以便于旋转和抽管，较长构件则用两根钢管，中间用套管连接。钢管的旋转方向两端要相反。

恰当掌握抽管时间很重要，过早会坍孔，太晚则抽管困难。一般在初凝后、终凝前，以手指按压混凝土不粘浆又无明显印痕时则可抽管。为保证顺利抽管，混凝土的浇筑顺序要密切配合。

抽管顺序宜先上后下，抽管可用人工或卷扬机，抽管要边抽边转，速度均匀，与孔道成一直线。

（2）胶管抽芯法

胶管有布胶管和钢丝网胶管两种。用间距不大于 0.5 m 的钢筋井字架固定位置，浇筑混凝土前，胶管内充入压力为 0.6～0.8 N/mm^2 的压缩空气或压力水，此时胶管直径增大 3 mm 左右，待浇筑的混凝土初凝后，放出压缩空气或压力水，管径缩小而与混凝土脱离，便于抽出。后者质硬、具有一定弹性，留孔方法与钢管一样，只是浇筑混凝土后不需转动，由于其有一定弹性，抽管时在拉力作用下断面缩小易于拔出。采用胶管抽芯留孔，不仅可留直线孔道，而且可留曲线孔道。

（3）预埋波纹管法

波纹管为特制的带波纹的金属管或塑料管，与混凝土有良好的黏结力。波纹管预埋在构件中，预埋时用间距不宜大于 0.8 m 的钢筋井字架加以固定，浇筑混凝土后不再抽出，在管中穿入钢筋后张拉。预埋波纹管具有施工方便，无需拔管，孔道摩阻力小等优点，目前在工程中的运用越来越普遍。

2. 预应力筋张拉

张拉预应力筋时，构件混凝土的强度应按设计规定，如设计无规定，则不宜低于混凝土标准强度的 75%。

后张法预应力筋的张拉应注意下列问题：

（1）后张法预应力筋的张拉程序与所采用的锚具种类有关。为减少松弛损失，张拉程序一般与先张法相同。

（2）对配有多根预应力筋的构件，应分批、对称地进行张拉。对称张拉是为避免张拉时构件截面呈过大的偏心受压状态。分批张拉，要考虑后批预应力筋张拉时产生的混凝土弹性压缩，会对先批张拉的预应力筋的张拉应力产生影响。为此，先批张拉的预应力筋的张拉应力应增加 α_E、σ_{pc}：

$$\alpha_E = \frac{E_s}{E_c} \qquad (4\text{-}9)$$

$$\sigma_{pc} = \frac{(\sigma_{con} - \sigma_{l1})A_p}{A_n} \qquad (4\text{-}10)$$

式中， E_s——预应力筋的弹性模量；

　　　E_c——混凝土的弹性模量；

　　　σ_{pc}——张拉后批预应力筋时，对已张拉的预应力筋重心处混凝土产生的法向应力；

　　　σ_{con}——张拉控制应力；

　　　σ_{l1}——预应力筋的第一批应力损失（包括锚具变形和摩擦损失）；

　　　A_p——后批张拉的预应力筋的截面积；

　　　A_n——构件混凝土的净截面面积（包括构件钢筋的折算面积）。

（3）对平卧叠浇的预应力混凝土构件，上层构件的重量产生的水平摩阻力，会阻止下层构件在预应力筋张拉时混凝土弹性压缩的自由变形，待上层构件起吊后，由于摩阻力影响消失会增加混凝土弹性压缩的变形，从而引起预应力损失。

该损失值随构件形式、隔离层和张拉方式而不同。为便于施工,可采取逐层加大超张拉的办法来弥补该预应力损失,但底层超张拉值与顶层的超张拉值之差,不宜大于 5%σ_{con}。根据有关研究和工程实践,对钢筋束,采用不同隔离剂的构件逐层增加张拉力可按表 4-6 取值。

表 4-6 平卧叠浇构件不同逐层增加张拉力的百分数

预应力筋	隔离剂种类	逐层增加张拉力的百分数			
		顶层	第二层	第三层	第四层
高强钢筋束	I	0	1.0	2.0	3.0
	II	0	1.5	3.0	4.0
	III	0	2.0	3.5	5.0

注: I 类隔离剂:塑料薄膜、油纸。

　　II 类隔离剂:废机油滑石粉、纸筋灰、石灰水废机油、柴油石蜡。

　　III 类隔离剂:废机油、石灰水、石灰水滑石粉。

(4)为减少预应力筋与预留孔孔壁摩擦而引起的应力损失,对抽芯成型孔道的曲线形预应力筋和长度大于 24 m 的直线预应力筋,应采用两端张拉;长度等于或小于 24 m 的直线预应力筋,可一端张拉,但张拉端宜分别设置在构件两端。对预埋波纹管孔道,曲线形预应力筋和长度大于 30 m 的直线预应力筋宜在两端张拉;长度等于或小于 30 m 的直线预应力筋,可在一端张拉。用双作用千斤顶两端同时张拉钢筋束、钢绞线束或钢丝束时,为减少顶压时的应力损失,可先顶压一端的锚塞,而另一端在补足张拉力后再行顶压。

(5)在预应力筋张拉时,往往需采取超张拉的方法来弥补多种预应力的损失,此时,预应力筋的张拉应力较大,有时会超过表 4-4 的规定值。例如,多层叠浇的最下一层构件中的先批张拉钢筋,既要考虑钢筋的松弛,又要考虑多层叠浇的摩阻力的影响,还要考虑后批张拉钢筋的张拉影响。往往张拉应力会超过规定值,此时,可采取下述方法解决:

① 先采用同一张拉值,而后复位补足;

② 分两阶段建立预应力,即全部预应力张拉到一定数值(如 90%),再第二次张拉至控制值。

(6)当采用应力控制方法张拉时,应校核预应力筋的伸长值,如实际伸长值比计算伸长值大 10%或小 5%,应暂停张拉,在采取措施予以调整后,方可继续张拉。预应力筋的伸长值 Δl (mm),可按下式计算:

$$\Delta l = \frac{E_p}{A_p E_s} \qquad\qquad (4\text{-}11)$$

式中，F_p——预应力筋的平均张拉力（kN），直线筋取张拉端的拉力；两端张拉的
曲线筋，取张拉端的拉力与跨中扣除孔道摩阻损失后拉力的平均值；

A_p——预应力筋的截面面积（mm^2）；

l——预应力筋的长度（mm）；

E_s——预应力筋的弹性模量（kN/mm^2）。

预应力筋的实际伸长值，宜在初应力为张拉控制应力 10%左右时开始量测，
但必须加上初应力以下的推算伸长值；对后张法，还应扣除混凝土构件在张拉过
程中的弹性压缩值。

电热法是利用钢筋热胀冷缩原理来张拉预应力筋。施工时，在预应力筋表面
涂以热塑涂料（硫磺砂浆、沥青等）后直接浇筑于混凝土中，然后将低电压、强
电流通过钢筋，由于钢筋有一定电阻，致使钢筋温度升高而产生纵向伸长，待伸
长至规定长度时，切断电流立即加以锚固，钢筋冷却时回缩便建立预应力。用波
纹管或其他金属管道作预留孔道的结构，不得用电热法张拉。

用电热法张拉预应力筋，设备简单、张拉速度快、可避免摩擦损失，张拉曲
线形钢筋或高空进行张拉更有其优越性。电热法是以钢筋的伸长值来控制预应力
值的，此值的控制不如千斤顶张拉对应力控制法精确，当材质掌握不准时会直接
影响预应力值的准确性。故成批生产时应用千斤顶进行抽样校核，对理论电热伸
长值加以修正后再进行施工。因此电热法不宜用于抗裂要求较高的构件。

电热法施工中，钢筋伸长值是控制预应力的依据。钢筋伸长率等于控制应力
和电热后钢筋弹性模量的比值。计算中还应考虑钢筋的长度、电热后产生的塑性
变形及锚具、台座或钢模等的附加伸长值等多种因素。由于电热法施加预应力时，
预应力值较难准确控制，且施工中电能消耗量较大，目前已很少采用。

3. 孔道灌浆

预应力筋张拉后，应随即进行孔道灌浆，尤其是钢丝束，张拉后应尽快进行
灌浆，以防锈蚀与增加结构的抗裂性和耐久性。

灌浆宜用标号不低于 32.5 号普通硅酸盐水泥调制的水泥浆，但水泥浆的抗压
强度不宜低于 $30\ N/mm^2$，且应有较大的流动性和较小的干缩性、泌水性（搅拌
后 3 h 的泌水率不宜大于 2%，且不应大于 3%）。水灰比不应大于 0.45。

为使孔道灌浆密实，改善水泥浆性能，可在水泥浆中掺入缓凝剂，此时，水
灰比可减小至 0.35～0.38。

灌浆前，用压力水冲洗和润湿孔道。灌浆过程中，可用电动或手动灰浆泵进

行灌浆，水泥浆应均匀缓慢地注入，不得中断。灌满孔道并封闭气孔后，宜再继续加注至 0.5～0.6 MPa，并稳定一段时间（2 min），以确保孔道灌浆的密实性。对不掺外加剂的水泥浆，可采用二次灌浆法来提高灌浆的密实性，两次压浆的间歇时间宜为 30～45 min。

灌浆顺序应先下后上。曲线孔道灌浆宜由最低点注入水泥浆，至最高点排气孔排尽空气并溢出浓浆为止。

思考题

【4-1】常用的预应力钢筋有几种？

【4-2】试述先张法的施工工艺特点。

【4-3】试述先张法台座的设计要点。

【4-4】先张法钢筋张拉与放张时应注意哪些问题？

【4-5】试述各种后张法锚具的性能。

【4-6】预应力锚具分为哪两类？锚具的效率系数的含义是什么？

【4-7】预应力钢筋、锚具、张拉机械应如何配套使用？

【4-8】如何计算预应力筋下料长度？计算时应考虑哪些因素？

【4-9】孔道留设有哪些方法，分别应注意哪些问题？

【4-10】后张法预应力钢筋张拉时有哪些预应力损失，分别应采取何种方法来弥补？

【4-11】预应力筋张拉后，为什么必须及时进行孔道灌浆？孔道灌浆有何要求？

【4-12】先张法与后张法的最大控制张拉应力如何确定？

【4-13】先张法与后张法的张拉程序如何？为什么要采用该张拉程序？

5 砌筑工程

砌筑工程是指普通黏土砖、硅酸盐类砖、石块和各种砌块的施工。

砖石建筑在我国有悠久的历史，目前在土木工程中仍占有相当的比重。这种结构虽然取材方便、施工简单、成本低廉，但它的施工仍以手工操作为主，劳动强度大、生产率低，而且烧制黏土砖占用大量农田，因而采用新型墙体材料、改善砌体施工工艺是砖筑工程改革的重点。

5.1 砌筑材料

砌筑工程所用材料主要是砖、石或砌块以及砌筑砂浆，它们必须符合设计要求。

常温下砌砖，对普通黏土砖、空心砖的含水率宜在 10%～15%，一般应提前 1～2 d 浇水润湿，避免砖吸收砂浆中过多的水分而影响黏结力，并可除去砖面上的粉末。但浇水过多会产生砌体走样或滑动。气候干燥时，石料亦应先洒水润湿。但灰砂砖、粉煤灰砖不宜浇水过多，其含水率控制在 5 %～8%为宜。

砌筑砂浆有水泥砂浆、石灰砂浆和混合砂浆。砂浆种类选择及其等级的确定，应根据设计要求。

水泥砂浆和混合砂浆可用于砌筑潮湿环境和强度要求较高的砌体，但对于基础，一般只用水泥砂浆。

石灰砂浆宜用于砌筑干燥环境以及强度要求不高的砌体，不宜用于潮湿环境的砌体及基础，因为石灰属气硬性胶凝材料，在潮湿环境中，石灰膏不但难以结硬，而且会出现溶解流散现象。

制备混合砂浆和石灰砂浆用的石灰膏，应经筛网过滤并在化灰池中熟化时间不少于 7 d，严禁使用脱水硬化的石灰膏。

砂浆的拌制一般用砂浆搅拌机，要求拌和均匀。为改善砂浆的保水性，可掺入黏土、电石膏、粉煤灰等塑化剂。砂浆应随拌随用，常温下，水泥砂浆和混合砂浆必须分别在搅拌后 3 h 和 4 h 内使用完毕，如气温在 30 ℃以上，则必须分别在 2 h 和 3 h 内用完。

砂浆稠度的选择主要根据墙体材料、砌筑部位及气候条件而定。一般烧结普通砖砌体，砂浆的流动性（沉入度）宜为 70～90 mm；烧结多孔砖、空心砖砌体宜为 60～80 mm，石砌体宜为 30～50 mm；普通混凝土空心砌块及轻管料混凝土砌块宜为 50～90 mm。

5.2　砌筑施工工艺

5.2.1　砌砖施工

1. 砖墙砌筑工艺

砌砖施工通常包括抄平、放线、摆砖样、立皮数杆、挂准线、铺灰、砌砖等工序。如是清水墙，则还要进行勾缝。下面以房屋建筑砖墙砌筑为例，说明各工序的具体做法。

（1）抄平

砌砖墙前，先在基础面或楼面上按标准的水准点定出各层标高，并用水泥砂浆或细石混凝土找平。

（2）放线

建筑物底层墙身可按龙门板上轴线定位钉为准拉麻线，沿麻线挂下线锤，将墙身中心轴线放到基础面上，并据此墙身中心轴线为准弹出纵、横墙身边线，定出门洞口位置。为保证各楼层墙身轴线的重合，并与基础定位轴线一致，可利用预先引测在外墙面上的墙身中心轴线，借助于经纬仪把墙身中心轴线引测到楼层上去；或用线锤挂线，对准外墙面上的墙身中心轴线，从而向上引测。轴线的引测是放线的关键，必须按图纸要求尺寸用钢皮尺进行校核。然后，按楼层墙身中心线，弹出各墙边线，划出门窗洞口位置。

（3）摆砖样

按选定的组砌方法，在墙基顶面放线位置试摆砖样（生摆，即不铺灰），尽量使门窗垛符合砖的模数，偏差小时可通过竖缝调整，以减小斩砖数量，并保证砖及砖缝排列整齐、均匀，以提高砌砖效率。摆砖样在清水墙砌筑中尤为重要。

（4）立皮数杆

立皮数杆（见图 5-1）可以控制每皮砖砌筑的竖向尺寸，并使铺灰、砌砖的厚度均匀，保证砖皮水平。皮数杆上划有每皮砖和灰缝的厚度，以及门窗洞、过梁、楼板等的标高。它立于墙的转角处，其基准标高用水准仪校正。如墙的长度很大，可每隔 10～20 m 再立一根。

（5）铺灰砌砖

铺灰砌砖的操作方法很多，与各地区的操作习惯、使用工具有关。常用的有满刀灰砌筑法（也称提刀灰），夹灰器、大铲铺灰及单手挤浆法，铺灰器、灰瓢铺灰及双手挤浆法。实心砖砌体大都采用一顺一顶、三顺一顶、梅花顶等组砌方法。砖柱不得采用包心砌法。每层承重墙的最上一皮砖或梁、梁垫下面，或砖砌体的台阶水平面上及挑出部分最上一皮砖均应采用丁砌层砌筑。

砖砌通常先在墙角以皮数杆进行盘角，然后将准线挂在墙侧，作为墙身砌筑的依据，每砌一皮或两皮，准线向上移动一次。

土木工程中其他砖砌体的施工工艺与房屋建筑砌筑工艺基本一致。

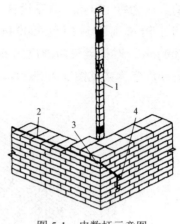

图 5-1　皮数杆示意图

1—皮数杆；2—准线；3—竹片；4—圆铁钉

2. 砌筑质量要求

砌体组砌的质量基本要求是横平竖直、砂浆饱满、灰缝均匀、上下错缝、内外搭砌、接槎牢固。

对砌砖工程，要求每一皮砖的灰缝横平竖直、砂浆饱满。上面砌体的重量主要通过砌体之间的水平灰缝传递到下面，水平灰缝不饱满往往会使砖块击断。为此，规定实心砖砌体水平灰缝的砂浆饱满度不得低于 80%。竖向灰缝的饱满程度，影响砌体抗透风和抗渗水的性能。水平缝厚度和竖缝宽度规定为 10 mm±2 mm，过厚的水平灰缝容易使砖块浮滑，墙身侧倾；过薄的水平灰缝会影响砌体之间的黏结能力。

上下错缝是指砖砌体上下两皮砖的竖缝应当错开，以避免上下通缝。在垂直荷载作用下，砌体会由于"通缝"丧失整体性而影响砌体强度。同时，内外搭砌使同皮的里外砌体通过相邻上、下皮的砖块搭砌，而组砌得牢固。

"接槎"是指相邻砌体不能同时砌筑而设置的临时间断，应能保证先砌砌体与后砌砌体之间可靠接合。一般情况下砖墙的转角处和交接处应同时砌筑，严禁无可靠措施的内外墙分砌施工。对不能同时砌筑而又必须留置临时间断处应砌成斜槎，斜槎水平投影长度不应小于高度的 2/3（见图 5-2（a））。非抗震设防及抗震设防烈度为 6 度、7 度地区临时间断处，当不能留斜槎时，除转角处外，可留直槎，但直槎必须做成阳槎。留直槎处应加设拉结钢筋。拉结钢筋的数量为每 120 mm 墙厚设置 1ϕ6 的钢筋（120 mm 厚墙放置 2ϕ6 拉结钢筋）；间距沿墙高不应超过 500 mm；埋入长度从留槎处算起每边均不应小于 500 mm，对抗震设防烈度为 6 度、7 度的地区，不应小于 1 000 mm；末端应有 90° 弯钩（见图 5-2（b））。

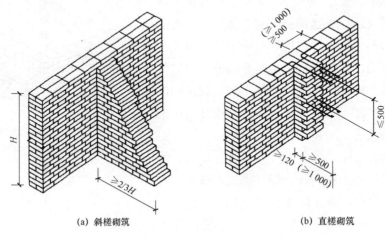

(a) 斜槎砌筑　　　　　　　　　　　(b) 直槎砌筑

图 5-2　接槎

砖墙或砖柱顶面尚未安装楼板或屋面板时，如有可能遇到大风，其允许自由高度不得超过表 5-1 中的规定，否则应采取可靠的临时加固措施。

表 5-1　墙和柱的允许自由高度　　　　　　　　　　单位：m

| 墙（柱）厚/mm | 砌体密度＞1 600 kg/m³ | | | 砌体密度/1 300～1 600 kg/m³ | | |
| | 风载/（kN/m²） | | | 风载/（kN/m²） | | |
	0.3（约7级风）	0.4（约8级风）	0.6（约9级风）	0.3（约7级风）	0.4（约8级风）	0.6（约9级风）
190	—	—	—	1.4	1.1	0.7
240	2.8	2.1	1.4	2.2	1.7	1.1
370	5.2	3.9	2.6	4.2	3.2	2.1
490	8.6	6.5	4.3	7.0	5.2	3.5
620	14.0	10.5	7.0	11.4	8.6	5.7

注：① 本表适用于施工处标高（H）在 10 m 范围内的情况，如 10 m＜H＜15 m，15 m＜H＜20 m 时，表内的允许自由高度值应分别乘以 0.9，0.8 的系数；如 H＞20 m 时，应通过抗倾覆验算确定其允许自由高度；

② 当所砌筑的墙有横墙或其他结构与其连接，而且间距小于表列限值的 2 倍，砌筑高度可不受本表的限制。

砖砌体的位置及垂直度允许偏差应符合表 5-2 的规定。

表 5-2　砖砌体的位置及垂直度允许偏差

项　目			允许偏差/mm
轴线位置偏移			10
垂直度	每层		5
	全高	≤10 m	10
		>10 m	20

构造柱与圈梁是为增强砌体结构的整体性和抗震性能而设置的构造措施。在构造柱施工时，应注意以下问题：应先砌墙体，后浇筑混凝土构造柱。构造柱与墙应沿高度方向每 500 mm 设 2 根拉结钢筋（240 mm 砖墙），每边伸入墙内不小于 1 000 mm；构造柱应与圈梁连接；砖墙应砌成马牙槎，每一马牙槎沿高度方向的尺寸不大于 300 mm，马牙槎从每层柱脚开始，应先退后进（见图 5-3）。由此，可使构造柱与圈梁形成的"箍"加强砌体结构整体性。

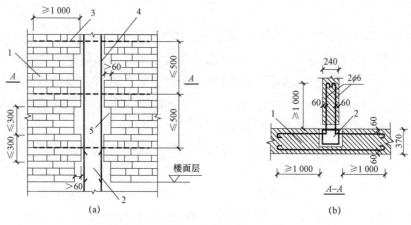

图 5-3　构造柱

1—墙；2—构造柱；3—拉结钢筋；4—构造柱钢筋；5—马牙槎

5.2.2　石砌体

石砌体包括毛石砌体和料石砌体两种。在建筑基础、挡土墙、桥梁墩台中应用较多。

1. 毛石砌体

毛石砌体宜分皮卧砌，并应上下错缝、内外搭砌，不能采用外面侧立石块中间填心的砌筑方法。砌筑毛石基础的第一皮石块应座浆，并将大面向下，毛石砌体的第一皮及转角处、交接处、洞口处，应选用较大的平毛石砌筑。

每层砌体（包括基础砌体）的最上一皮，宜选用较大的毛石砌筑。

毛石墙必须设置拉结石，拉结石应均匀分布，相互错开，一般每 0.7 m² 墙面至少应设置一块，且同皮内的中距不应大于 2 m。

毛石砌体每日的砌筑高度不应超过 1.2 m，毛石墙和砖墙相接的转角处和交接处应同时砌筑。

毛石挡土墙每砌 3～4 皮为一个分层高度，每个分层高度应找平一次。外露面的灰缝厚度不得大于 40 mm，两个分层高度间分层处的错缝不得小于 80 mm。

2. 料石砌体

料石砌体砌筑时，应放置平稳。砂浆铺设厚度应略高于规定的灰缝厚度。

料石基础砌体的第一皮应用丁砌层座浆砌筑，料石砌体亦应上下错缝搭砌，砌体厚度大于或等于两块料石宽度时，如同皮内全部采用顺砌，每砌两皮后，应砌一皮丁砌层；如同皮内采用丁顺组砌，丁砌石应交错设置，其间距不应大于 2 m。

料石挡土墙当中间部分使用毛石时，丁砌料石伸入毛石部分的长度不应小于 200 mm。

下面以桥梁石砌墩台为例，简述其施工方法。

在砌筑前应按设计图放出实样，挂线砌筑。砌筑基础的第一层砌块时，如基底为土质，不需座浆；如基底为石质，应先座浆再砌石。砌筑斜面墩台时，斜面应逐层放坡，并保证规定的坡度。砌块间用砂浆粘结并保持一定缝厚，所有砌缝要求砂浆饱满。形状比较复杂的工程，应先作出配料设计图（见图 5-4），注明石料尺寸，形状比较简单的，也要根据砌体高度、尺寸、错缝等，先放样配好料石再砌。

砌筑方法：同一层石料及水平灰缝的厚度要均匀一致，每层按水平砌筑，丁顺相间，砌石灰缝相互垂直，灰缝宽度和错缝应符合有关规定。砌石顺序为先角石，再镶面，后填腹。填腹石的分层高度应与镶面相同，圆端、尖端及转角形砌体的砌石顺序，应自顶点开始，按丁顺排列接砌镶面石。

3. 砌筑质量要求

石材组砌施工的基本要求是内外搭砌，上下错缝，拉结石、丁砌石交错设置。

砌筑前应将石材表面的泥污、水锈等杂质清除干净，砌筑中，当砂浆初凝后，如需移动已砌筑的石块，应将原砂浆清理干净，重新铺浆砌筑。

石砌体的灰缝厚度，毛石料和粗石料不宜大于 20 mm；细石料不宜大于 5 mm。砂浆饱满度不应小于 80%。

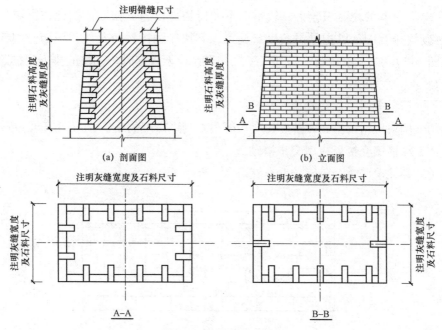

图 5-4　桥墩配料大样图

石砌体的轴线位置及垂直度允许偏差应符合表 5-3 中的规定。

表 5-3　石砌体的轴线位置及垂直度允许偏差

项　　目		允许偏差/mm						
		毛石砌体		料石砌体				
				毛石料		粗料石		细料石
		基础	墙	基础	墙	基础	墙	墙、柱
轴线位置		20	15	20	15	15	10	10
墙面垂直度	每层		20		20		10	7
	全高		30		30		25	20

5.2.3　中小型砌块的施工

中小型砌块在我国房屋工程中已得到广泛应用，砌块按材料分有粉煤灰硅酸盐砌块、普通混凝土空心砌块、煤矸石硅酸盐空心砌砖等。砌块的规格不一，中型砌块一般高度为 380～940 mm，长度为高度的 1.5～2.5 倍，厚度为 180～300 mm，每块砌体重量 50～200 kg。

由于中型砌块体积较大、较重，不如砖块可以随意搬动，因此在吊装前应绘制砌块排列图，以指导吊装砌筑施工。砌块排列图按每片纵、横墙分别绘制（见图 5-5），施工中按砌块排列图砌筑。当设计无规定时，砌块的排列应按照以下原则：

① 尽量采用主规格砌块；

② 砌块应错缝搭砌，搭接长度不得小于砌块高度的 1/3，并不小于 150 mm；

③ 纵横墙交接处应用交错搭砌；

④ 必须镶砖时，砖应分散布置。

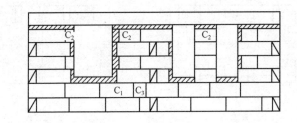

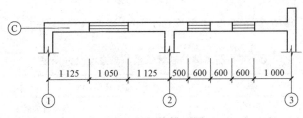

图 5-5 砌块排列图

中型砌块砌体的水平灰缝一般为 10～20 mm，有配筋的水平灰缝为 20～25 mm。竖缝宽度 15～20 mm，当竖缝宽度大于 30 mm 时应用与砌块同强度的细石混凝土填实，当竖缝大于 100 mm 时，应用黏土砖镶砌。

砌块的组砌施工应满足如下要求：横平竖直、砌体表面平整清洁、砂浆饱满、灌缝密实。

砌块墙的施工特点是砌块数量多，吊次也相应的多，但砌块的重量不是很大，通常采用的吊装方案有两种。一是塔式起重机进行砌块、砂浆的运输以及楼板等构件的吊装，由台灵架吊装砌块。台灵架在楼层上的转移由塔吊来完成。二是以井架进行材料的垂直运输、杠杆车进行楼板吊装，所有预制构件及材料的水平运输则用砌块车和手推车，台灵架负责砌块的吊装（见图 5-6）。

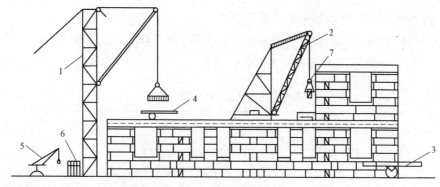

图 5-6 砌块吊装示意图

1—井架；2—台灵架；3—杠杆车；4—砌块车；5—少先吊；6—砌块；7—砌块夹

小型砌块的规格更多，常用的有 390 mm × 190 mm × 190 mm 等种类，其形式有空心或实心的。

小型砌块施工时所用的小砌块的产品龄期不应小于 28 d。当气候干燥炎热时，砌块可提前洒水湿润，但其表面有浮水时不得施工。

小砌块砌筑时应将底面朝上反砌于墙上，空心小砌块应对孔错缝搭砌，搭接长度不小于 90 mm，墙体个别位置不能满足要求时，应在灰缝中设置拉结钢筋或钢筋网片，但竖向通缝仍不得超过两皮小砌块。

小型砌块组砌时墙体转角处和纵横墙交接处应同时砌筑，间断处应砌成斜槎，斜槎水平投影长度不应小于高度的 2/3。小型砌块墙的水平灰缝厚度和竖向灰缝宽度 10 mm ± 2 mm，空心小砌块的水平灰缝砂浆饱满度按净截面计算不得小于 90%，竖向灰缝饱满度不得小于 80%。

5.3 砌体的冬期施工

当室外日平均温度连续 5 d 稳定低于 5 ℃，或当日最低温度低于 0 ℃时，砌体工程应采取冬期施工的措施。

砌体工程冬期施工应编制完整的冬期施工方案。冬期施工所用的材料应符合如下规定：

（1）石灰膏、电石膏等应防止受冻，如遭冻应融化后使用；

（2）拌制砂浆所用的砂，不得含有冰块和直径大于 10 mm 的冰结块；

（3）砌体用砖或其他块材不得遭水浸冻。

砖基础的施工和回填土前，均应防止地基遭受冻洁。

普通砖在正温度条件下砌筑应适当浇水润湿，在零度及零度以下条件时砌筑，可不浇水，但须适当加大砂浆的稠度。

拌和砂浆宜采用两步投料法，水的温度不得超过 80 ℃，砂的温度不得超过 40 ℃。砂浆使用温度应符合表 5-4 中的规定。

表 5-4　冬期施工砂浆使用温度

冬期施工方法		砂浆使用温度
掺外加剂法		≥+5 ℃
氯盐砂浆法		
暖棚法		
冻结法	室外空气温度	
	0~10 ℃	≥+10 ℃
	−11~25 ℃	
	<−25 ℃	≥+20 ℃

当采用暖棚法施工时，块材在砌筑时的温度不应低于+5 ℃，距离砌筑的结构底面 0.5 m 处的暖棚温度也不应低于+5 ℃。

当采用冻结法施工时，在冻结施工期间应经常对砌体进行观察和检查，如发现裂缝、沉降等情况，应立即采取加固措施。

当采用掺盐砂浆法施工时，宜将砂浆强度等级按常温施工的强度提高一级。配筋砌体不得采用掺盐砂浆法施工。

思考题

【5-1】砌筑砂浆有哪些要求？

【5-2】砖砌体的质量要求有哪些？

【5-3】简述砖墙及石砌墩台的施工工艺。

【5-4】砖墙临时间断处的接槎方式有哪几种？有何要求？

【5-5】中小型砌块施工前为什么要编排砌体排列图？编制砌块排列图应注意哪些问题？

【5-6】砌体的冬期施工要注意哪些问题？

6 钢结构工程

钢结构工程从广义上讲是指以钢铁为基材，经过机械加工组装而成的结构。一般意义上的钢结构仅限于工业厂房、高层建筑、塔桅、桥梁等，即建筑钢结构。由于钢结构具有强度高、结构轻、施工周期短和精度高等特点，因而在建筑、桥梁等土木工程中被广泛采用。

6.1 钢结构加工工艺

6.1.1 钢结构的放样、号料与下料

放样和号料是整个钢结构制作工艺中的第一道工序，其工作的准确与否将直接影响到整个产品的质量，至关重要。为了提高放样和号料的精度和效率，有条件时，应采用计算机辅助设计。

1. 放样

放样是根据产品施工详图或零、部件图样要求的形状和尺寸，按照 1:1 的比例把产品或零、部件的实形画在放样台或平板上，求取实长并制成样板的过程。对比较复杂的壳体零、部件，还需要作图展开。放样的步骤如下：

仔细阅读图纸，并对图纸进行核对；

准备放样需要的工具，包括钢尺、石笔、粉线、划针、圆规、铁皮剪刀等；

准备好做样板和样杆的材料，一般采用薄铁片和小扁钢，可先刷上防锈油漆；

放样以 1:1 的比例在样板台上弹出大样，当大样尺寸过大时，可分段弹出，尺寸划法应避免偏差累积；

先以构件某一水平线和垂直线为基准，弹出十字线；然后据此逐一划出其他各个点和线，并标注尺寸；

放样过程中，应及时与技术部门协调；放样结束，应对照图纸进行自查；最后应根据样板编号编写构件号料明细表。

2. 号料

号料就是根据样板在钢材上画出构件的实样，并打上各种加工记号，为钢材的切割下料作准备。号料的步骤如下：

根据料单检查清点样板和样杆，点清号料数量，号料应使用经过检查合格的样板与样杆，不得直接使用钢尺；

准备号料的工具，包括石笔、样冲、圆规、划针、凿子等；

检查号料的钢材规格和质量；

不同规格、不同钢号的零件应分别号料，并依据先大后小的原则依次号料，对于需要拼接的同一构件，必须同时号料，以便拼接；

号料时，同时划出检查线、中心线、弯曲线，并注明接头处的字母、焊缝代号；

号孔应使用与孔径相等的圆规规孔，并打上样冲作出标记，便于钻孔后检查孔位是否正确；

弯曲构件号料时，应标出检查线，用于检查构件在加工、装焊后的曲率是否正确；

在号料过程中，应随时在样板、样杆上记录下已号料的数量，号料完毕，则应在样板、样杆上注明并记下实际数量。

3. 切割下料

切割的目的就是将放样和号料的零件形状从原材料上进行下料分离。钢材的切割可以通过切削、冲剪、摩擦机械力和热切割来实现。常用的切割方法有机械剪切、气割和等离子切割三种方法。

气割法是利用氧气与可燃气体混合产生的预热火焰加热金属表面达到燃烧温度并使金属发生剧烈的氧化，放出大量的热促使下层金属也自行燃烧，同时通以高压氧气射流，将氧化物吹除而引起一条狭小而整齐的割缝。随着割缝的移动，使切割过程连续切割出所需的形状。除手工切割外常用的机械有火车式半自动气割机、特型气割机等。这种切割方法设备灵活、费用低廉、精度高，是目前使用最广泛的切割方法，能够切割各种厚度的钢材，特别是带曲线的零件或厚钢板。气割前，应将钢材切割区域表面的铁锈、污物等清除干净，气割后，应清除熔渣和飞溅物。

机械切割法可利用上、下两剪刀的相对运动来切断钢材，或利用锯片的切削运动把钢材分离，或利用锯片与工件间的摩擦发热使金属熔化而被切断。常用的切割机械有剪板机、联合冲剪机、弓锯床、砂轮切割机等。其中剪切法速度快、效率高，但切口略粗糙；锯割可以切割角钢、圆钢和各类型钢，切割速度和精度都较好。机械剪切的零件，其钢板厚度不宜大于 12 mm，剪切面应平整。

等离子切割法是利用高温高速的等离子焰流将切口处金属及其氧化物熔化并吹掉来完成切割，所以能切割任何金属，特别是熔点较高的不锈钢及有色金属铝、铜等。

6.1.2　构件加工

1. 矫正

钢材使用前，由于材料内部的残余应力及存放、运输、吊运不当等原因，会引起钢材原材料变形；在加工成型过程中，由于操作和工艺原因会引起成型件变形；构件连接过程中会存在焊接变形等。为了保证钢结构的制作及安装质量，必须对不符合技术标准的材料、构件进行矫正。钢结构的矫正，就是通过外力或加热作用，使钢材较短部分的纤维伸长；或使较长的纤维缩短，以迫使钢材反变形，使材料或构件达到平直及一定几何形状的要求并符合技术标准的工艺方法。矫正的形式主要有矫直、矫平、矫形三种。矫正按外力来源分为火焰矫正、机械矫正和手工矫正等；按矫正时钢材的温度分为热矫正和冷矫正。

（1）火焰矫正

钢材的火焰矫正是利用火焰对钢材进行局部加热，被加热处理的金属由于膨胀受阻而产生压缩塑性变形，使较长的金属纤维冷却后缩短而完成的。

影响火焰矫正效果的因素有三个：火焰加热位置、加热的形式和加热的热量。火焰加热的位置应选择在金属纤维较长的部位。加热的形式有点状加热、线状加热和三角形加热三种。用不同的火焰热量加热，可获得不同的矫正变形的能力。当零件采用热加工成型时，加热温度应控制在900～1 000 ℃；碳素结构钢和低合金结构钢在温度分别下降到700 ℃和800 ℃之前，应结束加工；低合金结构钢应自然冷却。

（2）机械矫正

钢材的机械矫正是在专用矫正机上进行的。

机械矫正的实质是使弯曲的钢材在外力作用下产生过量的塑性变形，以达到平直的目的。它的优点是作用力大、劳动强度小、效率高。

钢材的机械矫正有拉伸机矫正、压力机矫正、多辊矫正机矫正等。拉伸机矫正（见图 6-1）适用于薄板扭曲、型钢扭曲、钢管、带钢和线材等的矫正。压力机矫正适用于板材、钢管和型钢的局部矫正。多辊矫正机可用于型材、板材等的矫正，如图 6-2 所示。

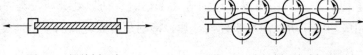

图 6-1　拉伸矫正机　　　　　图 6-2　多辊矫正机矫正板材

（3）手工矫正

钢材的手工矫正采用锤击的方法进行，操作简单灵活。手工矫正由于矫正力小、劳动强度大、效率低而用于矫正尺寸较小的钢材，在缺乏或不便使用矫正设备时也可采用。

在钢材或构件的矫正过程中，应注意以下几点。

为了保证钢材在低温情况下受到外力不至于产生冷脆断裂，碳素结构钢在环境温度低于-16 ℃时，低合金结构钢在环境温度低于-12 ℃时，不得进行冷矫正和冷弯曲。

考虑到钢材的特性、工艺的可行性以及成型后的外观质量的限制，规定冷矫正和冷弯曲的最小曲率半径和最大弯曲矢高应符合有关规定，例如：钢板冷矫正的最小弯曲半径为 50 t，最大弯曲矢高为 $l_2/400t$；冷弯曲的最小弯曲半径为 25 t，最大弯曲矢高为 $l_2/200t$（其中 l 为弯曲弦长，t 为钢板厚度）。

矫正时，应尽量避免损伤钢材表面，其划痕深度不得大于 0.5 mm，且不得大于该钢材厚度负偏差的 1/2。

2. 弯卷成型

（1）钢板卷曲

钢板卷曲是通过旋转辊轴对板料进行连续三点弯曲所形成的。当制件曲率半径较大时，可在常温状态下卷曲，如制件曲率半径较小或钢板较厚时，则需在钢板加热后进行。钢板卷曲按其卷曲类型可分为单曲率卷制和双曲率卷制。如图 6-3 所示，单曲率卷制包括对圆柱面、圆锥面和任意柱面的卷制，操作简便，较常用。双曲率卷制可实现球面、双曲面的卷制。

钢板卷曲工艺包括预弯、对中和卷曲三个过程。

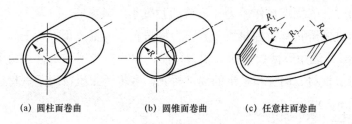

(a) 圆柱面卷曲　　　　(b) 圆锥面卷曲　　　　(c) 任意柱面卷曲

图 6-3　单曲率卷制钢板的卷曲

1）预弯

板料在卷板机上卷曲时，两端边缘总有卷不到的部分，即剩余直边。剩余直边在矫圆时难以完全消除，所以一般应对板料进行预弯，使剩余直边弯曲到所需的曲率半径后再卷曲。预弯可在三辊、四辊或预弯压力机上进行。

2）对中

将预弯的板料置于卷板机上卷曲时，为防止产生歪扭，应将板料对中，使板料的纵向中心线与滚筒轴线保持严格的平行。如图6-4所示是部分四辊卷板机与三辊卷板机的对中方法。在四辊卷板机中，通过调节倒辊，使板边靠紧侧辊对准（见图6-4（a））；在三辊卷板机中，可利用挡板使板边靠近挡板对中（见图6-4（b））。

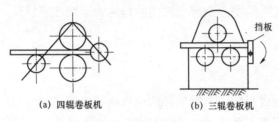

(a) 四辊卷板机　　　　　　　(b) 三辊卷板机

图6-4　对中方法

3）卷曲

板料位置对中后，一般采用多次进给法卷曲。利用调节上辊筒（三辊机）或侧辊筒（四辊机）的位置使板料发生初步的弯曲，然后来回滚动而卷曲。当板料移至边缘时，根据板边和准线检查板料位置是否正确。逐步压下上辊并来回滚动，使板料的曲率半径逐渐减小，直至达到规定的要求。

（2）型材弯曲

1）型钢的弯曲

型钢弯曲时，由于截面重心线与力的作用线不在同一平面上，同时型钢除受弯曲力矩外还受扭矩的作用，所以型钢断面会产生畸变。畸变程度取决于应力的大小，而应力的大小又取决于弯曲半径。弯曲半径越小，则畸变程度越大。为了控制应力与变形，应控制最小弯曲半径。如果制件的曲率半径较大，一般采用冷弯，反之则采用热弯。

2）钢管的弯曲

管材在外力的作用下弯曲时，其截面会发生变形，且外侧管壁会减薄，内侧管壁会增厚。在自由状态下弯曲时，截面会变成椭圆形。钢管的弯曲半径一般应不小于管子外径的3.5倍（热弯）至4倍（冷弯）。在弯曲过程中，为了尽可能地减少钢管在弯曲过程中的变形，弯制时通常采用下列方式：在管材中加进填充物

（装砂或弹簧）后进行弯曲；用滚轮和滑槽压在管材外面进行弯曲；用芯棒穿入管材内部进行弯曲。

（3）边缘加工

在钢结构制造中，经过剪切或气割过的钢板边缘，其内部结构会发生硬化和变态。为了保证桥梁或重型吊车梁等重型构件的质量，需要对边缘进行加工，其刨切量不应小于 2.0 mm。此外，为了保证焊缝质量，考虑到装配的准确性，要将钢板边缘刨成或铲成坡口，往往还要将边缘刨直或铣平。

一般需要作边缘加工的部位包括：吊车梁翼缘板、支座支撑面等具有工艺性要求的加工面；设计图纸中有技术要求的焊接坡口；尺寸精度要求严格的加劲板、隔板、腹板及有孔眼的节点板等。常用的边缘加工方法有铲边、刨边、铣边和碳弧电气刨边四种。

3. 其他工艺

（1）折边

在钢结构制造过程中，常把构件的边缘压弯成倾角或一定形状的操作过程称为折边。折边广泛用于薄板构件，它有较长的弯曲线和很小的弯曲半径。薄板经折边后可以大大提高结构的强度和刚度。这类工件的弯曲折边常利用折边机进行。

（2）模具压制

模具压制是在压力设备上利用模具使钢材成型的一种工艺方法；钢材及构件成型的质量与精度均取决于模具的形状尺寸与制造质量。利用先进和优质的模具使钢材成型可以使钢结构工业达到高质量、高速度的发展。

模具按加工工序分，主要有冲裁模、弯曲模、拉深模、压延模四种。

（3）制孔

在钢结构制孔中包括铆钉孔、普通螺栓连接孔、高强度螺栓孔、地脚螺栓孔等，制孔通常有冲孔和钻孔两种。

1）钻孔

钻孔是钢结构制造中普遍采用的方法，能用于几乎任何规格的钢板、型钢的孔加工。钻孔的原理是切削，故孔壁损伤较小，孔的精度较高。钻孔在钻床上进行，对于构件因受场地狭小限制，加工部位特殊，不便于使用钻床加工时，则可用电钻、风钻等加工。

2）冲孔

冲孔是在冲孔机（冲床）上进行，一般只能在较薄的钢板和型钢上冲孔，且孔径一般不小于钢材的厚度，亦可用于不重要的节点板、垫板和角钢拉撑等小件加工。冲孔生产效率较高，但由于孔的周围产生冷作硬化，孔壁质量较差，有孔口下塌、孔的下方增大的倾向。所以，除孔的质量要求不高时，或作为预制孔（非成品孔）外，在钢结构中较少直接采用。

当地脚螺栓孔与螺栓的间距较大时，即孔径大于 50 mm 时，也可以采用火焰割孔。

6.2　钢结构的拼装与连接

6.2.1　工厂拼装

由于受运输、吊装等条件的限制，有时构件要分成两段或若干段出厂，为了保证安装的顺利进行，应根据构件或结构的复杂程度和设计要求，在出厂前进行预拼装。除管结构为立体预拼装，并可设卡、夹具外，其他结构一般均为平面拼装，且构件应处于自由状态，不得强行固定。

在预拼装时，对螺栓连接的节点板除检查各部位尺寸外，还应用试孔器检查板叠孔的通过率。在施工过程中，修孔的现象时有发生，如错孔在 3.0 mm 以内时，一般都用绞刀铣或锉刀锉孔，其孔径扩大不超过原孔径的 1.2 倍；如错孔超过 3.0 mm，一般用焊条焊补堵孔或更换零件，不得采用钢块填塞。

预拼装检查合格后，对上、下定位中心线、标高基准线、交线中心点等应标注清楚、准确；对管结构、工地焊接连接处，除应标注上述标记外，还应焊接一定数量的卡具、角钢或钢板定位器等，以便按预拼装结果进行安装。

6.2.2　焊接施工方法

1. 焊接方法

构件的连接方法，通常有焊接、铆接和螺栓连接三种。钢板和型钢的接头、组合、构造等连接以及永久不拆除的现场拼接接头，一般都采用焊接；安装节点，一般都采用螺栓连接或铆钉连接。

焊接是将需要连接的构件在连接部分加热到熔化状态后使它们连接起来的加工方法，有时也在半熔化状态下加压力使它们连接，或在其间加入其他熔化状态的金属使它们冷却后连成一体的加工工艺方法。它的优点是在构件上不需要钻孔，构造简单、加工容易，而且还不削弱构件截面。

（1）建筑钢结构焊接的一般要求

建筑钢结构焊接时一般应考虑以下问题：

焊接方法的选择应考虑焊接构件的材质和厚度、接头的形式和焊接设备；焊接的效率和经济性；焊接质量的稳定性。

（2）焊接的方法及特点

建筑钢结构中的焊接方法，按焊接的自动化程度一般分为手工焊接、半自动焊接及自动化焊接。如表 6-1 所示。

表 6-1　常用焊接方法及特点

焊接方法		特点	适用范围
手工焊	交流焊机	设备简易，操作灵活，可进行各种位置的焊接	普通钢结构
	直流焊机	焊接电流稳定，适用于各种焊条	要求较高的钢结构
埋弧自动焊		生产效率高，焊接质量好，表面成型光滑美观，操作容易，焊接时无弧光，有害气体少	长度较长的对接或贴角焊缝
埋弧半自动焊		与埋弧自动焊基本相同，但操作较灵活	长度较短、弯曲焊缝
CO_2 气体保护焊		利用 CO_2 气体或其他惰性气体保护的光焊丝焊接，生产效率高，焊接质量好，成本低，易于自动化，可进行全位置焊接	用于薄钢板

2. 焊接施工

电弧焊是工程中应用最普遍的焊接形式，下面讨论其施工方法。

（1）焊接接头

建筑钢结构中常用的焊接接头按焊接方法分为熔化接头和电渣焊接头两大类。在手工电弧焊中，熔化接头根据焊件的厚度、使用条件、结构形状的不同又分为对接接头、角接接头、T 形接头和搭接接头等形式。在各种形式的接头中，为了提高焊接质量，较厚的构件往往要开坡口。开坡口的目的是保证电弧能深入焊缝的根部，使根部能焊透，以便清除熔渣，获得较好的焊缝形态。焊接接头形式如表 6-2 所示。

表 6-2　焊接接头形式

序号	名称	图示	接头形式	特点
1	对焊接头		不开坡口 V，X，U 形坡口	应力集中较小，有较高的承载力
2	角焊接头		不开坡口	适用厚度在 8 mm 以下
			V，K 形坡口	适用厚度在 8 mm 以下
			卷边	适用厚度在 2 mm 以下
3	T 形接头		不开坡口	适用厚度在 30 mm 以下的不受力构件
			V，K 形坡口	适用厚度在 30 mm 以上的只承受较小剪应力构件
4	搭接接头		不开坡口	适用厚度在 12 mm 以下的钢板
			塞焊	适用双层钢板的焊接

（2）焊缝形式

1）按施焊的空间位置分，焊缝形式可分为平焊缝、横焊缝、立焊缝及仰焊缝四种（见图 6-5）。平焊的熔滴靠自重过渡，操作简单，质量稳定（见图 6-5（a））；横焊时，由于重力作用熔化金属容易下淌，而使焊缝上侧产生咬边，下侧产生焊瘤或未焊透等缺陷（见图 6-5（b））；立焊焊缝成形较为困难，易产生咬边、焊瘤、夹渣、表面不平等缺陷（见图 6-5（c））；仰焊则更困难，施工时必须保持最短的弧长，否则易出现未焊透、凹陷等质量问题（见图 6-5（d））。

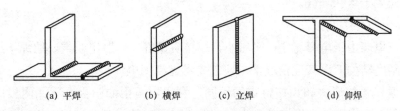

| (a) 平焊 | (b) 横焊 | (c) 立焊 | (d) 仰焊 |

图 6-5　各种位置焊缝形式示意图

平焊时，直径可大一些；立焊时，所用焊条直径不超过 5 mm；横焊和仰焊时，所用直径不超过 4 mm；开坡口多层焊接时，为了防止产生未焊透的缺陷，第一层焊缝宜采用直径为 3.2 mm 的焊条。

表 6-3　焊条直径与焊件厚度的关系

焊件厚度/mm	≤2	3～4	5～12	＞12
焊条直径/ mm	2	3.2	4～5	≥15

2）焊接电流

焊接电流的过大或过小都会影响焊接质量，所以其选择应根据焊条的类型、直径、焊件的厚度、接头形式、焊缝空间位置等因素来考虑，其中焊条直径和焊缝空间位置最为关键。在一般钢结构的焊接中，焊接电流大小与焊条直径关系可用以下经验公式进行试选：

$$I = 10d^2 \qquad (6-1)$$

式中，I——焊接电流（A）；

　　　d——焊条直径（mm）。

另外，立焊时，电流应比平焊时小 15%～20%；横焊和仰焊时，电流应比平焊电流小 10%～15%。

3）电弧电压

根据电源特性，由焊接电流决定相应的电弧电压。此外，电弧电压还与电弧长有关。电弧长则电弧电压高；电弧短则电弧电压低。一般要求电弧长小于或等于焊条直径，即短弧焊。在使用酸性焊条焊接时，为了预热部位或降低熔池温度，有时也将电弧稍微拉长进行焊接，即所谓的长弧焊。

4）焊接层数

焊接层数应视焊件的厚度而定。除薄板外，一般都采用多层焊。焊接层数过少，每层焊缝的厚度过大，对焊缝金属的塑性有不利的影响。施工中每层焊缝的厚度不应大于 4～5 mm。

5）电源种类及极性

直流电源由于电弧稳定，飞溅小，焊接质量好，一般用在重要的焊接结构或厚板大刚度结构上。其他情况下，应首先考虑交流电焊机。

根据焊条的形式和焊接特点的不同，利用电弧中的阳极温度比阴极高的特点，选用不同的极性来焊接各种不同的构件。用碱性焊条或焊接薄板时，采用直流反接（工件接负极）；而用酸性焊条时，通常采用正接（工件接正极）。

（3）焊接前的准备

焊前准备包括坡口制备、预焊部位清理、焊条烘干、预热、预变形及高强度钢切割表面探伤等。

（4）引弧与熄弧

引弧有碰击法和划擦法两种。碰击法是将焊条垂直于工件进行碰击，然后迅速保持一定距离；划擦法是将焊条端头轻轻划过工件，然后保持一定距离。施工中，严禁在焊缝区以外的母材上打火引弧。在坡口内引弧的局部面积应熔焊一次，不得留下弧坑。

（5）运条方法

电弧点燃之后，就进入正常的焊接过程，这时，焊条有三种方向的运动。

1）焊条被电弧熔化变短，为保持一定的弧长，就必须使焊条沿其中心线向下送进，否则会发生断弧。

2）为了形成线形焊缝，焊条要沿焊缝方向移动，移动速度的快慢要根据焊条直径、焊接电流、工件厚度和接缝装配情况及所在位置而定。移动速度太快，焊缝熔深太小，易造成未透焊；移动速度太慢，焊缝过高，工件过热，会引起变形增加或烧穿。

3）为了获得一定宽度的焊缝，焊条必须横向摆动。在做横向摆动时，焊缝的宽度一般是焊条直径的 1.5 倍左右。

以上三个方向的动作密切配合，根据不同的接缝位置、接头形式、焊条直径和性能、焊接电流、工件厚度等情况，采用合适的运条方式，就可以在各种焊接位置得到优质的焊缝。

运条方式有带火形、折线形、正半月形、反半月形、斜折线形、下斜线形、椭圆形、三角形、圆圈形、一字形。

（6）焊接完工后的处理

焊接结束后的焊缝及两侧，应彻底清除飞溅物、焊渣和焊瘤等。无特殊要求时，应根据焊接接头的残余应力、组织状态、熔敷金属含氢量和力学性能以决定是否需要焊后热处理。

6.2.3　螺栓连接施工

1. 普通螺栓

（1）普通螺栓的种类和用途

普通螺栓是钢结构常用的紧固件之一，用作钢结构中构件间的连接、固定，或将钢结构固定到基础上，使之成为一个整体。

常用的普通螺栓有六角螺栓、双头螺栓和地脚螺栓等，其用途和分类如下。

1）六角螺栓

六角螺栓按其头部支承面大小及安装位置尺寸分大六角头与六角头两种；按制造质量和产品等级则分为 A、B、C 三种。

A 级螺栓通称精制螺栓，B 级螺栓为半精制螺栓。A、B 级适用于拆装式结构或连接部位需传递较大剪力的重要结构的安装中。C 级螺栓通称为粗制螺栓，由未加工的圆杆压制而成。C 级螺栓适用于钢结构安装中的临时固定，或只承受钢板间的摩擦阻力。在重要的连接中，采用粗制螺栓连接时必须另加特殊支托（牛腿或剪力板）来承受剪力。

2）双头螺栓

双头螺栓一般又称螺柱。多用于连接厚板和不便使用六角螺栓连接的地方，如混凝土屋架、屋面梁悬挂单轨梁吊挂件等。

3）地脚螺栓

地脚螺栓分为一般地脚螺栓、直角地脚螺栓、锤头螺栓和锚固地脚螺栓。

一般地脚螺栓和直角地脚螺栓是浇筑混凝土基础时，预埋在基础之中用以固定钢柱的。锤头螺栓是基础螺栓的一种特殊形式，一般在混凝土基础浇筑时将特制模箱（锚固板）预埋在基础内，用以固定钢柱。锚固地脚螺栓是在已成形的混凝土基础上经钻机制孔后，再浇筑固定的一种地脚螺栓。

（2）普通螺栓的施工

1）连接要求

普通螺栓在连接时应符合下列要求：

① 永久螺栓的螺栓头和螺母的下面应放置平垫圈，垫置在螺母下面的垫圈不应多于 2 个，垫置在螺栓头部下面的垫圈不应多于 1 个；

② 螺栓头和螺母应与结构构件的表面及垫圈密贴；

③ 对于槽钢和工字钢翼缘之类倾斜面的螺栓连接，则应放置斜垫片垫平，以使螺母和螺栓的头部支承面垂直于螺杆，避免螺栓紧固时螺杆受到弯曲力；

④ 永久螺栓和锚固螺栓的螺母应根据施工图纸中的设计规定，采用有防松装置的螺母或弹簧垫圈；

⑤ 对于动荷载或重要部位的螺栓连接，应在螺母的下面按设计要求放置弹簧垫圈；

⑥ 各种螺栓连接，从螺母一侧伸出螺栓的长度应保持在不小于两个完整螺纹的长度；

⑦ 使用螺栓等级和材质应符合施工图纸的要求。

2）长度选择

连接螺栓的长度可按下述公式计算：

$$L=\delta+H+nh+C \tag{6-2}$$

式中，δ——连接板约束厚度（mm）；

H——螺母的高度（mm）；

h——垫圈的厚度（mm）；

n——垫圈的个数（个）；

C——螺杆的余长（5～10 mm）。

3）紧固轴力

考虑到螺栓受力均匀，尽量减少连接件变形对紧固轴力的影响，保证各节点连接螺栓的质量，螺栓紧固必须从中心开始，对称施拧。其施拧时的紧固轴力应不超过相应的规定。永久螺栓拧紧质量检验采用锤敲或用力矩扳手检验，要求螺栓不颤头和偏移，拧紧的真实性用塞尺检查，对接表面高差（不平度）不应超过 0.5 mm。

2. 高强度螺栓

（1）概述

高强度螺栓是用优质碳素钢或低合金钢材料制成的一种特殊螺栓，具有强度高的特点。它是继铆接连接之后发展起来的新型钢结构连接形式，已经成为当今钢结构连接的主要手段。

高强度螺栓按照连接形式可分为张拉连接、摩擦连接和承压连接三种。高强度螺栓连接具有安装简便、迅速、能装能拆和承压高、受力性能好、安全可靠等优点。因此，高强度螺栓普遍应用于大跨度结构、工业厂房、桥梁结构、高层钢框架结构等重要结构。

1）高强度六角头螺栓

钢结构用高强度大六角头螺栓为粗牙普通螺纹，分为 8.8 S 和 10.9 S 两种等级，一个连接副为一个螺栓、一个螺母和两个垫圈。高强度螺栓连接副应同批制造，保证扭矩系数稳定，同批连接副扭矩系数平均值为 0.110～0.150，其扭矩系数标准偏差应不大于 0.010。扭矩系数按下列公式计算：

$$K = \frac{M}{P_d} \tag{6-3}$$

式中，K——扭矩系数；

d——高强度螺栓公称直径（mm）；

M——施加扭矩（N·m）；

P——高强度螺栓预拉力（kN）。

10.9 S 级结构用高强度大六角头螺栓紧固时轴力（P 值）应控制在表 6-4 中规定的范围内：

表 6-4　10.9 S 级高强度螺栓轴力控制

螺栓公称直径/mm		12	16	20	（22）	24	（27）	30
10 H	最大值/kN	59	113	117	216	250	324	397
9 H	最小值/kN	19	93	142	177	206	265	329

其中，10 H，9 H 为螺母的性能等级。

2）扭剪型高强度螺栓

钢结构用扭剪型高强度螺栓，一个螺栓连接副为一个螺栓、一个螺母和一个垫圈，它适用于摩擦型连接的钢结构。连接副紧固轴力见表 6-5。

表 6-5　扭剪型高强度螺栓连接副紧固轴力

d		16	20	22'	24
每批紧固轴力的平均值/kN	公称	109	170	211	245
	最大	120	186	231	270
	最小	99	154	191	222
紧固轴力变异系数λ		标准偏差/平均值＜10%			

（2）高强度螺栓的施工

1）高强度螺栓施工的机器具

① 手动扭矩扳手各种高强度螺栓在施工中以手动紧固时，都要使用有示明扭矩值的扳手施拧，使达到高强度螺栓连接副规定的扭矩和剪力值。一般常用的手动扭矩扳手有指针式、音响式和扭剪型三种。

a. 指针式扭矩扳手在头部设一个指示盘配合套筒头紧固六角螺栓，当给扭矩扳手预加扭矩施拧时，指示盘即示出扭矩值。

b. 音响式扭矩扳手是一种附加棘轮机构预调式的手动扭矩扳手，配合套筒可紧固各种直径的螺栓。音响扭矩扳手在手柄的根部带有力矩调整的主、副两个刻度，施拧前，可按需要调整预定的扭矩值。当施拧到预调的扭矩值时，便有明显的音响和手上的触感。这种扳手操作简单、效率高，适用于大规模的组装作业和检测螺栓紧固的扭矩值。

c. 扭剪型手动扳手是一种紧固扭剪型高强度螺栓使用的手动力矩扳手。配合扳手紧固螺栓的套筒，设有内套筒弹簧、内套筒和外套筒。这种扳手靠螺栓尾部的卡头得到紧固反力，使紧固的螺栓不会同时转动。内套筒可根据所紧固的扭剪型高强度螺栓直径而更换相适应的规格。紧固完毕后，扭剪型高强度螺栓卡头在颈部被剪断，所施加的扭矩可以视为合格。

② 电动扳手钢结构用高强度大六角头螺栓紧固时用的电动扳手有NR-9000A，NR-12 和双重绝缘定扭矩、定转角电动扳手等，它们是拆卸和安装六角高强度螺栓机械化工具，可以自动控制扭矩和转角，适用于钢结构桥梁、厂房建设、化工、发电设备安装大六角头高强度螺栓施工的初拧、终拧和扭剪型高强度螺栓的初拧，以及对螺栓紧固件的扭矩或轴力有严格要求的场合。

扭剪型电动扳手是用于扭剪型高强度螺栓终拧紧固的电动扳手，常用的扭剪型电动扳手有 6922 型和 6924 型两种。6922 型电动板手适用于紧固 M16、M20、M22 三种规格的扭剪型高强度螺栓。6924 型扭剪型电动板手则可以紧固 M16、M20、M22 和 M24 四种规格扭剪型高强度螺栓。

2）高强度螺栓的施工

① 施工程序钢结构高强度螺栓施工程序流程（见图 6-7）

② 高强度螺栓施工的质量保证

a. 螺栓的保管高强度螺栓加强储运和保管的目的，主要是防止螺栓、螺母、垫圈组成的连接副的扭矩系数（K）发生变化，这是高强度螺栓连接的一项重要标志。所以，对螺栓的包装、运输、现场保管等过程都要保持它的出厂状态，直到安装使用前才能开箱检查使用。

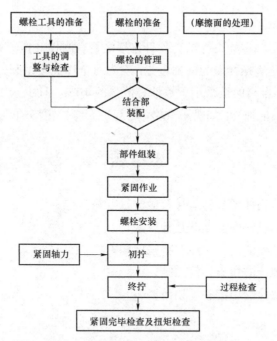

图 6-7 高强度螺栓施工工艺流程图

b. 施工质量检验高强度螺栓检验的依据是相关的国家标准和技术条件。

a）检验取样钢结构用扭剪型高强度螺栓和高强度大六角头螺栓抽样检验采用随机取样。扭剪型高强度螺栓和高强度大六角头螺栓在施工前，应分别复验扭剪型高强度螺栓的轴力和高强度大六角头螺栓的扭矩系数的平均值和标准偏差，其值应符合国家标准的有关规定。

b）紧固前检查高强度螺栓紧固前，应对螺孔进行检查，避免螺纹碰伤，检查被连接件的移位，不平度、不垂直度，磨光顶紧的贴合情况，以及板叠摩擦面的处理，连接间隙，孔眼的同心度，临时螺栓的布放等。同时要保证摩擦面不被沾污。

c）紧固过程中检查在高强度螺栓紧固过程中，应检查高强度螺栓的种类、等级、规格、长度、外观质量、紧固顺序等。紧固时，要分初拧和终拧两次紧固，对于大型节点，可分为初拧、复拧和终拧；当天安装的螺栓，要在当天终拧完毕，防止螺纹被沾污和生锈，引起扭矩系数值发生变化。

d）紧固完毕检查

扭剪型高强度螺栓是一种特殊的自标量的高强度螺栓，由本身环形切口的扭断力扭矩控制高强度螺栓的紧固轴力。复验时，只要观察其尾部被拧掉，即可判断螺栓终拧合格。对于某一个局部难以使用电动扳手处，则可参照高强度大六角螺栓的检查方法。

高强度大六角头螺栓终拧检查项目包括是否有漏拧及扭矩系数。

高强度大六角头螺栓复验的抽查量,应为每个作业班组和每天终拧完毕数量的 5%,其允许不合格的数量小于被抽查数量的 10%,且少于 2 个,方为合格。否则,应按此法加倍抽验。如仍不合格,应对当天终拧完毕的螺栓全部进行复验。

思考题

【6-1】钢结构构件的放样与号料应注意哪些问题?

【6-2】钢结构材料的切割有几种方法?

【6-3】普通螺栓的连接应注意哪些问题?

【6-4】高强螺栓的扭矩如何控制?

【6-5】高强螺栓的施工流程如何?

7 脚手架工程

脚手架是土木工程施工必须使用的重要设施，是为保证高处作业安全、顺利进行施工而搭设的工作平台或作业通道。在结构施工、装修施工和设备管道的安装施工中，都需要按照操作要求搭设脚手架。

脚手架的种类很多，按其搭设位置分为外脚手架和里脚手架两大类；按其所用材料分为木脚手架、竹脚手架与金属脚手架；按其构造形式分为多立杆式、框式、桥式、吊式、挂式、升降式以及用于层间操作的工具式脚手架；按搭设高度分为高层脚手架和普通脚手架。目前脚手架的发展趋势是采用金属制作的、具有多种功能的组合式脚手架，可以适用不同情况作业的要求。

对脚手架的基本要求是：其宽度应满足工人操作、材料堆置和运输的需要；坚固稳定；装拆简便；能多次周转使用。

7.1 扣件式钢管脚手架

多立杆式外脚手架由立杆、横杆、斜杆、脚手板等组成。其特点是每步架高可根据施工需要灵活布置，取材方便（见图7-1）。

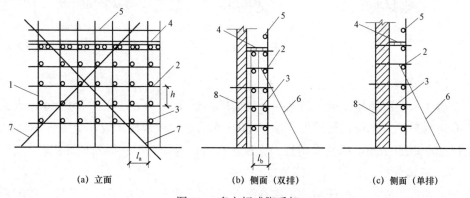

(a) 立面   (b) 侧面（双排）   (c) 侧面（单排）

图 7-1 多立杆式脚手架

1—立杆；2—纵向水平杆；3—横向水平杆；4—脚手板；5—栏杆；6—抛撑；7—剪刀撑；

8—墙体；l_a—纵距；l_b—横距；h—步距

扣件式钢管脚手架是属于多立杆式外脚手架中的一种。其特点是：杆配件数量少；装卸方便，利于施工操作；搭设灵活，搭设高度大；坚固耐用，使用方便。

7.1.1　基本构造

扣件式脚手架是由标准的钢管杆件（立杆、横杆、斜杆）和特制扣件组成的脚手架骨架与脚手板、防护构件、连墙件等组成的，是目前最常用的一种脚手架。

1. 钢管杆件

钢管杆件一般采用外径 48 mm、壁厚 3.5 mm 的焊接钢管或无缝钢管，或者外径 51 mm、壁厚 3 mm 的焊接钢管或其他钢管。用于立杆、纵向水平杆、斜杆的钢管最大长度不宜超过 6.5 m，最大重量不宜超过 250 N，以便适合人工搬运。用于横向水平杆的钢管长度宜为 1.5～2.2 m，以适应脚手板的宽度。

2. 扣件

扣件用可锻铸铁铸造或用钢板压成，其基本形式有三种（见图 7-2）供两根成任意角度相交钢管连接用的回转扣件；供两根成垂直相交钢管连接用的直角扣件和供两根对接钢管连接用的对接扣件。扣件质量应符合有关规定，当扣件螺栓拧紧力矩达 65 N·m 时扣件不得破坏。

 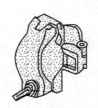

(a) 回转扣件　　　　　　　(b) 直角扣件　　　　　　　(c) 对接扣件

图 7-2　扣件形式

3. 脚手板

脚手板一般用厚 2 mm 的钢板压制而成，长度 2～4 m，宽度 250 mm，表面应有防滑措施。也可采用厚度不小于 50 mm 的杉木板或松木板，长度 3～6 m，宽度 200～250 mm；或者采用竹脚手板，有竹笆板和竹串片板两种形式。

4. 连墙件

连墙件将立杆与主体结构连接在一起，可用钢管、型钢或粗钢筋等，其间距如表 7-1 所示。

表 7-1 连墙件的布置

脚手架高度/m		竖向间距	水平间距	每根连墙件覆盖面积/m²
双排	≤50	3h	3la	≤40
	>50	2h	3la	≤27
单排	≤24	3h	3 la	≤40

连墙件的布置宜靠近主节点设置，偏离主节点的距离不应大于 300 mm；连墙件应从底部第一根纵向水平杆处开始设置，附墙件与结构的连接应牢固，通常采用预埋件连接；宜优先采用菱形布置，也可采用方形、矩形布置。

5. 底座

底座一般采用厚 8 mm、边长 150～200 mm 的钢板作底板，上焊 150 mm 高的钢管。底座形式有内插式和外套式两种（见图 7-3），内插式的外径比立杆内径小 2 mm，外套式的内径比立杆外径大 2 mm。

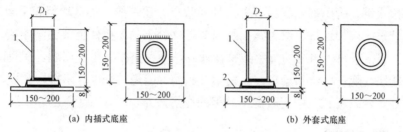

(a) 内插式底座　　　　　　　　　　(b) 外套式底座

图 7-3 扣件钢管架底座
1—承插钢管；2—钢板底座

7.1.2 搭设要求

钢管扣件脚手架搭设中应注意地基平整坚实，设置底座和垫板，并有可靠的排水措施，防止积水浸泡地基。

立杆之间的纵向间距，当为单排设置时立杆离墙 1.2～1.4 m；当为双排设置时里排立杆离墙 0.4～0.5 m，里、外排立杆之间间距为 1.5 m 左右。相邻立杆接头要错开，对接时需用对接扣件连接，也可用长度 400 mm、外径等于立杆内径、中间焊法兰的钢管套管连接。立杆的垂直偏差不得大于架高的 1/200。

上、下两层相邻纵向水平杆之间的间距为 1.8 m 左右。纵向水平杆杆件之间的连接应位置错开，并用对接扣件连接，如采用搭接连接，搭接长度不应小于 1 m，并用三个回转扣件扣牢。与立杆之间应用直角扣件连接，一根杆的两端纵向水平高差不应大于 20 mm。

横向水平杆的间距不大于 1.5 m。当为单排设置时，横向水平杆的一头搁入墙内不少于 240 mm，一头搁于纵向水平杆上，至少伸出 100 mm；当为双排设置时，横向水平杆端头离墙距离为 50～100 mm。横向水平杆与纵向水平杆之间用直角扣件连接。每隔三步的横向水平杆应加长，并注意与墙的拉结。

剪刀撑与地面的夹角宜在 45°～60° 范围内。剪刀撑的搭设是利用回转扣件将一根斜杆扣在立杆上，另一根斜杆扣在横向水平杆的伸出部分上，这样可以避免两根斜杆相交时把钢管别弯。剪刀撑用扣件与脚手架扣紧的连接接头距脚手架节点（即立杆和横杆的交点）不大于 150 mm。除两端扣紧外，中间尚需增加 2～4 个扣节点。为保证脚手架的稳定，剪刀撑的最下面一个连接点距地面不宜大于 500 mm。剪刀撑斜杆的接长宜采用回转扣件的搭接连接。

7.2 碗扣式钢管脚手架

碗扣式钢管脚手架是我国参考国外经验自行研制的一种多功能脚手架，其杆件节点处采用碗扣连接。由于碗扣是固定在钢管上的，构件全部轴向连接，力学性能好，连接可靠，组成的脚手架整体性好，不存在扣件丢失问题。在我国近年来发展较快，现已广泛用于房屋、桥梁、涵洞、隧道、烟囱、水塔、大坝、大跨度棚架等多种工程施工中，取得了显著的经济效益。

7.2.1 基本构造

碗扣式钢管脚手架由钢管立杆、横杆、碗扣接头等组成。其基本构造和搭设要求与扣件式钢管脚手架类似，不同之处主要在于碗扣接头。

碗扣接头（见图 7-4）是由上碗扣、下碗扣、横杆接头和上碗扣的限位销等组

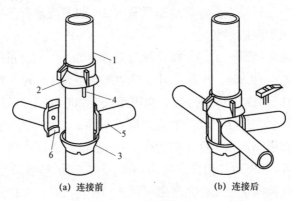

(a) 连接前　　　　(b) 连接后

图 7-4　碗扣接头

1—立杆；2—上碗扣；3—下碗扣；4—限位销；5—横杆；6—横杆接头

成的。在立杆上焊接下碗扣和上碗扣的限位销，将上碗扣套入立杆内。在横杆和斜杆上焊接插头。

组装时，将横杆和斜杆插入下碗扣内，压紧和旋转上碗扣，利用限位销固定上碗扣。碗扣间距 600 mm，碗扣处可同时连接 4 根横杆，可以互相垂直或偏转一定角度。可组成直线形、曲线形、直角交叉形式等多种形式。

碗扣接头具有很好的强度和刚度，下碗扣轴向抗剪的极限强度为 166.7 kN，横杆接头的抗弯能力好，在跨中集中荷载作用下达 6～9 kN·m。

7.2.2 搭设要求

碗扣式钢管脚手架立柱横距为 1.2 m，纵距根据脚手架荷载可为 1.2 m、1.5 m、1.8 m、2.4 m，步距为 1.8 m、2.4 m。搭设时立杆的接长缝应错开，第一层立杆应用长 1.8 m 和 3.0 m 的立杆错开布置，往上均用 3.0 m 长杆，至顶层再用 1.8 m 和 3.0 m 两种长度找平。高 30 m 以下脚手架垂直度应在 1/200 以内，高 30 m 以上脚手架垂直度应控制在 1/400～1/600，总高垂直度偏差应不大于 100 mm。

7.3 门式钢管脚手架

门式钢管脚手架是一种工厂生产、现场搭设的脚手架，是当今国际上应用最普遍的脚手架之一。它不仅可作为外脚手架，也可作为内脚手架或满堂脚手架。门式钢管脚手架因其几何尺寸标准化、结构合理、受力性能好、施工中装拆容易、安全可靠、经济实用等特点，广泛应用于建筑、桥梁、隧道、地铁等工程施工，若在门架下部安放轮子，也可以作为机电安装、油漆粉刷、设备维修、广告制作的活动工作平台。

门式钢管脚手架的搭设一般只要根据产品目录所列的使用荷载和搭设规定进行施工，不必再进行验算。如果实际使用情况与规定有不同，则应采用相应的加固措施或进行验算。通常门式钢管脚手架搭设高度限制在 45 m 以内，采取一定措施后可达到 80 m 左右。施工荷载取值一般为：当脚手架用途为结构工程施工时，均布荷载为 3.0 kN·m^{-2}；当脚手架用途为装修工程施工时，均布荷载为 2.0 kN·m^{-2}。

7.3.1 基本构造

门式钢管脚手架是用普通钢管材料制成工具式标准件，在施工现场组合而成。其基本单元是由一副门架、两副剪刀撑、一副水平梁架和四个连接器组合而成（见图 7-5）。若干基本单元通过连接器在竖向叠加，扣上臂扣，组成一个多层框架。在水平方向，用加固杆和水平梁架使相邻单元连成整体，加上斜梯、栏杆柱和横杆组成上下步相通的外脚手架。

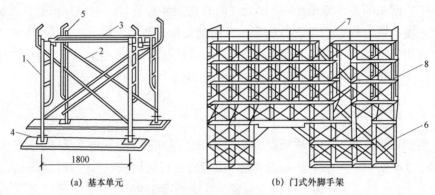

(a) 基本单元　　　　　　　　(b) 门式外脚手架

图 7-5　门式钢管脚手架

1—门架；2—剪刀撑；3—水平梁架；4—螺旋基脚；

5—连接器；6—梯子；7—栏杆；8—手板

7.3.2　搭设要求

门式钢管脚手架的搭设高度一般不超过 45 m，每五层至少应架设水平架一道，垂直和水平方向每隔 4~6 m 应设一附墙管（水平连接器）与外墙连接，整幅脚手架的转角应用钢管通过扣件扣紧在相邻两个门架上 [见图 7-6（a）、(b)]。

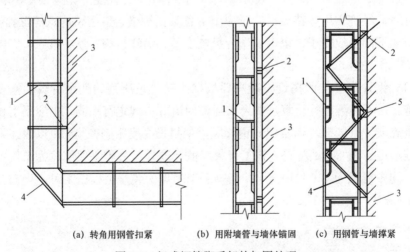

(a) 转角用钢管扣紧　　　(b) 用附墙管与墙体锚固　　　(c) 用钢管与墙撑紧

图 7-6　门式钢管脚手架的加固处理

1—门式脚手架；2—附墙管；3—墙体；4—钢管；5—混凝土板

脚手架搭设后，应用水平加固杆加强，加固杆采用直径 42 mm 或 48 mm 的钢管，通过相应规格的扣件扣紧在每个门式框架上，形成一个水平闭合圈。一般在 10 层门式框架以下，每三层设一道，在 10 层门式框架以上，每五层设一道，最高层顶部和最低层底部应各加设一道，同时还应在两道水平加固杆之间加设直径 42 mm 或 48 mm 交叉加固杆，其与水平加固杆之夹角应不大于 45°。

门式脚手架架设超过 10 层，应加设辅助支撑，一般在高 8～11 层门式框架之间，宽在 5 个门式框架之间，加设一组，使部分荷载由墙体承受 [见图 7-6（c）]。

7.4 悬挑脚手架

在高层建筑施工中，扣件式钢管脚手架搭设的落地脚手架的高度一般不宜超过 13 层（40 m），对 13 层（40 m）以上的高层建筑应考虑分段搭设，一般采用悬挑式外脚手架（简称悬挑脚手架），即可以是第一段搭设落地式脚手架，第二段搭设悬挑脚手架；也可以从建筑物的第二层开始分段搭设悬挑脚手架，每段高度约 6～10 层（20～30 m）。

悬挑脚手架是将脚手架设置在建筑结构上的悬挑支承结构上，将脚手架的荷载全部或部分传递给建筑物的结构部分。悬挑脚手架根据悬挑结构支承结构的不同，分为支撑杆式脚手架和挑梁式脚手架两类。

支撑杆式脚手架的支承结构不采用悬挑梁（架），直接用脚手架杆件搭设。如图 7-7 所示的悬挑脚手架，支承结构采用内、外两排立杆上加设双钢管的斜撑杆，水平横杆加长后一端与预埋在建筑物结构中的铁环焊牢，即荷载通过斜杆和水平横杆传递到建筑物上。

挑梁式脚手架采用固定在建筑物结构上的悬挑梁（架）为支座搭设脚手架，此类脚手最多可搭设 20～30 m 高，可同时进行 2～3 层作业，是目前较常用的脚手架形式。下撑挑梁式挑脚手架的支承结构，可以在主体结构上预埋型钢挑梁，并在挑梁的外端加焊斜撑压杆组成挑架。各根挑梁之间的间距不大于 6 m，并用两根型钢纵梁相连，然后在纵梁上搭设扣件式钢管脚手架。当挑梁的间距超过 6 m，可用型钢制作的桁架来代替挑梁（见图 7-8）。墙外悬挑脚手架的搭设要求与一般落地式钢管脚手架的搭设要求基本相同。

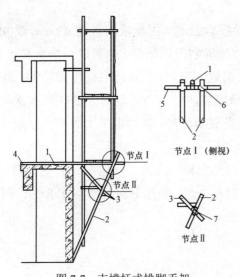

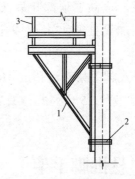

图 7-7　支撑杆式挑脚手架　　　　　图 7-8　桁架挑梁式挑脚手架

1—水平横杆；2—双斜撑杆；3—加强杆；4—预埋铁环；　1—型钢桁架；2—附墙螺栓；3—脚手架

5—纵向水平杆；6—十字扣件；7—旋转扣件

7.5　升降式脚手架

　　落地式脚手架是沿结构外表面满搭的脚手架，在结构和装修工程施工中应用较为方便，但费料耗工，一次性投资大，工期也长。因此，近年来在高层建筑及筒仓、竖井、桥墩等施工中发展了多种形式的外挂脚手架，其中应用较为广泛的是升降式脚手架，包括自升降式、互升降式、整体升降式三种类型。

　　升降式脚手架主要特点是：① 脚手架不需满搭，只搭设满足施工操作及安全各项要求的高度；② 地面不需做支承脚手架的坚实地基，也不占施工场地；③ 脚手架及其上承担的荷载传给与之相连的结构，对这部分结构的强度有一定要求；④ 随施工进程，脚手架可随之沿外墙升降，结构施工时由下往上逐层提升，装修施工时由上往下逐层下降。

7.5.1　自升降式脚手架

　　自升降脚手架的升降运动是通过手动或电动倒链交替对活动架和固定架进行升降来实现的。从升降架的构造来看，活动架和固定架之间能够进行上下相对运动。当脚手架工作时，活动架和固定架均用附墙螺栓与墙体锚固，两架之间无相对运动；当脚手架需要升降时，活动架与固定架中的一个架子仍然锚固在墙体上，使用倒链对另一个架子进行升降，两架之间便产生相对运动。通过活动架和固定架交替附墙，互相升降，脚手架即可沿着墙体上的预留孔逐层升降（见图 7-9）。具体操作过程如下：

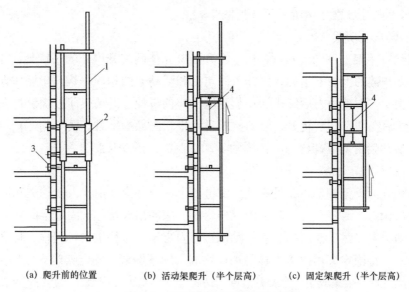

(a) 爬升前的位置　　　(b) 活动架爬升（半个层高）　　　(c) 固定架爬升（半个层高）

图 7-9　自升降式脚手架爬升过程

1—固定架；2—活动架；3—附墙螺栓；4—倒链

（1）施工前准备

按照脚手架的平面布置图和升降架附墙支座的位置，在混凝土墙体上设置预留孔。预留孔尽可能与固定模板的螺栓孔结合布置，孔径一般为 40～50 mm。为使升降顺利进行，预留孔中心必须在一直线上。脚手架爬升前，应检查墙上预留孔位置是否正确，如有偏差，应预先修正，墙面突出严重时，也应预先修平。

（2）安装

该脚手架的安装在起重机配合下按脚手架平面图进行。先把上、下固定架用临时螺栓连接起来，组成一片，附墙安装。一般每 2 片为一组，每步架上用 4 根 8×3.5 钢管作为纵向水平杆，把 2 片升降架连接成一跨，组装成一个与邻跨没有牵连的独立升降单元体。附墙支座的附墙螺栓从墙外穿入，待架子校正后，在墙内紧固。对壁厚的筒仓或桥墩等，也可预埋螺母，然后用附墙螺栓将架子固定在螺母上。脚手架工作时，每个单元体共有 8 个附墙螺栓与墙体锚固。为了满足结构工程施工，脚手架应超过结构一层的安全作业需要。在升降脚手架上墙组装完毕后，用 +48×3.5 钢管和对接扣件在上固定架上面再接高一步。最后在各升降单元体的顶部扶手栏杆处设临时连接杆，使之成为整体，内侧立杆用钢管扣件与模板支撑系统拉结，以增强脚手架整体稳定性。

（3）爬升

爬升可分段进行，视设备、劳动力和施工进度而定，每个爬升过程提升 5～2 m，每个爬升过程分两步进行（见图 7-9）。

1）爬升活动架

解除脚手架上部的连接杆，在一个升降单元体两端升降架的吊钩处，各配置只倒链，倒链的上、下吊钩分别挂入固定架和活动架的相应吊钩内。操作人员位于活动架上，倒链受力后卸去活动架附墙支座的螺栓，活动架即被倒链挂在固定架上，然后在两端同步提升，活动架即呈水平状态徐徐上升。爬升到达预定位置后，将活动架用附墙螺栓与墙体锚固，卸下倒链，活动架爬升完毕。

2）爬升固定架

同爬升活动架相似，在吊钩处用倒链的上、下吊钩分别挂入活动架和固定架的相应吊钩内，倒链受力后卸去固定架附墙支座的附墙螺栓，固定架即被倒链挂吊在活动架上。然后在两端同步抽动倒链，固定架即徐徐上升，同样，爬升至预定位置后，将固定架用附墙螺栓与墙体锚固，卸下倒链，固定架爬升完毕。

至此，脚手架完成了一个爬升过程。待爬升一个施工高度后，重新设置上部连接杆，脚手架进入工作状态，以后按此循环操作，脚手架即可不断爬升，直至结构到顶。

（4）下降

与爬升操作顺序相反，顺着爬升时用过的墙体预留孔倒行，脚手架即可逐层下降，同时把留在墙面上的预留孔修补完毕，最后脚手架返回地面。

（5）拆除

拆除时设置警戒区，有专人监护，统一指挥。先清理脚手架上的垃圾杂物，然后自上而下逐步拆除。拆除升降架可用起重机、卷扬机或倒链。升降机拆下后要及时清理整修和保养，以利重复使用，运输和堆放均应设置地楞，防止变形。

7.5.2 互升降式脚手架

互升降式脚手架将脚手架分为甲、乙两种单元，通过倒链交替对甲、乙两单元进行升降。当脚手架需要工作时，甲单元与乙单元均用附墙螺栓与墙体锚固，两架之间无相对运动；当脚手架需要升降时，一个单元仍然锚固在墙体上，使用倒链对相邻一个架子进行升降，两架之间便产生相对运动。通过甲、乙两单元交替附墙，相互升降，脚手架即可沿着墙体上的预留孔逐层升降。互升降式脚手架的性能特点是：① 结构简单，易于操作控制；② 架子搭设高度低，用料省；③ 操作人员不在被升降的架体上，增加了操作人员的安全性；④ 脚手架结构刚度较大，附墙的跨度大。它适用于框架剪力墙结构的高层建筑、水坝、筒体等施工。

具体操作过程如下：

（1）施工前的准备

施工前应根据工程设计和施工需要进行布架设计，绘制设计图。编制施工组织设计，制订施工安全操作规定。在施工前，还应将互升降式脚手架所需要的辅助材料和施工机具准备好，并按照设计位置预留附墙螺栓孔或设置好预埋件。

（2）安装

互升降式脚手架的组装可有两种方式：在地面组装好单元脚手架，再用塔吊吊装就位；或是在设计爬升位置搭设操作平台，在平台上逐层安装。爬架组装固定后的允许偏差应满足：沿架子纵向垂直偏差不超过 30 mm；沿架子横向垂直偏差不超过 20 mm；沿架子水平偏差不超过 30 mm。

（3）爬升

脚手架爬升前应进行全面检查，检查的主要内容有：预留附墙连接点的位置是否符合要求，预埋件是否牢靠；架体上的横梁设置是否牢固；提升降单元的导向装置是否可靠；升降单元与周围的约束是否解除，升降有无障碍；架子上是否有杂物；所适用的提升设备是否符合要求等。

当确认以上各项都符合要求后方可进行爬升（见图 7-10），提升到位后，应及时将架子同结构固定；然后，用同样的方法对与之相邻的单元脚手架进行爬升操作，待相邻的单元脚手架升至预定位置后，将两单元脚手架连接起来，并在两单元操作层之间铺设脚手板。

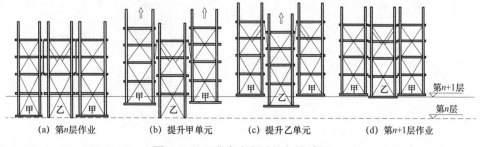

| (a) 第n层作业 | (b) 提升甲单元 | (c) 提升乙单元 | (d) 第n+1层作业 |

图 7-10　互升降式脚手架爬升过程

（4）下降

与爬升操作顺序相反，利用固定在墙体上的架子对相邻的单元脚手架进行下降操作，同时把留在墙面上的预留孔修补完毕，最后脚手架返回地面。

（5）拆除

爬架拆除前应清理脚手架上的杂物。拆除爬架有两种方式，一种是同常规脚手架拆除方式，采用自上而下的顺序，逐步拆除；另一种用起重设备将脚手架整体吊至地面拆除。

7.5.3　整体升降式脚手架

在超高层建筑的主体施工中，整体升降式脚手架有明显的优越性，它结构整体好、升降快捷方便、机械化程度高、经济效益显著，是一种很有推广使用价值的超高建（构）筑外脚手架。

整体升降式外脚手架（见图 7-11）以电动倒链为提升机，使整个外脚手架沿建筑物外墙或柱整体向上爬升。搭设高度依建筑物施工层的层高而定，一般取建筑物标准层 4 个层高加 1 步安全栏的高度为架体总高度。脚手架为双排，宽以 0.8～1 m 为宜，里排杆离建筑物净距 0.4～0.6 m。脚手架的横杆和立杆间距都不宜超过 1.8 m，可将 1 个标准层高分为 2 步架，以此步距为基数确定架体横、立杆的间距。

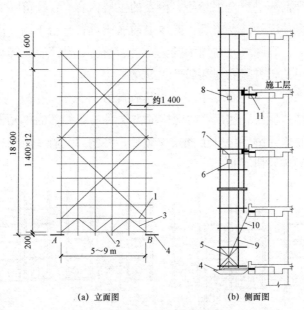

(a) 立面图　　　　(b) 侧面图

图 7-11　整体升降式外脚手架

1—上弦杆；2—下弦杆；3—承力桁架；4—承力架；5—斜撑；6—电动倒链；
7—挑梁；8—倒链；9—花篮螺栓；10—拉杆；11—螺栓

架体设计时，可将架子沿建筑物外围分成若干单元，每个单元的宽度参考建筑物的开间而定，一般在 5～9 m 之间。具体操作如下：

（1）施工前的准备

按平面图先确定承力架及电动倒链挑梁安装的位置和个数，在相应位置上的混凝土墙或梁内预埋螺栓或预留螺栓孔。各层的预留螺栓或预留孔位置要求上下相一致，误差不超过 10 mm。

加工制作型钢承力架、挑梁、斜拉杆。准备电动倒链、钢丝绳、脚手管、扣件、安全网、木板等材料。

因整体升降式脚手架的高度一般为 4 个施工层层高，在建筑物施工时，由于建筑物的最下几层层高往往与标准层不一致，且平面形状也往往与标准层不同，所以，一般在建筑物主体施工到 3～5 层时开始安装整体脚手架。下面几层施工时，往往要先搭设落地外脚手架。

（2）安装

先安装承力架，承力架内侧用 M25～M30 的螺栓与混凝土边梁固定，承力架外侧用斜拉杆与上层边梁拉结固定，用斜拉杆中部的花篮螺栓将承力架调平；再在承力架上面搭设架子，安装承力架上的立杆；然后搭设下面的承力桁架。再逐步搭设整个架体，随搭随设置拉结点，并设斜撑。在比承力架高 2 层的位置安装工字钢挑梁，挑梁与混凝土边梁的连接方法与承力架相同。电动倒链挂在挑梁下，并将电动倒链的吊钩挂在承力架的花篮挑梁上。在架体上每个层高满铺厚木板，架体外面挂安全网。

（3）爬升

短暂开动电动倒链，将电动倒链与承力架之间的吊链拉紧，使其处在初始受力状态。松开架体与建筑物的固定拉结点。松开承力架与建筑物相连的螺栓和斜拉杆，开动电动倒链开始爬升，爬升过程中，应随时观察架子的同步情况，如发现不同步应及时停机进行调整。爬升到位后，先安装承力架与混凝土边梁的紧固螺栓，并将承力架的斜拉杆与上层边梁固定，然后安装架体上部与建筑物的各拉结点。待检查符合安全要求后，脚手架可开始使用，进行上一层的主体施工。在新一层主体施工期间，将电动倒链及其挑梁摘下，用滑轮或手动倒链转至上一层重新安装，为下一层爬升做准备。

（4）下降

与爬升操作顺序相反，利用电动倒链顺着爬升用的墙体预留孔倒行，脚手架即可逐层下降，同时把留在墙面上的预留孔修补完毕，最后脚手架返回地面。

（5）拆除

爬架拆除前应清理脚手架上的杂物。拆除方式与互升式脚手架类似。

7.6 里脚手架

里脚手架搭设于建筑物内部，每砌完一层墙后，即将其转移到上一层楼面，进行新的一层墙体砌筑。里脚手架也用于室内装饰施工。

里脚手架装拆较频繁，要求轻便灵活，装拆方便。通常将其做成工具式的，结构形式有折叠式、支柱式和门架式。

如图 7-12 所示为角钢折叠式里脚手架，其架设间距，砌墙时不超过 2 m，粉刷时不超过 2.5 m。根据施工层高，沿高度可以搭设两步脚手，第一步高约 1 m，第二步高约 1.65 m。

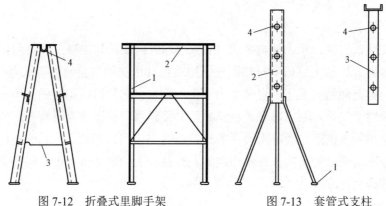

图 7-12　折叠式里脚手架　　　　　图 7-13　套管式支柱

1—立柱；2—横楞；3—挂钩；4—铰链　　　1—支脚；2—立管；3—插管；4—销孔

如图 7-13 所示为套管式支柱，它是支柱式里脚手架的一种，将插管插入立管中，以销孔间距调节高度，在插管顶端的凹形支托内搁置方木横杆，横杆上铺设脚手架。架设高度为 1.5～2.1 m。门架式里脚手架由两片 A 形支架与门架组成（见图 7-14）。其架设高度为 1.5～2.4 m，两片 A 形支架间距 2.2～2.5 m。

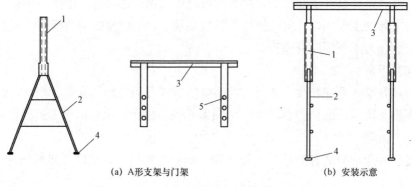

(a) A形支架与门架　　　　　　　(b) 安装示意

图 7-14　门架式里脚手架

1—立管；2—支脚；3—门架；4—垫板；5—销孔

思考题

【7-1】扣件式脚手架有哪些搭设要求？

【7-2】门式脚手架的结构如何？

【7-3】升降式脚手架有哪几种类型？

8　结构吊装工程

在现场或工厂预制的结构构件或构件组合，用起重机械在施工现场把它们吊起并安装在设计位置上，这样形成的结构叫装配式结构。结构吊装工程就是有效地完成装配式结构构件的吊装任务。

结构吊装工程是装配式结构工程施工的主导工种工程，其施工特点如下。

（1）受预制构件的类型和质量影响大。预制构件的外形尺寸、埋件位置是否正确、强度是否达到要求以及预制构件类型的多少，都直接影响吊装进度和工程质量。

（2）正确选用起重机具是完成吊装任务的主导因素。构件的吊装方法，取决于所采用的起重机械。

（3）构件所处的应力状态变化多。构件在运输和吊装时，因吊点或支承点不同，其应力状态也会不一致，甚至完全相反，必要时，应对构件进行吊装验算，并采取相应措施。

（4）高空作业多，容易发生事故，必须加强安全教育，并采取可靠措施。

8.1　起重机具

8.1.1　索具设备

1. 卷扬机

卷扬机又称绞车。按驱动方式可分手动卷扬机和电动卷扬机。卷扬机是结构吊装最常用的工具。

用于结构吊装的卷场机多为电动卷扬机。电动卷扬机主要由电动机、卷筒、电磁制动器和减速机构等组成，如图 8-1 所示。

卷扬机分快速和慢速两种。快速电动卷扬机主要用于垂直运输和打桩作业；慢速电动卷扬机主要用于结构吊装、钢筋冷拉、预应力筋张拉等作业。

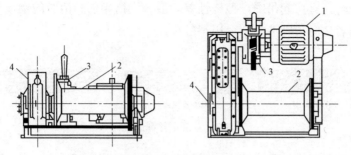

图 8-1 电动卷扬机

1—电动机；2—卷筒；3—电磁制动器；4—减速机构

选用卷扬机的主要技术参数是卷筒牵引力、钢丝绳的速度和卷筒容绳量。

使用卷扬机时应当注意：

① 为使钢丝绳能自动在卷筒上往复缠绕，卷扬机的安装位置应使距第一个导向滑轮的距离 l 为卷筒长度 a 的 15 倍，即当钢丝绳在卷筒边时，与卷筒中垂线的夹角不大于 2°，如图 8-2 所示。

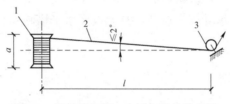

图 8-2 卷扬机与第一个导向滑轮的布置

1—卷筒；2—钢丝绳；3—第 1 个导向滑轮

② 钢丝绳引入卷筒时应接近水平，并应从卷筒的下面引入，以减少卷扬机的倾覆力矩。

③ 卷扬机在使用时必须作可靠的固定，如做基础固定、压重物固定、设锚碇固定或利用树木、构筑物等作固定。

2. 钢丝绳

钢丝绳是起重机械中用于悬吊、牵引或捆缚重物的挠性件。它是由许多根直径为 0.4～2 mm、抗拉强度为 1 200～2 200 MPa 的钢丝按一定规则捻制而成。按照捻制方法不同，分为单绕、双绕和三绕，土木工程施工中常用的是双绕钢丝绳，它是由钢丝捻成股，再由多股围绕绳芯绕成绳。双绕钢丝绳按照捻制方向分为同向绕、交叉绕和混合绕三种，如图 8-3 所示。同向绕是钢丝捻成股的方向与股捻成绳的方向相同，这种绳的挠性好、表面光滑、磨损小，但易松散和扭转，不宜用来悬吊重物。交叉绕是指钢丝捻成股的方向与股捻成绳的方向相反，这种绳不易松散和扭转，宜作起吊绳，但挠性差。混合绕指相邻的两股的钢丝绕向相反，性能介于两者之间，制造复杂，用得较少。

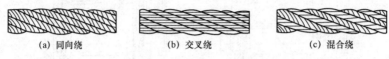

(a) 同向绕　　　　　　(b) 交叉绕　　　　　　(c) 混合绕

图 8-3　双绕钢丝绳的绕向

钢丝绳按每股钢丝数量的不同又可分为 6×19、6×37 和 6×61 三种。6×19 钢丝绳在绳的直径相同的情况下，钢丝粗，比较耐磨，但较硬，不易弯曲，一般用作缆风绳；6×37 钢丝绳比较柔软，可用作穿滑车组和吊索；6×61 钢丝绳质地软，主要用于重型起重机械中。

8.1.2　锚碇

锚碇又叫地锚，是用来固定缆风绳和卷扬机的，它是保证系缆构件稳定的重要组成部分，一般有桩式锚碇和水平锚碇两种。桩式锚碇系用木桩或型钢打入土中而成。水平锚碇可承受较大荷载，分无板栅水平锚碇和有板栅水平锚碇两种，见图 8-4。

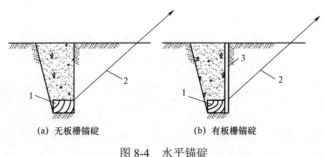

(a) 无板栅锚碇　　　　　　(b) 有板栅锚碇

图 8-4　水平锚碇

1—横梁；2—钢丝绳（或拉杆）；3—板栅

水平锚碇的计算内容包括：在垂直分力作用下锚碇的稳定性；在水平分力作用下侧向土壤的强度；锚碇横梁计算。

8.1.3　起重机械

结构吊装工程常用的起重机械主要有桅杆式起重机、自行式起重机、塔式起重机及浮吊、缆索起重机等。后两种主要用于桥梁工程施工。

1. 桅杆式起重机

桅杆式起重机具有制作简单、装拆方便、起重量大（可达 1 000 kN 以上）、受地形限制小等特点。但它的灵活性较差，工作半径小，移动较困难，并需要拉设较多的缆风绳，故一般只适用于安装工程量比较集中的工程。

桅杆式起重机可分为：独脚把杆、人字把杆、悬臂把杆和牵缆式桅杆起重机。

（1）独脚把杆

独脚把杆由把杆、起重滑轮组、卷扬机、缆风绳和锚碇等组成，如图 8-5（a）所示。使用时，把杆应保持不大于 10°的倾角，以便吊装构件时不致撞击把杆。把杆底部要设置拖子以便移动。把杆的稳定主要依靠缆风绳，绳的一端固定在桅杆顶端，另一端固定在锚碇上，缆风绳一般设 4～8 根。根据制作材料的不同，把杆类型有：

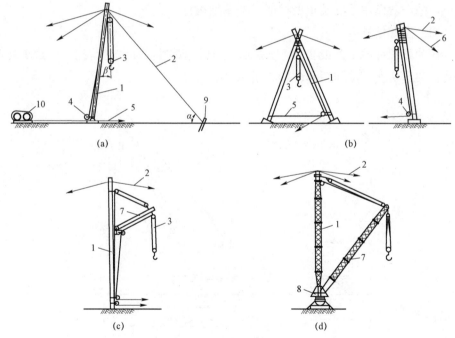

图 8-5　桅杆式起重机
1—把杆；2—缆风绳；3—起重滑轮组；4—导向装置；5—拉索；
6—主缆风绳；7—起重臂；8—回转盘；9—锚碇；10—卷扬机

1）木独脚把杆常用独根圆木做成，圆木梢径 20～32 cm，起重高度一般为 8～15 m，起重量为 30～100 kN；

2）钢管独脚把杆常用钢管直径 200～400 mm，壁厚 8～12 mm，起重高度可达 30 m，起重量可达 450 kN；

3）金属格构式独脚把杆起重高度可达 75 m，起重量可达 1 000 kN 以上。格构式独脚把杆一般用四个角钢作主肢，并由横向和斜向缀条联系而成，截面多呈正方形，常用截面为 450 mm×450 mm～1 200 mm×1 200 mm 不等，整个把杆由多段拼成。

（2）人字把杆

人字把杆是由两根圆木或两根钢管以钢丝绳绑扎或铁件铰接而成，如图 8-6（b）所示。两杆在顶部相交成 20°～30°，底部设有拉杆或拉绳，以平衡把杆本身的水平推力。其中一根把杆的底部装有一导向滑轮组，起重索通过它连到卷扬机，另用一钢丝绳连接到锚碇，以保证在起重时底部稳固。人字把杆是前倾的，但倾斜度不宜超过 1/10，并在前、后面各用两根缆风绳拉结。

人字把杆的优点是侧向稳定性较好，缆风绳较少；缺点是起吊构件的活动范围小，故一般仅用于安装重型柱或其他重型构件。

（3）悬臂把杆

在独脚把杆的中部或 2/3 高度处装上一根起重臂，即成悬臂把杆。起重杆可以回转和起伏变幅，如图 8-6（c）所示。

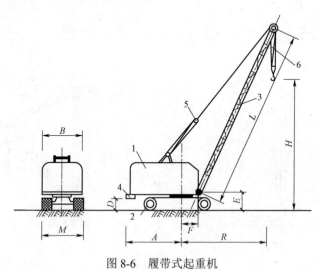

图 8-6　履带式起重机

1—机身；2—行走装置（履带）；3—起重杆；4—平衡重；5—变幅滑轮组；6—起重滑轮组；
H—起重高度；R—起重半径；L—起重杆长度

悬臂把杆的特点是能够获得较大的起重高度，起重杆能左右摆动 120°～270°，宜于吊装高度较大的构件。

2. 自行式起重机

自行式起重机分为履带式起重机和轮胎式起重机两种，轮胎式起重机又分为汽车起重机和轮胎起重机两种。

自行式起重机的优点是灵活性大，移动方便；缺点是稳定性较差。

（1）履带式起重机

履带式起重机是一种具有履带行走装置的转臂起重机。其起重量和起重高度较大，常用的起重量为 $100 \sim 500 \, kN$，目前最大起重量达 $3\,000 \, kN$，最大起重高度达 135 m。由于履带接地面积大，起重机能在较差的地面上行驶和工作，可负载移动，并可原地回转，故多用于重型工业厂房及旱地桥梁等结构吊装。但其自重大，行走速度慢，远距离转移时，需要其他车辆运载。

履带式起重机主要由底盘、机身和起重臂三部分组成，如图 8-7 所示。

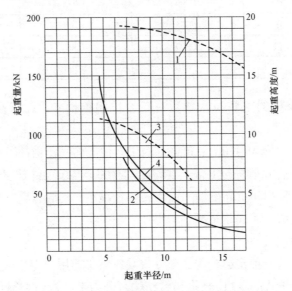

图 8-7　W_1-100 型履带式起重机工作曲线

1—起重臂长 23 m 时 *H-R* 曲线；2—起重臂长 23 m 时 *Q-R* 曲线；

3—起重臂长 13 m 时 *H-R* 曲线；4—起重臂长 13 m 时 *Q-R* 曲线

土木工程中常用的履带式起重机主要有 W_1-50 型、W_1-100 型、W_2-200 型等，其技术性能见表 8-1 和表 8-2。

表 8-1　国产履带起重机的技术性能

项目	W_1-50	W_1-100	W_2-200
最大起重量/kN	100	150	500
整机工作质量/t	23.11	39.79	75.79

项目	W$_1$-50		W$_1$-100		W$_2$-200		
接地平均压力/MPa	0.071		0.087		0.122		
吊臂长度/m	10	18	13	23	15	30	40
最大起升高度/m	9	17	11	19	12	26.5	36

表 8-2　国产履带起重机的技术性能

项目		W$_1$-50		W$_1$-100		W$_2$-200		
最小幅度/m		3.7	4.5	4.5	6.5	4.5	8	10
主要外形尺寸 /mm	A	2 900		3 300		4 500		
	B	2 700		3 120		3 200		
	D	1 000		1 095		1 190		
	E	1 555		1 700		2 100		
	F	1 000		1 300		1 600		
	M	2 850		3 200		4 050		

　　履带式起重机的主要技术参数有三个：起重量 Q，起重高度 H，起重半径 R。

　　如图 8-7 所示为 W$_1$-100 型起重机的工作性能曲线，由图可见起重量、起重高度和回转半径的大小与起重臂长度均相互有关。当起重臂长度一定时，随着仰角的增大，起重量和起重高度增加而回转半径减小；当起重臂长度增加时，起重半径和起重高度增加而起重量减小。

　　（2）汽车起重机

　　汽车起重机是一种将起重作业部分安装在汽车通用或专用底盘上、具有载重汽车行驶性能的轮式起重机。根据吊臂结构可分为定长臂、接长臂和伸缩臂三种，前两种多采用桁架结构臂，后一种采用箱形结构臂。根据动力传动，又可分为机械传动和液压传动两种。因其机动灵活性好，能够迅速转移场地，广泛用于土木工程。

　　现在普遍使用的汽车起重机多为液压伸缩臂汽车起重机，液压伸缩臂一般有 2～4 节，最下（最外）一节为基本臂，吊臂内装有液压伸缩机构控制其伸缩。

　　如图 8-8 所示为 QY-8 型汽车起重机的外形，该机采用黄河牌 JN150C 型汽车底盘，由起升、变幅、回转、吊臂伸缩和支腿机构等组成，全为液压传动。

　　汽车起重机作业时，必须先打支腿，以增大机械的支承面积，保证必要的稳定性。因此，汽车起重机不能负荷行驶。

汽车起重机的主要技术性能有最大起重量、整机质量、吊臂全伸长度、吊臂全缩长度、最大起升高度、最小工作半径、起升速度、最大行驶速度等。

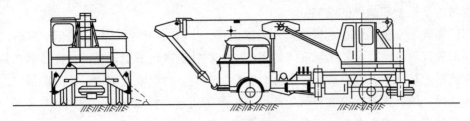

图 8-8　QY-8 型汽车起重机

（3）轮胎起重机

轮胎起重机不采用汽车底盘，而另行设计轴距较小的专门底盘。其构造与履带式起重机基本相同，只是底盘上装有可伸缩的支腿，起重时可使用支腿以增加机身的稳定性，并保护轮胎。

轮胎起重机的优点是行驶速度较高，能迅速转移工作地点或工地，对路面破坏小。但这种起重机不适合在松软或泥泞的地面上工作。

国产轮胎起重机分机械传动和液压传动两种。如图 8-9 所示为 QL_3-16 型机械式轮胎起重机的外貌。轮胎起重机的主要技术性能有额定起重量、整机质量、最大起重高度、最小回转半径、起升速度等。

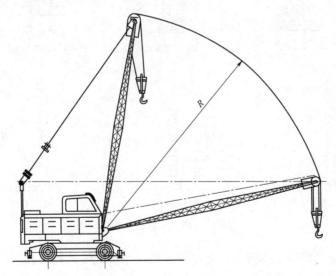

图 8-9　QL_3-16 型轮胎起重机

3. 塔式起重机

塔式起重机有竖立的塔身，吊臂安装在塔身顶部形成 T 形工作空间，因而具有较大的工作范围和起重高度，其幅度比其他起重机高，一般可达全幅度的 80%。塔式起重机在土木施工中，尤其在高层建筑施工中得到广泛应用，用于物料的垂直与水平运输和构件的安装。

塔式起重机按照行走机构，分为固定式、轨道式、轮胎式、履带式、爬升式和附着式等多种。固定式起重机的底座固定在轨道或地面上，或塔身直接装在特制的固定基础上。轨道式起重机装有轨轮，在铺设的钢轨上移动，是应用最广泛的品种。轮胎式起重机靠充气轮胎行走，履带式起重机以履带底盘为行走支承，应用都不多。爬升式起重机置于结构内部，随着结构的升高，以结构为支承而升高。附着式是固定式的一种，也随着结构的升高而不断加长塔身，为了减小塔身的弯矩，在塔身上每隔一定高度用附着杆与结构相连。此外，还有一种用于工业建筑的塔梳起重机，是一种固定式塔式起重机与桅杆式起重机相结合的起重机。如图 8-10 所示为各种塔式起重机的示意图。

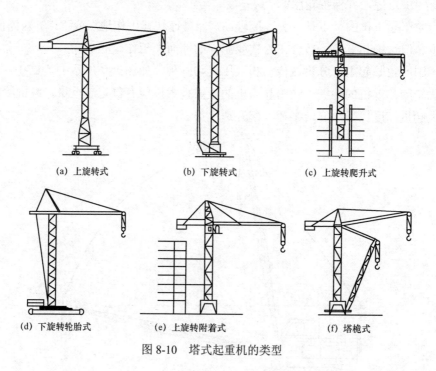

(a) 上旋转式   (b) 下旋转式   (c) 上旋转爬升式

(d) 下旋转轮胎式   (e) 上旋转附着式   (f) 塔桅式

图 8-10 塔式起重机的类型

塔式起重机按照变幅方法，分吊臂变幅和小车变幅两种，以小车变幅为优，其工作平稳，最小工作半径小，并可同时进行起升、旋转及小车行走三个动作，作业效率高。

下面就常用的轨道式、爬升式、附着式塔式起重机作一介绍。

（1）轨道式塔式起重机

轨道式塔式起重机是土木工程中使用最广泛的一种起重机，它可带重物行走，作业范围大，非生产时间少，生产效率高。

常用的轨道式塔式起重机有 QH 型、QTf6 型、QT-60/80 型、QKS 型、QT-25 等多种。转道塔式起重机主要性能有：吊臂长度、起重幅度、起重量、起升速度及行走速度等。

如图 8-11 所示为 QT-60/80 型起重机，它是一种上旋式塔式起重机，起重量 30～80 kN、幅度 7.5～20 m，是建筑工地上用得较多的一种塔式起重机。

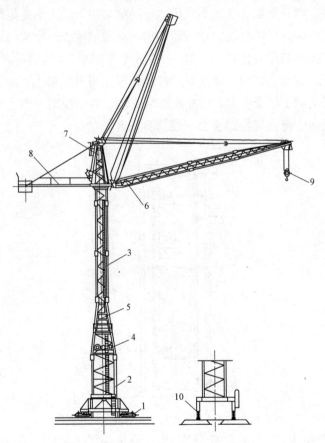

图 8-11　QT-60/80 型塔式起重机

1—从动台车；2—下节塔身；3—上节塔身；4—卷扬机构；5—操纵室；
6—吊臂；7—塔顶；8—平衡臂；9—吊钩；10—驱动台车

QT-60/80 型塔式起重机由塔身、底架、塔顶、塔帽、吊臂、平衡臂和起升、变幅、回射、行走机构及电气系统等组成。其特点是塔身可以按需要增减互换节而改变长度，并且可以转弯行驶。

（2）爬升式塔式起重机

爬升式塔式起重机又称内爬式塔式起重机，通常安装在建筑物的电梯井或特设的开间内，也可安装在筒形结构内，依靠爬升机构随着结构的升高而升高，一般是每建造3～8 m，起重机就爬升一次，塔身自身高度只有20 m左右，起重高度随施工高度而定。

1）爬升原理

爬升机构有液压式和机械式两种，如图 8-12 所示是液压爬升机构，由爬升梯架、液压缸、爬升横梁和支腿等组成。爬升梯架由上、下承重梁构成，两者相隔两层楼，工作时，用螺栓固定在筒形结构的墙或边梁上，梯架两侧有踏步。其承重梁对应于起重机塔身的四根主肢，装有8个导向滚子，在爬升时起导向作用。塔身套装在爬升梯架内，顶升液压缸的缸体铰接于塔身横梁上，而下端（活塞杆端）铰接于活动的下横梁中部。塔身两侧装支腿，活动横梁两侧也装支腿，依靠这两对支腿轮流支撑在爬梯踏步上，使塔身上升。

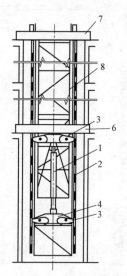

图 8-12　爬升式塔式起重机的液压爬升机构
1—液压缸；2—爬升梯架；3—塔身支腿；4—爬升横梁；5—横梁支腿；6—下承重梁；
7—上承重梁；8—塔身

如图 8-13 所示爬升过程。爬升横梁 4 的支腿 3 支承在爬梯 2 下面的踏步上 [见图 8-13（a）]，顶升液压缸 1 进油，将塔身 8 向上顶升 [见图 8-13（b）]，顶到一定高度以后，塔身两侧的支腿 3 支承在爬梯的上面踏步上 [见图 8-13（c）]，液压缸回缩，将爬升横梁提升到上一级踏步，并张开支腿 3 支承于上一级踏步上［见图 8-13（d）］。如此重复，使起重机上升。

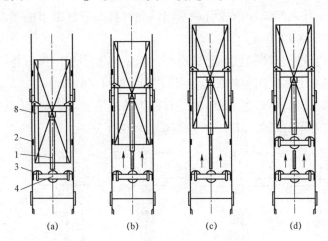

图 8-13　液压爬升机构的爬升过程

爬升式起重机的优点是：起重机以建筑物作支承，塔身短，起重高度大，而且不占建筑物外围空间；缺点是司机作业往往不能看到起吊全过程，需靠信号指挥，施工结束后拆卸复杂，一般需设辅助起重机拆卸。

2）技术性能

常用的内爬式起重机为上旋内爬式塔式起重机，也可用作为附着式、固定式或轨道式塔式起重机。主要技术性能包括工作幅度、起重量、起升速度、爬升速度等。

（3）附着式塔式起重机

附着式塔式起重机又称自升塔式起重机，直接固定在建筑物或构筑物近旁的混凝土基础上，随着结构的升高，不断自行接高塔身，使起重高度不断增大。为了塔身稳定，塔身每隔 20 m 高度左右用系杆与结构锚固。

附着式塔式起重机多为小车变幅，因起重机装在结构近旁，司机能看到吊装的全过程，自身的安装与拆卸不妨碍施工过程。

1）顶升原理

附着式塔式起重机的自升接高目前主要是利用液压缸顶升，采用较多的是外套架液压缸侧顶式。如图 8-14 所示为其顶升过程，可分为以下五个步骤。

① 将标准节吊到摆渡小车上，并将过渡节与塔身标准节相连的螺栓松开，准备顶升［见图 8-14（a）］。

② 开动液压千斤顶，将塔吊上部结构包括顶升套架向上顶升到超过一个标准节的高度，然后用定位销将套架固定。于是塔吊上部结构的重量就通过定位锁

传递到塔身［见图8-14（b）］。

③ 液压千斤顶回缩，形成引进空间，此时将装有标准节的摆渡小车开到引进空间内［见图8-14（c）］。

④ 利用液压千斤顶稍微提起标准节，退出摆渡小车，然后将标准节平稳地落在下面的塔身上，并用螺栓加以连接［见图8-14（d）］。

⑤ 拔出定位销，下降过渡节，使之与已接高的塔身连成整体［见图8-14（e）］。如一次要接高若干节塔身标准节，则可重复以上工序。

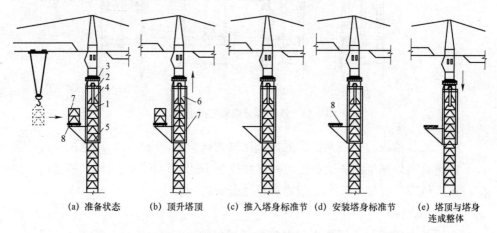

(a) 准备状态　(b) 顶升塔顶　(c) 推入塔身标准节　(d) 安装塔身标准节　(e) 塔顶与塔身
连成整体

图 8-14　QT4-10 型起重机的顶升过程

1—顶升套架；2—液压千斤顶；3—承座；4—顶升横梁；5—定位销；
6—过渡节；7—标准节；8—摆渡小车

2）技术性能

如图 8-15 所示为 QT_4-10 型附着式塔式起重机，其最大起重量为 100 kN，最大起重力矩为 1 600 kN·m，最大幅度 30 m，装有轨轮，也可固装在混凝土基础上。

附着式塔式起重机的主要技术性能有：吊臂长度、工作半径、最大起重量、附着式最大起升高度、起升速度、爬升机构顶升速度及附着间距等。

4. 龙门架

龙门架是一种最常用的垂直起吊设备。在龙门架顶横梁上设行车时，可横向运输重物、构件；在龙门架两腿下缘设有滚轮并置于铁轨上时，可在轨道上纵向运输；如在两腿下设能转向的滚轮时，可进行任何方向的水平运输。龙门架通常设于构件预制场吊移构件；或设在桥墩顶、桥墩旁安装大梁构件。常用的龙门架种类有钢木混合构造龙门架、拐脚龙门架和装配式钢桥桁节（贝雷）拼制的龙门架。如图 8-16 所示是利用公路装配式钢桥桁节（贝雷）拼制的龙门架示例。

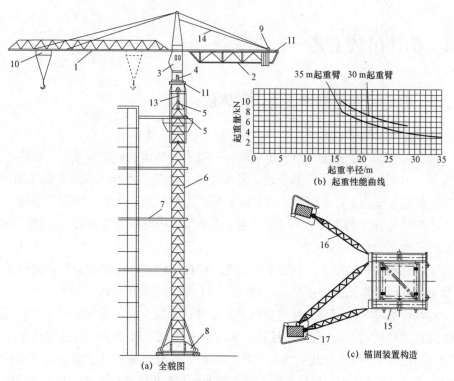

图 8-15 QT₄-10 型塔式起重机

1—起重臂；2—平衡臂；3—操纵室；4—转台；5—顶升套架；6—塔身标准节；

7—锚固装置；8—底架及支腿；9—起重小车；10—平衡重；11—支承回转装置；

12—液压千斤顶；13—塔身套箍；14—撑杆；15—附着套箍；16—附墙杆；17—附墙连接件

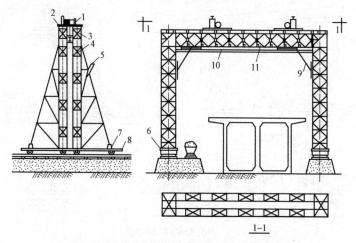

图 8-16 利用公路装配式钢梁桁架节拼制的龙门架

1—单筒慢速卷扬机；2—行道板；3—枕木；4—贝雷桁片；5—斜撑；

6—端柱；7—底梁；8—轨道平车；9—角撑；10—加强吊杆；11—单轨

8.2 构件吊装工艺

8.2.1 预制构件的制作、运输和堆放

1. 构件的制作和运输

预制构件如柱、屋架、梁、桥面板等一般在现场预制或工厂预制。在许可的条件下，预制时尽可能采用叠浇法，重叠层数由地基承载能力和施工条件确定，一般不超过 4 层，上、下层间应做好隔离层，上层构件的浇筑应等到下层构件混凝土达到设计强度的 30%以后才可进行，整个预制场地应平整夯实，不可因受荷、浸水而产生不均匀沉陷。

工厂预制的构件需在吊装前运至工地，构件运输宜选用载重量较大的载重汽车和半拖式或全拖式的平板拖车，将构件直接运到工地构件堆放处。

对构件运输时的混凝土强度要求是：如设计无规定时，不应低于设计的混凝土强度标准值的 75%。在运输过程中构件的支承位置和方法，应根据设计的吊（垫）点设置，不应引起超应力和使构件损伤。叠放运输构件之间必须用隔板或垫木隔开。上、下垫木应保持在同一垂直线上，支垫数量要符合设计要求以免构件受折。运输道路要有足够的宽度和转弯半径，如图 8-17 所示为构件运输示意图。

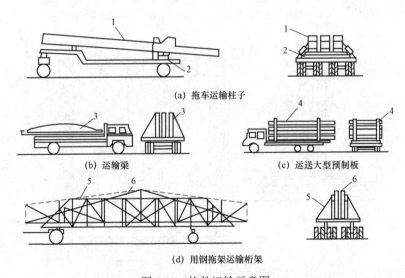

(a) 拖车运输柱子

(b) 运输梁

(c) 运送大型预制板

(d) 用钢拖架运输桁架

图 8-17 构件运输示意图

1—柱子；2—垫木；3—大型梁；4—预制板；5—钢拖架；6—大型桁架

2. 吊装前的构件堆放

预制构件的堆放应考虑便于吊升及吊升后的就位，特别是大型构件，如房屋建筑中的柱、屋架、桥梁工程中的箱梁、桥面板等，应做好构件堆放的布置图，以便一次吊升就位，减少起重设备负荷开行。对于小型构件，则可考虑布置在大型构件之间，也应以便于吊装，减少二次搬运为原则。但小型构件常采用随吊随运的方法，以便减少对施工场地的占用。下面以单层厂房屋架为例说明预制构件的临时堆放原则。

预制屋架布置在跨之内，以3~4榀为一叠，为了适应在吊装阶段吊装屋架的工艺要求，首先需要用起重机将屋架由平卧转为直立，这一工作称为屋架的扶直（或称翻身、起板）。屋架扶直后，随即用起重机将屋架吊起并转移到吊装前的堆放位置。屋架的堆放方式一般有两种，即屋架的斜向堆放（见图8-18）和纵向堆放（见图8-19）。各榀屋架之间保持不小于20 cm的间距，各榀屋架都必须支撑牢靠，防止倾倒。对于纵向堆放的屋架，要避免在已吊装好的屋架下面进行绑扎和吊装。

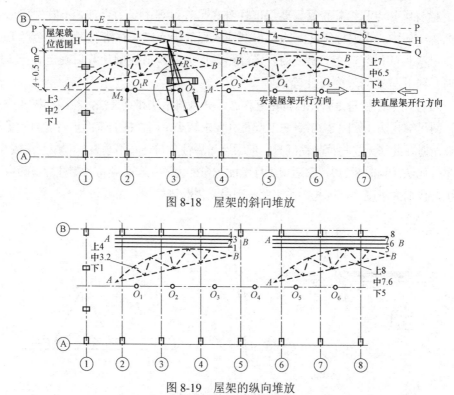

图 8-18 屋架的斜向堆放

图 8-19 屋架的纵向堆放

这两种堆放方式以斜向堆放为宜，由于扶直后堆放的屋架放在PQ线之间，屋架扶直后的位置可保证其吊升后直接放置在对应的轴线上，如②轴屋架的吊升，起重机位于 O_2 点处，吊钩位于 PQ 线之间的②轴屋架中点，起升后转向②轴，即可将屋架安装至②轴的柱顶（见图 8-19）。如采用纵向堆放，则屋架在起吊后不能直接转向安装轴线就位，需起重机负荷开行一段后再安装就位。但是斜向堆放法占地较大，而纵向堆放法则占地较小。

小型构件运到现场后，按平面布置图安排的部位，依编号、吊装顺序进行就位和集中堆放。小型构件就位位置，一般在其安装位置附近，有时也可从运输车上直接起吊。采用叠放的构件，如屋面板、箱梁等，可以多块为一叠，以减少堆场用地。

8.2.2　构件的绑扎和吊升

预制构件的绑扎和吊升对于不同构件各有特点和要求，现就单层工业厂房预制柱和钢筋混凝土屋架的绑扎和吊升进行阐明，其他构件的施工方法以此类似。

1. 柱的绑扎和起吊

（1）柱的绑扎

柱身绑扎点和绑扎位置，要保证柱身在吊装过程中受力合理，不发生变形和裂断。一般中、小型柱绑扎一点；重型柱或配筋少而细长柱绑扎两点甚至两点以上以减少柱的吊装弯矩。必要时，需经吊装应力和裂缝控制计算后确定。一点绑扎时，绑扎位置一般由设计确定。

按柱吊起后柱身是否能保持垂直状态，分为斜吊法和直吊法，相应的绑扎方法有：斜吊绑扎法（见图 8-20），它对起重杆要求较小，用于柱的宽面抗弯能力满足吊装要求时，此法无需将预制柱翻身，但因起吊后柱身与杯底不垂直，对线就位较难；直吊绑扎法（见图 8-21），它适用于柱宽面抗弯能力不足，必须将预制柱翻身后窄面向上，以增大刚度，再绑扎起吊，此法因吊索需跨过柱顶，需要较长的起重杆。

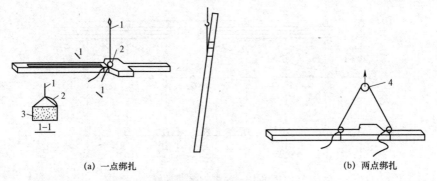

(a) 一点绑扎　　　　　　　　　　　　(b) 两点绑扎

图 8-20　斜吊绑扎法

1—吊索；2—楠圆销卡环；3—柱子；4—滑车

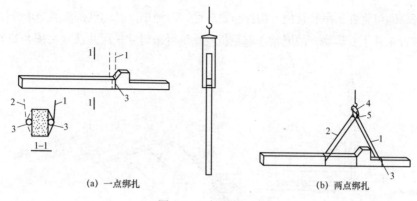

(a) 一点绑扎　　　　　　　　　(b) 两点绑扎

图 8-21　直吊绑扎法

1—第一支吊索；2—第二支吊索；3—活络卡环；4—铁扁担；5—滑车

（2）柱的起吊

柱的起吊方法，按柱在吊升过程中柱身运动的特点分旋转法和滑行法两种；按采用起重机的数量，有单机起吊和双机起吊之分。单机起吊的工艺如下。

1）旋转法

起重机边起钩、边旋转，使柱身绕柱脚旋转而逐渐吊起的方法称为旋转法。其要点是保持柱脚位置不动，并使柱的吊点、柱脚中心和杯口中心三点共圆。其特点是柱吊升中所受震动较小，但构件布置要求高，占地较大，对起重机的机动性要求高，要求能同时进行起升与回转两个动作。一般需采用自行式起重机（见图 8-22）。

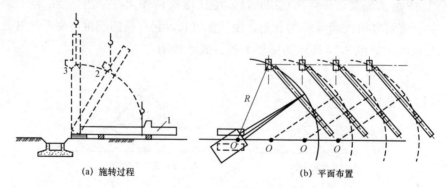

(a) 施转过程　　　　　　　　　(b) 平面布置

图 8-22　旋转法吊柱

1—柱子平卧时；2—起吊中途；3—直立

2）滑行法

起吊时起重机不旋转，只起升吊钩，使柱脚在吊钩上升过程中沿着地面逐渐向吊钩位置滑行，直到柱身直立的方法称为滑行法。其要点是柱的吊点要布置在杯口旁，并与杯口中心两点共圆弧。其特点是起重机只需起升吊钩即可将柱吊直，然后稍微转动吊杆，即可将柱子吊装就位，构件布置方便、占地小，对起重机性能要求较低，但滑行过程中柱子受震动。故通常在起重机及场地受限时才采用此法（见图 8-23）。

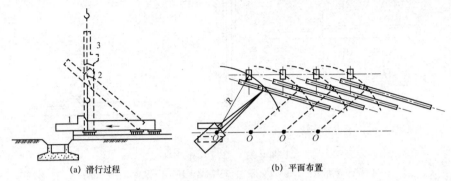

(a) 滑行过程　　　　　　　　　　(b) 平面布置

图 8-23　滑行法吊柱

1—柱子平卧时；2—起吊中途；3—直立

2. 屋架的绑扎与吊升

对平卧叠浇预制的屋架，吊装前先要翻身扶直，然后起吊移至预定地点堆放。扶直时的绑扎点一般设在屋架上弦的节点位置上，最好是起吊、就位时的吊点。屋架的绑扎点与绑扎方式与屋架的形式和跨度有关，其绑扎的位置及吊点的数目一般由设计确定。如吊点与设计不符，应进行吊装验算。屋架绑扎时吊索与水平面的夹角 α 不宜小于 45°，以免屋架上弦杆承受过大的压力使构件受损。通常跨度小于 18 m 的屋架可采用两点绑扎法，大于 18 m 的屋架可采用三点或四点绑扎法。如屋架跨度很大或因加大 α 角，使吊索过长，起重机的起重高度不够时，可采用横吊梁。如图 8-24 所示为屋架绑扎方式示意图。

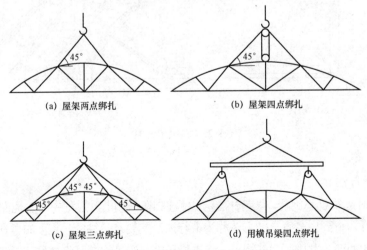

(a) 屋架两点绑扎　　　　　　　　(b) 屋架四点绑扎

(c) 屋架三点绑扎　　　　　　　　(d) 用横吊梁四点绑扎

图 8-24　屋架绑扎方式示意图

在屋架吊升至柱顶后，使屋架端部的两个方向的轴线与柱顶轴线重合，屋架临时固定后起重机才能脱钩。

其他形式的桁架结构在吊装中都应考虑绑扎点及吊索与水平面的夹角，以防桁架弦杆在受力平面外的破坏。必要时，还应在桁架两侧用型钢、圆木作临时加固。

8.2.3　构件的就位与临时固定

1. 柱的对位和临时固定

混凝土柱脚插入杯口后，使柱的安装中心线对准杯口的安装中心线，然后将柱四周八只锲子打入加以临时固定。吊装重型、细长柱时，除采用以上措施进行临时固定外，必要时，增设缆风绳拉锚。

钢柱吊装时，首先进行试吊，吊起离地 100～200 mm 高度时，检查索具和吊车情况后，再进行正式吊装。调整柱底板位于安装基础时，吊车应缓慢下降，当柱底距离基础位置 40～100 mm 时，调整柱底与基础两个方向轴线，对准位置后再下降就位，并拧紧全部基础螺栓螺母，钢柱就位如图 8-25 所示。

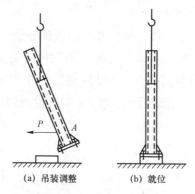

(a) 吊装调整　　　　(b) 就位

图 8-25　钢柱吊装就位

2. 桁架的就位和临时固定

桁架类构件一般高度大、宽度小，受力平面外刚度很小，就位后易倾倒。因此，桁架就位关键是使桁架的端头两个方向的轴线与柱顶轴线重合后，应及时进行临时固定。

第一榀桁架的临时固定必须可靠，因为它是单片结构，侧向稳定性差；同时它是第二榀桁架的支撑，所以必须做好临时固定。一般采用四根缆风绳从两边把桁架拉牢。其他各榀架可用屋架校正架（工具式支撑）临时固定在前面一榀桁架上。如图 8-26 所示是一屋架就位的示意图。

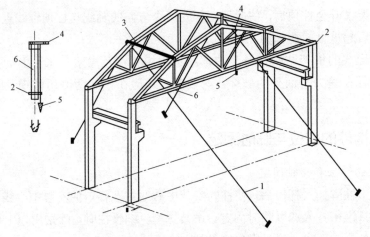

图 8-26　屋架的临时固定

1—缆风绳；2，4—挂线木尺；3—屋架校正器；5—线锤；6—屋架

8.2.4　构件的校正与最后固定

1. 柱的校正与最后固定

（1）柱的校正

柱的校正包括平面定位轴线、标高和垂直度的校正。柱平面定位轴线在临时固定前进行对位时已校正好。混凝土柱标高则在柱吊装前调整基础杯底的标高，控制在施工验收规范允许的范围内。钢柱则通过在柱子基础表面浇筑标高块（见图 8-27）的方法进行校正。标高块用无收缩砂浆立模浇筑，强度不低于 30 N/mm^2，其上埋设厚 $16 \sim 20 \text{ mm}$ 的钢面板。而垂直度的校正可用经纬仪的观测和钢管校正器或螺旋千斤顶（柱较重时）进行校正。如图 8-28、图 8-29 所示。

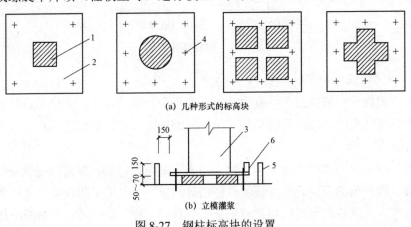

（a）几种形式的标高块

（b）立模灌浆

图 8-27　钢柱标高块的设置

1—标高块；2—基础表面；3—钢柱；4—地脚螺栓；5—模板；6—灌浆口

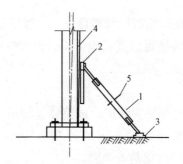

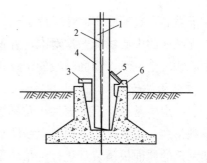

图 8-28　钢管撑杆校正法　　　　　图 8-29　千斤顶斜顶法

1—钢管校正器；2—头部摩擦板；3—底板；　　1—柱中线；2—铅垂线；3—楔块；4—柱；

4—钢柱；5—转动手柄　　　　　　　　　　5—千斤顶；6—卡座

（2）柱的最后固定

校正完成后应及时固定。待混凝土柱校正完毕即在柱底部四周与基础杯口的空隙之间浇筑细石混凝土，捣固密实，使柱的底脚完全嵌固在基础内作为最后固定。浇筑工作分两次进行，第一次浇至楔块底面，待混凝土强度达到 25%设计强度后，拔去楔块再第二次灌注混凝土至杯口顶面。

钢柱校正后即将锚固螺栓固定，并进行钢柱柱底灌浆。灌浆前，应在钢柱底板四周立模板，用水清洗基础表面，排除积水。灌筑砂浆应能自由流动，灌浆从一边进行连续灌注，灌注后用湿草包等覆盖养护。

2. 桁架的校正与最后固定

桁架主要校正垂直度偏差。如建筑工程的有关规范规定：屋架上弦（在跨中）通过两个支座中心的垂直面偏差不得大于 $h/250$（h 为屋架高度）。检查时，可用线锤或经纬仪。下面以屋架为例说明桁架的校正方法（见图 8-26）。用经纬仪检查时，将仪器安置在被检查屋架的跨外，距柱横轴线为 a，然后，观测屋架上弦所挑出的三个挂线木卡尺上的标志（一个安装在屋架上弦中央，两个安装在屋架上弦两端，标志距屋架上弦轴线均为 a 是否在同一垂直面上，如偏差超出规定数值，则转动屋架校正器上的螺栓进行校正，并在屋架端部支承面垫人薄钢片。校正无误后，立即用电焊焊牢作为最后固定，电焊时，应在屋架两端的不同侧同时施焊，以防因焊缝收缩导致屋架倾斜，其他形式的桁架校正方法也与此类似。

8.2.5　小型构件的吊装

1. 梁的吊装

梁的吊装应在下部结构达到设计强度后进行，装配式结构的柱子安装须在柱子最后固定好、杯口灌注的混凝土达到 70%设计强度后进行。梁的绑扎应对称，吊钩对准重心，起吊后使构件保持水平。梁在就位时应缓慢落下，争取使梁的中心线与支承面的中心线能一次对准，并使两端搁置位置正确。梁的校正内容有：安装中心线对定位纵、横向轴线的位移、标高、垂直度。

2. 其他构件的吊装

单层厂房中常设计有天窗架，天窗架可与屋架拼装组合成整体一起吊装，或进行单独吊装，吊装时，采用两点或四点绑扎（见图 8-30）。单独吊装时，应待天窗架两侧的屋面板吊装后进行。吊装方法与屋架基本相同。

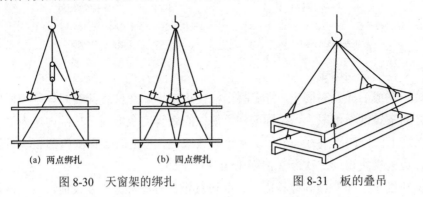

(a) 两点绑扎	(b) 四点绑扎	
图 8-30　天窗架的绑扎		图 8-31　板的叠吊

屋面板、桥面板等的吊装，如起重机的起重能力许可，为加快施工速度，可采用叠吊的方法（见图 8-31）。板的吊装，应由屋架或两边左右对称地逐块吊向中央，避免支承结构承受半边荷载，以利于下部结构的稳定。板就位、校正后，应立即与支承构件电焊固定。

思考题

【8-1】叙述钢丝绳构造与种类，它的允许拉力如何计算？

【8-2】水平锚碇的计算包括哪些内容？怎样计算？

【8-3】起重机械分哪几类？各有何特点？其适用范围如何？

【8-4】柱子吊装方法有哪几种？各有何特点？

【8-5】单机（覆带式起重机）吊升柱子时，可采用旋转法或滑行法，各有什么特点？

【8-6】柱子在临时固定后，柱子垂直度如何校正？

【8-7】屋架绑扎应注意哪些问题？

【8-8】桁架的临时固定应注意哪些问题？

9 防水工程

9.1 建筑防水工程分类及功能

建筑防水工程的分类，可按设防部位、设防方法、设防材料性能、设防材料的品种来划分。

9.1.1 按设防部位分类

（1）屋面防水建筑物和构筑物的屋面。

（2）卫生间与地面防水（卫生间、盥洗室、清洗室、开水间、楼面和地面的防水）。

（3）地下建筑物的防水（地下室、地下管沟、地下铁道、隧道等）。

（4）外墙面的防水（外墙立面、坡面及板缝防水）。

（5）其他部位（如储水池、储液池、游泳池、水塔、水库、储油罐、储油池等）的防水。

9.1.2 按设防方法分类

（1）采用各种防水材料进行复合防水。复合防水是《屋面工程质量验收规范》（GB 50207—2002）肯定的一种新型防水施工方法。在设防中采用多种不同性能的防水材料，利用各自具有的特性，在防水工程中复合使用，以发挥各种防水材料的优势，提高防水工程的整体性能，做到刚柔结合、多道设防、综合治理。例如，在节点部位，可用密封材料或性能各异的防水材料与大面积的一般防水材料配合使用，形成复合防水。

（2）采用一定形式或方法进行构件自防水，或结合排水进行防水。例如，地铁车站为防止侧墙渗水采用双层侧墙内衬墙（补偿收缩防水钢筋混凝土）；地铁车站为防止顶板结构产生裂纹而设置诱导缝和后浇带；为解决地铁结构漂浮而在底板下设置倒滤层（渗排水层）等。

9.1.3 按设防材料性能分类

1. 刚性防水

（1）刚性防水屋面。刚性防水屋面在我国南方地区应用较多，常见的种类有普通细石混凝土屋面、补偿收缩混凝土屋面、预应力混凝土屋面、钢纤维混凝土屋面、块体刚性防水屋面、白灰炉渣屋面。

（2）块材防水屋面。块材防水屋面的类型比较复杂，其中有的是传统做法，块材防水屋面分为俯仰瓦屋面、平瓦屋面和波形瓦屋面。

（3）地下建筑防水。地下建筑防水包括钢筋混凝土自防水及防水砂浆等。

2. 柔性防水

（1）卷材防水。卷材防水分为三大类：石油沥青卷材防水、高聚物改性沥青卷材防水、合成高分子卷材防水。根据其性能的不同，在每一类中又可以分为若干个系列。

（2）涂膜防水。涂膜防水按材料的液态类型可分为溶剂型、水乳型和反应型三种。按涂料成膜物质的主要成分可分为沥青类和合成高分子类。

9.1.4 按设防材料品种分类

（1）卷材防水。

（2）涂膜防水。

（3）密封防水材料分为改性沥青密封材料和合成高分子密封材料。

（4）混凝土自防水。

（5）粉状憎水材料防水。

（6）透剂防水，如用 M1500 渗透剂。

9.1.5 防水工程的功能

对不同部位的防水，其功能要求有所不同，建筑防水的目的是防止建筑物在合理使用年限内发生的雨水、生活用水、地下水的渗漏，影响正常的生活和使用，破坏室内装修，侵蚀结构，污染或损坏物件。由于水泥、混凝土会产生毛细孔、裂缝、小洞、间隙而成为水的通道。因此，在设计合理使用年限内，防水层不能出现微小的贯通防水层的裂缝、小洞和间隙。要满足上述要求，防水层必须能抵御大气、紫外线、臭氧带来的老化作用，耐酸碱的侵蚀，能承受由于各种变形所施加的反复疲劳拉、压和外力穿刺，保证防水层不受损坏而产生渗漏。

以下分别介绍各种部位防水的功能要求。

（1）屋面防水

屋面防水就是防止屋面上的雨水漏入室内。近几年对屋面还有综合利用的要求，如活动场所、停车场、屋顶花园、蓄水隔热、作为种植屋面等，这些屋面对防水层的要求更高。

（2）外墙面防水

外墙面防水是防止在风雨袭击下，雨水通过墙体渗透到室内。墙面是垂直的，雨水无法停留，但墙面有施工构造缝（大板墙接缝）、装饰线条、墙体饰面裂缝及毛细孔，雨水在风力作用下、产生渗透压力而进入室内。

（3）卫生间、车间防水

卫生间、车间防水是防止生活、生产用水和生活、生产污水渗漏到楼下，或通过隔墙渗入到其他房间。卫生间和某些车间管道多，设备也多，用水量集中，飞溅严重，酸碱液体也很多，有时不但要求防止渗漏，还要防止酸碱液体的侵蚀，尤其是化工生产车间。

（4）地下防水

建筑地下防水工程主要是地下室防水和地下管沟防水，它要求防止地下水的侵入。地下水不但具有较高动水压的特点，而且常常伴有酸碱等介质的侵蚀。地下建筑的结构以受力为主，但也具有防水功能，如普通防水混凝土，为避免地下水对结构的侵蚀，常采取排导，再填以密实黏土或灰土，减少动水压的渗透作用，再就是采用防水材料"外防"等多道设防措施，以提高防水能力和防水的可靠性。

（5）储水池、储液池防水

储水池、储液池防水是防止水或其他液体往外渗漏，设在地下的也要考虑地下水往里渗漏。所以除储水（液）池结构本身具有防水（液）能力外，一般将防水层设在内部，且要求使用的防水材料不会污染水质（液体）或不被储液所腐蚀，多采用无机材料，如聚合物砂浆等。

9.2 建筑工程防水材料

建筑物或构筑物使用防水材料，是为了满足防潮、防渗漏功能需要。随着现代科学技术的发展，性能各异的防水材料的品种越来越多。

9.2.1 沥青材料

沥青材料广泛应用于防水工程，同时又是各种改性材料的主要组成部分，它的性能直接关系到防水材料的质量。沥青材料是含有沥青成分的材料的总称，它是一种有机胶结材料，为多种高分子碳氢化合物及其金属衍生物组成的复杂混合物，其中碳的含量为80%～90%。常温下呈固体、半固体或黏性液体。颜色为黑色或黑褐色，具有良好的黏结性、塑性、不透水性及耐化学侵蚀性，并能抵抗大气的风化作用。在建筑工程中主要用于屋面、地下防水、车间耐腐蚀地面及道路路面等。此外，沥青材料还可以用来制造防水卷材、防水涂料、防水油膏、胶黏剂及防锈防腐涂料等，可以说它是建筑防水材料中的主体材料。

防水工程中使用的沥青必须具有其特定的性能。在低温条件下应有弹性和塑性，高温时要有足够的强度和稳定性，在使用条件下具有抗老化能力，与各种矿物料及基层表面有较强的黏附力，对基层变形具有一定的适应性和耐疲劳性。通常石油沥青加工制备的沥青不能全面满足上述要求，尤其是我国大多数由原油加工出来的沥青，如只控制了耐热性，其他方面就很难达到要求，由此必然影响以沥青为主要原料的防水材料的质量，因此对沥青必须进行改性处理。如氧化改性、硫化改性、聚合物改性。

聚合物的掺量对改性沥青的影响十分明显，一般掺量在8%以上，混合物中的聚合物可能呈连续相，掺量大于12%时聚合物的特性更为突出。通常将高掺量的沥青称为聚合物沥青。掺量低且性能改善幅度较小的沥青称为改性沥青。

聚合物改性沥青的特点如下。

（1）温度敏感性降低，塑性范围扩大，一般为–20～+100 ℃，橡胶含量在10%以上时，塑性范围可达–20～+130 ℃。

（2）热稳定性提高，在100 ℃下加热2 h不会产生软化和流淌现象。

（3）冷脆点降低，低温性能改善，不龟裂，低温下仍有较好的延伸性和柔韧性。

（4）弹性和伸长率提高，强度好、能抗冲击和耐磨损。

（5）耐久性好，橡胶沥青比纯沥青耐老化性至少提高1倍。

在聚合物改性的同时还要掺入矿物填充料（粉状或纤维状）以改善黏结力和耐热度。

9.2.2　防水卷材

防水卷材是建筑防水材料的重要品种之一，它占整个建筑防水材料中的80%左右，1980年以后，在使用传统纸胎沥青油毡的同时，我国先后研制成功了耐老化性能好、拉伸强度高、伸长率大，对基层伸缩或开裂变形适应性强的三元乙丙橡胶防水卷材、氯化聚乙烯—橡胶共混防水卷材、氯磺化聚乙烯防水卷材、增强氯化聚乙烯防水卷材、聚氯乙烯防水卷材及SBS改性沥青防水卷材、APP改性沥青防水卷材、再生橡胶改性沥青防水卷材、聚氯乙烯改性焦油沥青防水卷材等。与此同时，先后从西欧、日本和美国等地引进了 5 条生产合成摧分子防水卷材和 15 条生产高聚物改性沥青防水卷材的生产线和生产技术。到目前为止，据不完全统计，我国已能生产 100 多种不同档次的合成高分子防水卷材和高聚物改性沥青防水卷材产品。从此打破了我国传统的纸胎沥青防水卷材一统天下的局面，有力地促进了建筑防水新材料和新技术的研发与应用，满足了现代建筑防水工程发展的要求。

1. 防水卷材的要求和分类

要满足防水工程的要求，防水卷材必须具备以下性能。

（1）耐水性。耐水性即在水的作用和被水浸润后其性能基本不变，在水的压力下具有不透水性。

（2）温度稳定性。温度稳定性即在高温下不流淌、不起泡、不滑动，低温下不脆裂的性能，即指在一定温度变化下保持原有性能的能力。

（3）机械强度、延伸度和抗断裂性。机械强度、延伸度和抗断裂性即在承受建筑结构允许范围内荷载应力和变形条件下不断裂的性能。

（4）柔韧性。对于防水材料特别要求具有低柔韧性，保证易于施工，不脆裂。

（5）大气稳定性。大气稳定性即在阳光、热、氧气及其他化学侵蚀介质、微生物侵蚀介质等因素的长期综合作用下抵抗老化，抵抗侵蚀的能力。

2. 沥青防水卷材

沥青防水卷材俗称沥青油毡。它是用原纸、纤维织物、纤维毡、金属箔、合成膜胎体材料浸涂沥青，表面散布粉状、粒状或片状材料制成的可卷曲的片状防水材料。按不同的胎体材料大致分类为纸胎、纤维胎等。

3. 高聚物改性沥青防水卷材

以高分子聚合物改性沥青为涂盖层，纤维毡、纤维织物或塑料薄膜为胎体，粉状、粒状、片状或塑料膜为覆面材料制成的可卷曲的片状防水卷材，称为高聚物改性沥青防水卷材。国内主要几种高聚物改性沥青防水卷材介绍如下。

（1）塑性体沥青防水卷材（APP 防水卷材）。塑性体沥青防水卷材，是热塑性塑料（如 APP）改性沥青后的塑性体沥青，涂盖在经沥青浸渍后的胎基两面，在上表面撒以细砂、矿物粒（片）料或覆盖聚乙烯膜，下表面撒以细砂、矿物粒（片）或覆盖聚乙烯膜所制成的一种沥青防水卷材。通常以 APP 改性沥青油毡为典型产品。

（2）弹性体沥青防水卷材（SBS 卷材）。SBS 改性沥青防水卷材，属弹性体沥青防水卷材中有代表性的品种，系采用纤维毡为胎体，浸涂 SBS 改性沥青，上表面散布矿物粒、片料或覆盖聚乙烯膜，下表面散布细砂或覆盖聚乙烯膜所制成可卷曲的片状防水材料。

（3）聚氯乙烯改性煤沥青玻纤油毡。它系采用无纺玻纤毡为胎体，两面涂覆聚氯乙烯改性的煤沥青，并在油毡的上表面撒以不同颜色的砂粒料，下表面覆以聚氯乙烯薄膜作隔离材料制作的一种防水卷材。

（4）再生橡胶改性沥青防水卷材。再生橡胶改性沥青防水卷材，系采用聚酯纤维无纺布或原纸为胎体，浸涂再生橡胶改性沥青，表面涂、撒矿物粉、粒料或覆盖聚乙烯膜所制成的可卷曲片状防水材料。

（5）SBR 改性沥青防水卷材。SBR 改性沥青防水卷材，系采用玻纤毡或聚酯无纺布为胎体，浸涂 SBR 改性沥青，上表面散布矿物粒或覆盖聚乙烯膜，下表面散布细砂或覆盖聚乙烯膜所制成的可卷曲片状防水材料。

（6）聚氯乙烯（PVC）改性煤焦油防水卷材。聚氯乙烯（PVC）改性煤焦油防水卷材，系采用原纸、纤维毡或纤维织物为胎体，浸涂 PVC 改性煤焦油，表面涂、撒矿物粉、颗粒或覆盖聚乙烯膜所制成的可卷曲片状防水材料。

4. 合成高分子防水卷材

合成高分子防水卷材系以合成橡胶、合成树脂或两者的共混体为基料，加入适量的化学助剂和填充料等，经混炼、压延或挤出等工序加工而制成的可卷曲的片状防水材料，称为合成高分子防水卷材。合成高分子卷材可分为加筋或不加筋两种。该卷材具有抗拉强度高，断裂伸长率大、抗撕裂强度高，耐热、耐低温性能好及耐腐蚀、耐老化、可冷施工等优良特性，是高档次防水卷材，也是我国今后要大力发展的新型防水材料。

9.2.3　防水涂料

防水涂料是一种流态或半流态物质，涂刷在基层表面，经溶剂或水分挥发，或组分间的化学反应，形成一定弹性的薄膜，使表面与水隔绝，起到防水、防渗、防潮作用。

1. 防水涂料的特点

（1）防水涂料在固化前呈黏稠状液体，因此，在施工时能满足各种复杂的屋面、地面、立面、阴阳角部位防水工程要求，能形成无接缝的、完整的防水膜。

（2）形成的防水膜具有良好的延伸性、耐水性和耐候性，能适应表层裂缝的微小变化。

（3）形成的防水膜层自重小，特别适用于轻型屋面等防水。

（4）安全性好，不必加热，冷施工即可。既减少环境污染，又便于操作，改善劳动条件。

（5）操作简便，施工进度快，可实行机械化施工。

（6）易于修补，可在渗漏处进行局部修补。它既是涂料，又是胶黏剂，对于基层裂缝施工缝、雨水斗及贯穿管周围等容易造成渗漏的部位，维修比较简单。

（7）价格相对低廉。

2. 乳化沥青防水涂料

乳化沥青是一种冷施工的防水涂料，系将石油沥青在乳化剂水溶液作用下，经搅拌机强烈搅拌而成，沥青在搅拌机的搅拌下，被分散成 1～6 pm 的细小颗粒，并被乳化剂包裹起来形成悬浮在水中的乳化液。当该乳化液涂在基层上后，水分逐渐蒸发，沥青颗粒遂凝聚成膜，形成了均匀、稳定、黏结强度高的防水层。

乳化沥青按使用乳化剂的不同，可分为膨润土乳化沥青，石灰乳化沥青，皂液乳化沥青、石棉乳化沥青等多种。

3. 橡胶沥青防水涂料

橡胶沥青类防水涂料为高聚物改性沥青类的主要代表，其成膜物质中的胶黏材料是沥青和橡胶（再生橡胶或合成橡胶等）。该类涂料有溶剂型和水乳型两种类型，是以橡胶对沥青进行改性作为基础的。用再生橡胶进行改性，以减少沥青的感温性、增加弹性，改善低温下的脆性和抗裂性能；用氯丁橡胶进行改性，使沥青的气密性、耐化学腐蚀性、耐延燃性、耐光、耐气候性得到显著改善。

目前我国属于溶剂型橡胶沥青类防水涂料的品种有：氯丁橡胶沥青防水涂料、再生橡胶沥青防水涂料（包括胶粉沥青防水涂料）、丁基橡胶沥青防水涂料等。属于水乳型橡胶沥青类防水涂料的品种有：水乳型再生胶沥青防水涂料（包括 JG-2 型、SR 型、XL 型等多种牌号产品）、水乳型氯丁橡胶沥青防水涂料（包括各种牌号的阳离子型氯丁胶乳沥青防水涂料）、丁腈胶乳沥青防水涂料、丁苯胶乳沥青防水涂料、SBS 橡胶沥青防水涂料、阳离子水乳型再生胶氯丁胶沥青防水涂料（包括 YR 建筑防水涂料等产品）。

4. 高聚物改性沥青防水涂料

高聚物改性沥青防水涂料有 SBS 弹性沥青防水涂料和弹性沥青防水胶。

（1）SBS 弹性沥青防水涂料。SBS 弹性沥青防水涂料是以沥青、橡胶、合成树脂、SBS（苯乙烯–丁二烯–苯乙烯）等为基料，以多种配合剂为辅料，经过专用设备加工而成的，有水乳型和溶剂型两类。

SBS 是三元嵌段聚合物，是一种很受推崇的热塑性弹性体，在常温下是强韧的高弹性体，在高温下为接近线性聚合物的流体状态，因此以 SBS、橡胶与沥青制成的涂料具有韧性强、弹性好、耐疲劳、抗老化、防水性能优异等特点。高温不流淌，低温不腌裂，而且可冷施工，对环境适应性增加。适用于各种建筑结构的屋面、墙体、厕浴间、地下室、冷库、桥梁、铁路路基、水池、地下管道等的防水、防渗、防潮、隔气等工程。

（2）弹性沥青防水胶。弹性沥青防水胶是以石油沥青、橡胶、合成树脂为基料，添加高分子材料而制成，是一种水乳型弹性防水涂料，通常与玻璃纤维布或无纺布组合成复合防水层。

该涂料的防水机理是沥青、橡胶和其他高分子材料均以很小的微粒分散在水中，这些微粒会随着水分的散发，而聚集在一起。由于高聚物的粒子很小，它与沥青微粒形成最密填充状态，当残余水分进一步散发后，在水的毛细管压力作用下一部分微粒密集，一部分高聚物微粒发生塑性变形相互融接，形成均匀、富有弹性的无接缝涂膜层，从而大大提高了沥青防水胶的各项性能指标，避免了传统沥青油毡热施工时易发生烫伤和引起火灾、严重污染环境的弊病，克服了沥青油毡材质对温度非常敏感易脆裂，抗裂性和延伸性能不好等缺陷。

9.3　建筑防水工程施工

建筑防水工程是保证建筑物（构筑物）的结构不受水的侵袭、内部空间不受水的危害的一项分部工程，建筑防水工程在整个建筑工程中占有重要的地位。建筑防水工程涉及建筑物（构筑物）的地下室、地面、墙身、屋顶等诸多部位，其功能就是要使建筑物或构筑物在设计的耐久年限内，防止雨水及生产、生活用水的渗漏和地下水的浸蚀，确保建筑结构、内部空间不受到污损，为人们提供一个舒适和安全的生活空间环境。其按材料分有卷材防水工程、涂膜防水工程等。

9.3.1　卷材防水工程设计与施工

卷材防水的施工目前类别有热施工工艺、冷施工工艺、机械固定工艺三大类。每种建筑施工技术施工工艺有若干不同的施工方法，不同的施工方法又有不同的适用范围。因此，应根据不同的设计要求、材料情况、工程具体做法等选定合理的设计与施工。

卷材防水层的铺贴方法有满粘法、空铺法、点粘法和条粘法四种。屋面防水层卷材铺贴方向，应根据屋面坡度及屋面工作条件选定，当屋面坡度小于3%时，宜平行屋脊铺设，屋面坡度大于15%时，宜垂直屋脊铺设。卷材的铺贴应遵循顺风向、顺水流的原则。

（1）严格按照现行国家技术标准（规范）选材。《屋面工程质量验收规范》

（GB 50207—2002）明确规定了各类建筑屋面防水等级、防水层合理使用年限、选用材料和设防要求，设计方案时必须严格遵循本规范。此外，现行的标准设计图、通用图，也是作为防水设计和正确选用材料的依据。

（2）根据环境条件和使用要求，选择防水材料，确保合理使用年限。要根据屋面防水材料所处环境、暴露程度和屋面结构的情况，正确选用和合理使用卷材。例如，在热带、亚热带地区，最高气温较高，而最低温度在 0 ℃以上，宜选用耐热度较高（90℃以上）和柔性的 APP 改性沥青防水卷材等；而在寒冷地区，最高气温较低，最低温度可达-30 ℃左右，因此应选用柔性温度在-20 ℃以下的 SBS 改性沥青防水卷材及合成高分子防水卷材。屋面坡度大于 15%，且最高气温较高地区的屋面，应选用耐热度在 90 ℃以上的 APP 改性沥青防水卷材或合成高分子防水卷材等；对受震动易变形的屋面，应选用抗拉强度较高，伸长率较大的聚酯胎改性沥青防水卷材或合成高分子防水卷材等。

另外，当防水构造为外露屋面时、应选用耐紫外线，耐臭氧、耐热电化保持率高的合成高分子防水卷材或 APP 改性沥青防水卷材；当防水层上面为重物覆盖的上人屋面，种植屋面或蓄水屋面等时，选用耐磨、耐腐蚀的合成高分子卷材，如聚酯胎或玻璃纤维胎的高聚物改性沥青防水卷材。

（3）根据技术可行，经济合理原则选材。防水工程的投资额的多少是最后决定防水方案和选用防水材料的制约因素。因此，应综合考虑技术和经济两方面的因素，即在满足防水层合理使用年限的要求与防水材料选择的关系上，采取按质论价，优质优价的原则选定。

（4）正确掌握选用产品的标准与档次。新型防水材料产品按标准一般划分为不同档次，同时，不同厂家生产的相同的防水材料产品，也由于采用原材料和生产工艺的差异，存在产品质量性能档次高低问题。因此，在选择材料品种时，应多注意产品的等级及企业的资质等因素。

（5）多道设防、复合防水。屋面防水等级为Ⅰ、Ⅱ级的多道设防时，应采用多道卷材或卷材、涂膜、刚性防水复合使用，并应将耐老化、耐穿刺、抗拉强度较高的防水材料，置于防水层表面。防水等级为Ⅲ级的一道防水时，在管根、水落口杯周围及泛水节点、卷材收头等易渗漏的薄弱环节，也应采用密封材料、防水涂料或卷材等组成多道设防的局部增强层，以达到提高防水工程质量和延长防水层使用年限的目的。

（6）防排接合。采取以防为主，以排为辅的做法，这是建筑防水设计的一项重要原则，屋面工程的防水设计，尤其是平屋面的防水设计，如果坡度设计不够或水落口布置部位不妥和数量不足，管径偏小，以及天沟、檐沟宽度不够，都会造成排水不畅，极易形成屋面局部积水。长期下去，防水层处于干湿、冻融交替作用之下，势必造成屋面防水层的破坏；由于屋面积水，也会引发墙面渗漏。

要使屋面系统具有良好的功能（隔热、保温、防水），基层结构与处理是一项很重要的内容。为了防止基层结构变形、胀缩对防水层的影响，设计中要注意做到以下几点。

（1）结构层宜采用现浇整体混凝土板，若采用预制装配式板材、轻质混凝土板材，则板缝应填嵌密实。

（2）在纬度 40°以北且室内空气湿度大于 75%的地区，或其他地区室内空气湿度常年大于 80%时，保温屋面需设置隔气层。隔气层可采用气密性好的单层卷材或防水涂料，但不宜选用气密性差的水乳型涂料。

（3）在常年多雨潮湿地区、保温屋面的保温层和找平层干燥有困难时、宜采用排气屋面，找平层设置的分格缝可同时作为排气道。排气道应纵横连通，并与制气相通，排气孔可设在檐口下或屋面排气道交叉处。排气道的间距宜为 6 m，按屋面面积每 36 m 设置 1 个排气孔，并进行防水处理。

9.3.2 屋面卷材防水施工

（1）基层、找平层

1）屋面结构层为预制装配式混凝土板时，板缝应用 C20 细石混凝土嵌填密实，并宜掺加微膨胀剂；当板缝宽度大于 40 mm 或上窄下宽时，板缝内应设置构造钢筋。

2）找平层的强度、坡度和平整度对卷材防水层施工质量影响很大，因此必须压实平整。排水坡度必须符合规范规定。找平层平整度用 2 m 直尺检查，最大空隙不应超过 5 mm，且每米长度内不允许多于 1 处，同时要求在平缓变化采用水泥砂浆找平时，水泥砂浆抹平收水后应二次压光，不得有酥松、起砂、起皮现象。否则，必须进行修补。

3）屋面基层与女儿墙、立墙、天窗壁、烟囱、变形缝等突出屋面接处，以及基层的转角处（各水落口、檐口、天沟、檐沟、屋脊等），均应做成圆弧半径。

4）铺设防水层（或隔气层）前，找平层必须干净、干燥。检验干燥程度的方法为将 1 m² 卷材干铺在找平层上，静置 3～4 h 后掀开，覆盖部位与卷材上未见水印者为干燥、合格。

5）基层处理剂（或冷底子油）的选用应与卷材的材性相容。基层处理剂可采用喷涂、刷涂施工，喷刷应均匀。待第一遍干燥后，再进行第二道喷刷，待最后一遍干燥后，方可铺贴卷材。

喷、刷基层处理剂前，应先在屋面节点、拐角、周边等处进行喷、刷。

（2）施工顺序及铺贴方向

1）卷材铺贴应采取"先高后低""先远后近"的施工顺序，即高低跨屋面，先铺高跨后铺低跨；等高大面积屋面，先铺离上料地点远的部位，后铺较近部位。这样可以避免因运送材料遭人员踩踏和损坏已铺屋面。

2）卷材大面积铺设前，应先做好节点密封处理，附加层和屋面排水较集中部位（屋面与落水口连接处、檐口、天沟、檐沟、屋面转角处、板端缝等）的处理，分格缝的空铺条处理等，然后由屋面最低标高处向上施工。铺贴天沟，檐沟卷材时，宜顺天沟、檐沟方向铺贴，从落水口处向分水线方向铺贴，以减少搭接，如图 9-1 所示。

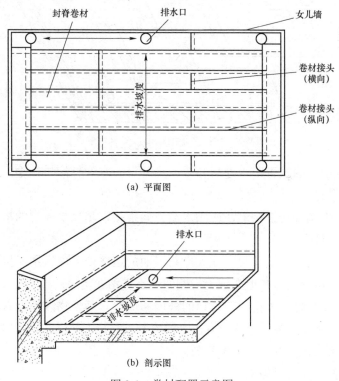

(a) 平面图

(b) 剖示图

图 9-1 卷材配置示意图

3）施工段的划分宜设在屋脊、天沟、变形缝等处。卷材铺贴方向应根据屋面坡度和屋面是否受震动来确定。当屋面坡度小于 3%时，卷材宜平行于屋脊铺贴；屋面坡度在 3%～15%时，卷材可平行或垂直于屋脊铺贴。屋面坡度大于 15%或受震动时，沥青防水卷材应垂直屋脊铺贴；高聚物改性沥青防水卷材和合成高分子卷材可平行或垂直屋脊铺贴，但上下层卷材不得相互垂直铺贴。

（3）搭接方法、宽度和要求

1）卷材铺贴应采用搭接法。各种卷材的搭接宽度应符合要求，同时，相邻两幅卷材的接头还应相互错开 300 mm 以上，以免接头处多层卷材相重叠而粘接不实。叠层铺贴，上下层两幅卷材的搭接缝也应错开 1/3 幅宽，如图 9-2 所示。用高聚物改性沥青防水卷材点粘或空铺时，两头部分必须全粘 500 mm 以上。

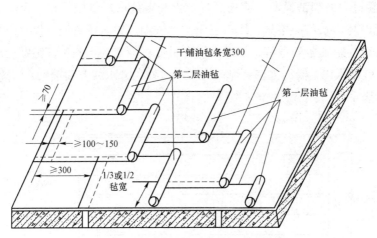

图 9-2　卷材水平铺贴搭接要求示意图

2）高聚物改性沥青防水卷材与合成高分子防水卷材的搭接缝，宜用材性相容的密封材料封严。

3）平行于屋脊的搭接缝，应顺水流方向搭接，垂直于屋脊的搭接缝应顺最大频率风向搭接。

4）叠层铺设的各层卷材，在天沟与屋面的连接处，应采用叉接法拼接、搭接缝应错开；接缝宜留在屋面或天沟侧面，不宜留在沟底。

5）铺贴卷材时，不得污染檐口的外侧和墙面。高聚物改性沥青防水卷材采用冷粘法施工时，搭接边部分应有多余的冷黏剂挤出；热熔法施工时，搭接边应溢出少许热熔沥青而形成一道沥青条。

（4）沥青防水卷材施工

沥青防水卷材一般仅适用于屋面工程做Ⅲ级防水的"三毡四油一砂"。防水层或Ⅳ级防水"二毡三油一砂"防水层。热粘贴施工方法可采用满粘法、条粘法和点粘法施工。

1）铺贴沥青卷材防水层前，必须将基层的尘土杂物认真清扫干净，并要求基层干燥。

2）为了提高沥青防水卷材与基层的粘接能力，宜在干净、干燥的基层表面上涂刷基层处理剂（冷底子油）。要求涂刷越薄越好，不得留有空白，切忌涂刷太厚。一般要涂刷两遍，第二遍涂刷必须在第一遍干燥后进行。刷冷底子油可采用喷涂法或涂刷法。涂刷冷底子油的时间宜在卷材铺贴前 1～2 h 内进行，等其表面不粘手后即可铺贴卷材。

3）为了便于掌握卷材铺贴方向、距离和尺寸，应在找平层上弹线并进行试铺工作，对于天沟、落水口、立墙转角、穿墙（板）管道处，应先进行裁剪工作。

4）热粘贴卷材连续铺贴可采用浇油法、刷油法、刮油法和撒油法。一般多采用浇油法。即浇油者手提油壶，在铺贴卷材人的前方，向卷材的宽度方向左右蛇形浇油、浇油宽度比卷材每边少 10～20 mm，不得浇油太多太长，边浇油边滚铺卷材，并使卷材两边有少量玛蹄脂挤出。铺贴卷材时，应沿基准线滚铺，以避免铺斜、扭曲等现象。

5）粘贴沥青防水卷材，每层热玛蹄脂的厚度宜为 1～1.5 mm；冷玛蹄脂厚度宜为 0.5～1.0 mm。面层厚度：热玛蹄脂宜为 2～3 mm；冷玛蹄脂宜为 1～1.5 mm。玛蹄脂应涂刮均匀、不得过厚或堆积。铺贴卷材时，应边刮涂玛蹄脂边铺贴卷材，并展平压实。

6）在无保温层的装配式屋面上铺贴沥青防水卷材时，应先在屋面板的端缝处，空铺一条宽约 30 mm 的卷材条，使防水层适应屋面板的变形，然后再铺贴屋面卷材。

7）天沟、檐沟铺贴卷材应从沟底开始、纵向铺贴，如沟底边宽，纵向搭接缝必须用密封材料封口，以保证防水的可靠性。

8）卷材端部收头常是防水层提早破损的一个部位，新规范要求卷材端头裁齐后压入预留的凹槽内，再用压条或垫片压紧压钉压牢固，并用密封材料将端头封严，最后用聚合物砂浆将凹槽抹平，这样可以避免卷材端头翘边，起鼓。

9）排气屋面施工时，应使排气道纵横贯通，不得堵塞。卷材铺贴时，应避免玛蹄脂流入排气道内。采用条粘、点粘、空铺第一层卷材或打孔卷材时，在檐口、屋脊和屋面的转角处及突出屋面的连接处，卷材应满涂玛蹄脂，其宽度不得小于 800 mm。

10）保护层的作用为延长沥青卷材防水层的使用年限，在卷材防水层铺贴完成并经检验合格后，必须设置保护层。

另外应注意，冬季应尽量避免在低温条件下施工沥青卷材防水层。如需在低温下施工时，应采取相应的保暖措施。沥青防水卷材严禁在雨天、雪天施工。施工过程中如遇下雨时，应做好已铺卷材周边的封闭保护工作，5 级及 5 级以上的大风天，不得铺设防水卷材。

9.3.3　涂膜防水设计与施工

1. 防水涂料的特点

（1）防水涂料在固化前呈黏稠状液态。因此，施工时不仅能在水平面，而且能在立面、阴阳角及各种复杂表面，形成无接缝的完整防水膜。

（2）使用时无须加热，既减少环境污染，又便于操作，改善劳动条件。

（3）形成的防水层自重小，特别适用于轻质屋面等的防水。

（4）形成的防水膜有较好的延伸性、耐水性和耐假性，能适应基层裂缝的微小变化。

（5）涂布的防水涂料，既是防水层的主体材料，又是胶黏剂，故粘接质量容易保证，维修也比较简便。尤其是对于基层裂缝、施工缝、雨水斗及贯穿管周围等一些容易造成渗漏的部位，极易进行增强涂刷、贴布等作业。

（6）施工时需采用刷子、刮板等逐层涂刷或涂刮，故防水膜的厚度很难做到像防水卷材那样均一，防水膜的质量易受到施工条件的影响。因此，选用防水涂料时，需认真了解材料的性质和特征、使用方法、最低单位面积用量和重复涂、刮的必要性，并且必须认真考虑防水层各个细部的增强处理。

2. 防水涂料施工分类

（1）按涂膜厚度可划分为薄质涂料施工和厚质涂料施工。

（2）按施工方法可分为涂刷法、喷涂法、抹压法和刮涂法。

（3）按防水层胎体可分为单纯涂膜层和加胎体增强材料涂膜（加玻璃丝布、化纤、聚酯纤维毡、无纺布）做成一布二涂、三布三涂、多布多涂的防水结构。

（4）按涂料类型可将涂料分为溶剂型、水乳型、反应型三种。

（5）按涂料成膜物质的主要成分可分为沥青基防水涂料，高聚物改性沥青防水涂料、合成高分子防水涂料三大类。

（6）按涂膜所起的作用可分为起防水层作用的涂料（主要有聚氨酯、氯丁胶、丙烯酸、硅橡胶、改性沥青）和起保护作用的涂料两大类。

3. 涂膜防水施工程序

涂膜防水施工程序如图 9-3 所示。

4. 涂膜防水层施工要点

（1）涂刷基层处理剂。涂膜防水层施工前，应在基层上涂刷基层处理剂，其目的是堵塞基层毛细（管）孔，使基层的潮湿水蒸气不易向上渗透至防水层，减少防水层起鼓；增加基层与防水层的黏结力；将基层表面的尘土清洗干净，以便于粘接。所涂刷的基层处理剂可用防水涂料稀释后再使用。涂刷基层处理剂时应用力薄涂，使其渗入基层毛细孔中。建筑施工技术。

（2）准确计量，充分搅拌。对于多组分防水涂料，施工时应按规定的配合比准确计量，充分搅拌均匀，有的防水涂料，施工时要加入稀释剂、促凝剂或缓凝剂，以调节其稠度和凝固时间。掺入后必须充分搅拌，才能保证防水涂料技术性能达到工程的要求。特别是某些水乳型涂料，由于内部含有较多纤维状或粉粒状填充料，如搅拌不均匀，不仅涂布困难，而且会使没有拌匀的颗粒杂质残留在涂层中，成为渗漏的隐患。

（3）薄涂多遍。确保涂膜厚度是涂膜防水最主要的技术要求。过薄会降低整体防水效果，缩短防水层合理使用年限；过厚将造成浪费。以前用涂刷遍数或每平方米涂料用量来要求涂

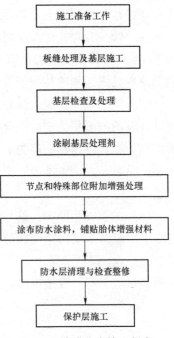

图 9-3　涂膜防水施工程序

膜防水层的质量，但是往往由于一些经济上的因素，使防水涂料中的固体含量大大减少，虽然做到规范规定的涂刷遍数或用量，但成膜的厚度并不厚，所以新规范中用涂膜厚度来评定防水层质量的技术指标。在涂料涂刷时，无论是厚质防水涂料还是薄质防水涂料均不得一次涂成，因为厚质涂料若是一次涂成，涂膜收缩和水分蒸发后易产生开裂，而薄质涂料很难一次涂成规定的厚度。因此，新规范规定，涂膜应根据防水涂料的品种分层分遍涂布，不得一次涂成，应待先涂的涂层干燥成膜后，方可涂刷后一遍涂料。

（4）铺设胎体增强材料。在涂料第二遍涂刷时，或第二道涂刷前，即可加铺胎体增强材料。胎体增强材料的铺贴方向应视屋面坡度而定。新规范中规定屋面坡度小于15%时，可平行于屋脊铺设；屋面坡度大于15%时，应垂直于屋脊铺设，其胎体长边搭接宽度不应小于50 mm，短边搭接宽度不应小于70 mm。若采用两层胎体增强材料时，上、下层不得互相垂直铺设，搭接缝应错开，其间不应小于幅宽的1/3。

（5）涂料涂布方向、接槎。防水涂层涂刷致密是保证质量的关键。要求各遍涂刷方向应相互垂直，使上下涂层互相覆盖严密，避免产生直通的针眼气孔，提高防水层的整体性和均匀性。

涂层间的接槎，在每遍涂布时应退槎50～100 mm，接槎时也应超过50～100 mm，

避免在接槎处涂层薄弱，发生渗漏。

（6）收头处理。在涂膜防水层的收头处应多遍涂刷防水涂料，或用密封材料封严。涂水处的涂膜宜直接涂布至女儿墙的压顶下，在压顶上部也应做防水处理，避免泛水处或压顶的抹灰层开裂，造成渗漏。

（7）涂布顺序合理。涂布时应按照"先高后低，先远后近"的原则。进行在相同高度的大面积涂刷，要合理划分施工段，分段应尽量安排在变形缝处，根据操作需要和方便运输安排先后次序，在每段中要先涂布较远的部分，后涂布较近部位。屋面上先涂布排水较集中的落水口、天沟、檐沟、再往高处涂布至屋脊或天窗下。

（8）加强成品保护。整个防水涂膜施工完后，应有一个自然养护时间。特别是由于涂膜防水层的厚度较薄，耐穿刺能力较弱，为避免人为的因素破坏防水涂膜的完整性，保证其防水效果，在涂膜干前，不得在防水层上进行其他施工作业。涂膜防水层上不得直接堆放物品。

思考题

【9-1】试述热熔法施工工艺。

【9-2】试述刚性防水的优点与缺点。

【9-3】地下常渗漏水的部位有哪些？

【9-4】试述外防外贴法施工工艺。

【9-5】卷材防水工程常见的质量事故有哪些？

10   装饰工程

10.1   一般抹灰工程

抹灰是将各种砂浆、装饰性石屑浆、石子浆涂抹在建筑物的墙面、顶棚、地面等表面上，除了保护建筑物外，还可以作为饰面层起到装饰作用。

10.1.1   抹灰工程的分类与组成

1. 分类

抹灰工程按使用材料和装饰效果分为一般抹灰和装饰抹灰。一般抹灰和装饰抹灰的底层和中层做法基本相同，主要区别在于面层不同。抹灰工程按照抹灰施工的部位分为室外抹灰和室内抹灰。抹灰一般分为三层，即底层、中层和面层，如图 10-1 所示。抹灰工程施工一般分层进行以利于抹灰牢固、抹面平整和保证质量。

（1）底层。底层主要起与基层粘接的作用，厚度一般为 5～9 mm，要求砂浆有较好的保水性，其稠度较中层和面层大，砂浆的组成材料要根据基层的种类不同而选用

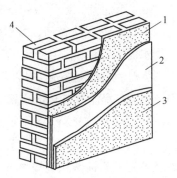

图 10-1   抹灰的基本组成

1—底层；2—中层；3—面层；4—砖墙

相应的配合比。底层砂浆的强度不能高于基层强度，以免抹灰砂浆在凝结过程中产生较强的收缩应力，破坏强度较低的基层，从而产生空鼓、裂缝、脱落等质量问题。

（2）中层。中层起找平的作用，砂浆的种类基本与底层相同，只是稠度稍小，中层抹灰较厚时应分层，每层厚度应控制在 5～9 mm。

（3）面层。面层主要起装饰作用，所用材料根据设计要求的装饰效果而定，要求涂抹光滑、洁净。

2. 抹灰层平均总厚度规范规定

（1）顶棚：板条、空心砖、现浇混凝土 15 mm，预制混凝土 18 mm，金属网 20 mm。

（2）内墙：普通抹灰 18～20 mm，高级抹灰 25 mm。

（3）外墙：20 mm，勒脚及凸出墙面部分 25 mm。

（4）石墙：35 mm。

（5）当抹灰厚度≥35 mm 时，应采取加强措施。

涂抹水泥砂浆每遍厚度宜为 5～7 mm；涂抹石灰砂浆和水泥混合砂浆每遍厚度宜为 7～9 mm。

10.1.2　抹灰的基层处理

1. 墙面抹灰基层的处理

（1）抹灰前应对砖石、混凝土及木基层表面进行处理，清除灰尘、污垢、油渍和碱膜等，并洒水润湿。表面凹凸明显的部位，应事先剔平或用 1:3 水泥砂浆补平，对于平整光滑的混凝土表面拆模时进行凿毛处理，或用铁抹子满刮水灰比为 0.37:0.4 水泥浆一遍，或用混凝土界面处理剂处理。

（2）抹灰前应检查门、窗框位置是否正确，与墙连接是否牢固。连接处的缝隙应用水泥砂浆或水泥混合砂浆分层嵌塞密实。

（3）凡室内管道穿越的墙洞和楼板洞，凿剔墙后安装的管道，墙面的脚手孔洞均应用 1:3 水泥砂浆填嵌密实。

（4）不同基层材料（如砖石与木、混凝土结构）相接处应铺钉金属网并绷紧牢固，金属网与各结构的搭接宽度从相接处起每边不少于 100 mm。

（5）为控制抹灰层的厚度和墙面的平整度，在抹灰前应先检查基层表面的平整度，并用与抹灰层相同砂浆设置 50 mm×50 mm 的灰饼。

（6）抹灰工程施工前，对室内墙面、柱面和门洞的阳角，宜用 1:2 水泥砂浆制成暗护角，如图 10-2 所示，其高度不低于 2 m，每侧宽度不少于 50 mm。对外墙窗台、窗楣、雨篷、阳台、压顶和凸出腰线等，上面应制成流水坡度，下面应设滴水线或滴水槽，滴水槽的深度和宽度均不应小于 10 mm，要求整齐一致。

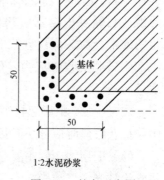

1:2水泥砂浆

图 10-2　护角示意图

2. 顶棚抹灰基层的处理

钢模现浇混凝土顶棚拆模后，构件表面较为光滑、平整，并常黏附一层隔离剂。当隔离剂为滑石粉或其他粉状物时，应先用钢丝刷刷除，再用清水冲洗干净。当隔离剂为油脂类时，先用浓度为 10% 的大碱溶液洗刷干净，再用清水冲洗干净。

10.1.3 一般抹灰施工

一般抹灰施工过程为浇水润湿基层、做灰饼、设置标筋、阳角护角、抹底层灰、抹中层灰、抹面层灰、清理 8 个步骤。

为有效地控制墙面抹灰层的厚度与垂直度，使抹灰面平整，抹灰层涂抹前应设置标筋作为底、中层抹灰的依据。

在设置标筋时，先用托线板检查墙面的平整垂直程度，据以确定抹灰厚度，再在墙两边上角离阴角边 100～200 mm 处按抹灰厚度用砂浆做边长约 50 mm 正方形标准块，称为"灰饼"，然后根据这两个灰饼吊挂垂直线，做墙面下角的两个灰饼，随后以上角和下角两灰饼面为基准拉线，每隔 1.2～1.5 m 加做若干灰饼，如图 10-3 所示。在上下灰饼之间用砂浆抹上一条宽 100 mm 左右的垂直灰埂，此即为标筋，以它作为抹底层及中层的厚度、控制和赶平的标准，如图 10-4 所示。

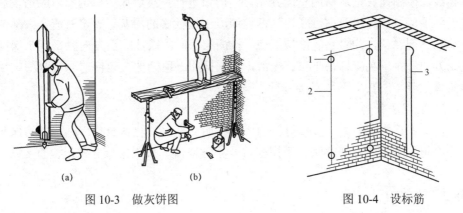

图 10-3 做灰饼图　　　　　　图 10-4 设标筋

1. 抹灰工程的技术要点

（1）墙面抹灰。待标筋砂浆七至八成干后，就可以进行底层砂浆抹灰。

抹底层灰一般应从上向下进行，在两标筋之间的墙面砂浆抹满后，即用长刮尺两头靠着标筋，从下向上进行刮灰，使抹上的底层灰与标筋面相平。再用木抹来回抹压，去高补低，最后再用铁抹压平一遍。

中层砂浆抹灰应待水泥砂浆（或水泥混合砂浆）底层凝结后或石灰砂浆底层灰七八成干后方可进行，一般应从上向下、自左向右涂抹，不用再设标志及标筋，整个墙面抹满后，用木抹来回搓抹，去高补低，再用铁抹压抹一遍，使抹灰层平整、厚度一致。

面层灰应待中层灰凝固后才能进行。一般应从上向下、自左向右涂抹整个墙面，抹满后，即用铁抹分遍压抹，使面层灰平整、光滑，厚度一致。

两墙面相交的阴角、阳角抹灰方法，一般按下述步骤进行。

① 用阴角方尺检查阴角的直角度。

② 将底层抹于阴角处，用木阴角器压住抹灰层并上下搓动，使阴角的抹灰基本上达到直角。

③ 将底层灰抹于阳角处，用木阳角器压住抹灰层并上下搓动、抹压，使阳角线垂直。

④ 在阴角、阳角处底层灰凝结后，分别用阴角抹、阳角抹上下抹压，使中层灰达到平整光滑。

（2）顶棚抹灰。钢筋混凝土楼板下的顶棚抹灰，应待上层楼板地面面层完成后才能进行。板条、金属网顶棚抹灰，应待板条、金属网装钉完成，并经检查合格后方可进行。

顶棚抹灰不用设标志、标筋，只要在顶棚周围的墙面弹出顶棚抹灰层的面层标高线，顶棚抹灰宜从房间里面开始，向门口进行，最后从门口退出。应搭设满堂里脚手架。抹底层灰前，应扫尽钢筋混凝土楼板底的浮灰、砂浆残渣，去除油污及隔离剂剩料，并喷水润湿楼板底。抹面层灰时，铁抹抹压方向宜平行于房间进光方向。面层灰应抹得平整、光滑，不见抹印。顶棚抹灰应待前一层灰凝结后才能抹上后一层灰，不可紧接进行。

2. 检测手段与方法

抹灰工程作业前，应检查材料的质量证明文件保证材料合格。对完成的抹灰工程检测方法主要有观察法、手摸检查、小锤锤击、尺量检查、角尺检查等。

10.2 饰面工程

饰面工程是指将块料面层镶贴或安装在墙、柱表面以形成装饰层。块料面层的种类基本可分为饰面砖和饰面板两大类。饰面砖分为有釉和无釉两种，饰面板包括天然石饰面板、人造石饰面板、金属饰面板、玻璃饰面板、木质饰面板等。

10.2.1 花岗石板、大理石板等饰面面板的施工

1. 湿法铺贴工艺

湿法铺贴工艺是传统的铺贴方法，即在竖向基体上预挂钢筋网，如图 10-5

所示，用铜丝或镀锌钢丝绑扎板材并灌水泥砂浆粘牢。这种方法的优点是牢固可靠；缺点是工序烦琐，卡箍多样，板材上钻孔易损坏，特别是灌注砂浆易污染板面和使板材移位。

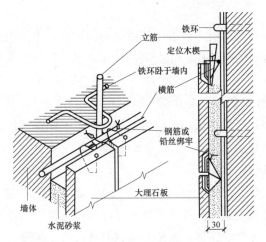

图 10-5 饰面板钢筋网片固定及安装方法

2. 干法铺贴工艺

干法铺贴工艺，通常称为干挂法施工，即在饰面板材上直接打孔或开槽，把各种形式的连接件与结构基体用膨胀螺栓或其他架设金属连接而无须灌注砂浆或细石混凝土。饰面板与墙体之间留出 40～50 mm 的空腔。如图 10-6 所示。

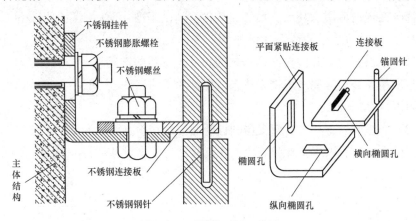

图 10-6 石材饰面板干挂法

干法铺贴工艺的主要优点是允许产生适量的变位，而不致出现裂缝和脱落；冬季照常可以施工，不受季节限制；没有湿作业的施工条件，既改善了施工环境，也避免了浅色板材透底污染的问题及空鼓、脱落等问题的发生；可以采用大规格的饰面石材铺贴，从而提高了施工效率；可自上而下拆换、维修，无损于板材和连接件，使饰面工程拆改返修方便；具有保温和隔热作用，节能效果显著。

10.2.2 金属饰面板的施工

饰面工程中金属饰面板应用以不锈钢饰面板较多。不锈钢饰面板主要用于墙柱面装饰，具有强烈的金属质感和抛光的镜面效果，而且在强度和刚度方面更显优越。

1. 圆柱体不锈钢包面焊接工艺

施工工艺主要包括柱体成型、柱体基层处理、不锈钢板的滚圆、不锈钢板的定位安装、焊接、打磨修光。

2. 圆柱体不锈钢板镶包饰面施工

不锈钢板的安装关键在于对口处理的好坏，其方式包括以下两种。

（1）直接卡口式安装。在两片不锈钢板对口处安装一个不锈钢卡口槽，将其用螺钉固定于柱体骨架的凹部。安装不锈钢包柱板时，将板的一端折弯后勾入卡口槽内，再用力推按板的另一端，利用板材本身的弹性使其卡入另一卡口槽内，即完成了不锈钢板包柱的安装。

（2）嵌槽压口式安装。先把不锈钢板在对口处的凹部用螺钉或铁钉固定，再将一条宽度小于接缝凹槽的木条固定于凹槽中间，两边空出的间隙相等，均宽为1 mm 左右。在木条上涂刷万能胶或其他黏结剂，即在其上嵌入不锈钢槽条。不锈钢槽条在嵌前应用酒精或汽油等将其内侧清洁干净，而后刷涂一层胶液。

3. 施工中的质量要求和注意事项

（1）嵌槽压口安装的要点是木条的尺寸与形状的准确。

在木条安装前应先与不锈钢槽条试配。木条的高度，一般不大于不锈钢槽条的槽内深度 0.5 mm。

（2）如柱体为方柱时，应根据圆柱断面的尺寸确定圆形木结构"柱胎"外周直径和柱高，然后用木龙骨和胶合板在混凝土方柱支设圆形柱，再进行不锈钢饰面施工。

10.3 门窗工程

门窗按材料分为木门窗、钢门窗、铝合金门窗和塑料门窗、塑钢门窗四大类。木门窗、钢门窗应用最早且最普通，随着材料的更新和发展，越来越多地被铝合金门窗和塑料门窗、塑钢门窗所代替。

10.3.1 木门窗的施工

木门窗的安装一般有立框安装和塞框安装两种方法。

（1）立框安装

在墙砌到地面时立门樘，砌到窗台时立窗樘。立框时应先在地面（或墙面）画出门（窗）框的中线及边线，而后按线将门窗框立上，用临时支撑撑牢，并校正门窗框的垂直度及上、下槛水平，如图 10-7 所示。

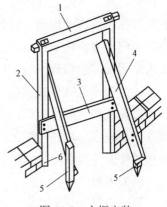

图 10-7 立框安装

（2）塞框安装

塞框安装是在砌墙时先留出门窗洞口，然后塞入门窗框，洞口尺寸要比门窗框尺寸每边大 20 mm。门窗框塞入后，先用木楔临时塞住，要求横平竖直。校正无误后，将门窗框钉牢在砌于墙内的木砖上。

（3）门窗扇的安装

安装前要先测量一下门窗樘洞口净尺寸，根据测得的准确尺寸来修刨门窗扇，扇的两边要同时修刨。门窗扇安装时，应保持冒头、窗芯水平，双扇门窗的冒头要对齐，开关应灵活，但不准出现自开或自关的现象。

（4）玻璃安装

清理门窗裁口，在玻璃底面与门窗裁口之间，沿裁口的全长均匀涂抹 1～3 mm 的底灰，用手将玻璃摊铺平正，轻压玻璃使部分底灰挤出槽口，待油灰初凝后，顺裁口刮平底灰，然后用 1/3～1/2 寸的小圆钉沿玻璃四周固定玻璃，钉距 200 mm，最后抹表面油灰即可。油灰与玻璃、裁口接触的边缘平齐，四角呈规则的八字形。

10.3.2 铝合金门窗的施工

铝合金门窗是用经过表面处理的型材，通过下料、打孔、铣槽、攻丝和制窗等加工过程而制成的门窗框料构件，再与连接件、密封件和五金配件一起组装而成。其安装要点如下。

（1）弹线

在结构施工期间，应根据设计将洞口尺寸留出。门窗框加工的尺寸应比洞口尺寸略小，门窗框与结构之间的间隙，应视不同的饰面材料而定。

弹线时应注意如下几方面：同一立面的门窗在水平与垂直方向应做到整齐一

致；安装前，应先检查预留洞口的偏差；对于尺寸偏差较大的部位，应剔凿或填补处理；在洞口弹出门、窗位置线；安装前一般是将门窗立于墙体中心线部位，也可将门窗立在内侧；门的安装，需注意室内地面的标高；地弹簧的表面，应与室内地面饰面的标高一致。

（2）门窗框就位和固定

按弹线确定的位置将门窗框就位，先用木楔临时固定，拉通线进行调整，待检查立面垂直、左右间隙、上下位置等符合要求后，按设计规定的门窗框与墙体或预埋件的连接固定方式进行射钉、焊接固定。

（3）填缝

铝合金门窗安装固定后，应按设计要求及时处理窗框与墙体缝隙。

（4）门、窗扇安装

平开窗的窗扇安装前应先固定窗，再将窗扇与窗铰固定在一起；推拉式门窗扇，应先装室内侧门窗扇，后装室外侧门窗扇；固定扇应装在室外侧，并固定牢固，确保使用安全。

（5）安装玻璃

平开窗的小块玻璃用双手操作就位。若单块玻璃尺寸较大，可使用玻璃吸盘就位。玻璃就位后，即以橡胶条固定。

（6）清理

铝合金门窗交工前，将型材表面的保护胶纸撕掉，用香蕉水清理胶迹，擦净玻璃。

10.3.3　塑钢门窗的施工

塑料门窗是常见的一种门窗，在型材生产过程中内含了型钢，即塑钢门窗。其具有铝合金门窗的外观美，又具备钢窗的强度。安装要点如下。

（1）塑料门窗在安装前，先装五金配件及固定件。

（2）与墙体连接的固定件应用自攻螺钉等紧固于门窗框上。将五金配件及固定件安装完工并检查合格的塑料门窗框，放入门窗口内，调整至横平竖直后，用木楔将塑料框四角塞牢进行临时固定，但不宜塞得过紧以免外框变形。然后用尼龙胀管螺栓将固定件与墙体连接牢固。

（3）塑料门窗框与门窗口墙体的缝隙，用软质保温材料填充饱满，不得填塞过紧，但也不能填塞过松。最后将门窗框四周的内外接缝用密封材料嵌缝严密。

窗的开启方式见图 10-8。门的开启方式见图 10-9。

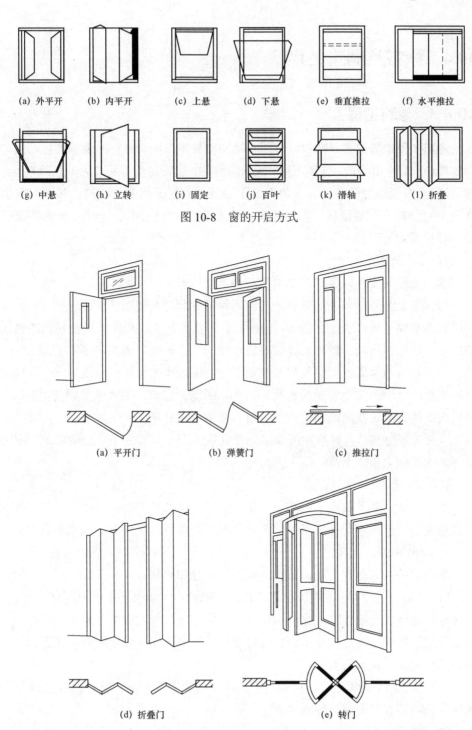

(a) 外平开   (b) 内平开   (c) 上悬   (d) 下悬   (e) 垂直推拉   (f) 水平推拉

(g) 中悬   (h) 立转   (i) 固定   (j) 百叶   (k) 滑轴   (l) 折叠

图 10-8　窗的开启方式

(a) 平开门   (b) 弹簧门   (c) 推拉门

(d) 折叠门   (e) 转门

图 10-9　门的开启方式

10.4 涂料及刷浆工程

10.4.1 涂料工程

涂料主要由胶黏剂、颜料、溶剂和辅助材料等组成。涂料按装饰部位不同分为内墙涂料、外墙涂料、顶棚涂料、地面涂料；按成膜物质不同分为油性涂料（也称油漆）、有机高分子涂料、无机高分子涂料、有机无机复合涂料；按涂料分散介质不同分为溶剂型涂料、水性涂料、乳液涂料（乳胶漆）。下面主要介绍建筑涂料和油漆的施工。

1. 基层处理

基层处理的工作内容包括基层清理和基层修补。

（1）混凝土及抹灰面的基层处理。为保证涂膜能与基层牢固地粘接在一起，基层表面必须干燥、洁净、坚实，无酥松、脱皮、起壳、粉化等现象，基层表面的泥土、灰尘、污垢、黏附的砂浆等应清理干净，酥松的表面应予以铲除。

（2）木材与金属基层的处理及打底子。为保证涂抹与基层粘接牢固，木材表面的灰尘、污垢和金属表面的油渍、鳞皮、锈斑、焊渣、毛刺等必须清除干净。木料表面的裂缝等在清理和修整后应用石膏腻子填补密实、刮平收净，并用砂纸磨光以使表面平整。木材基层的缺陷处理好后表面上应打底子。金属表面应刷防锈漆，木基层含水率不得大于 12%。

2. 刮腻子与磨平

基层必须刮腻子数遍予以找平，并在每遍所刮腻子干燥后用砂纸打磨，以保证基层表面平整光滑。基层腻子应平整、坚实、牢固，无粉化、起皮和裂缝。

3. 涂料施涂

施涂的基本方法有刷涂、滚涂、喷涂、刮涂和弹涂。

（1）刷涂。它是用油漆刷、排笔等将涂料刷涂在物体表面上的一种施工方法。此法操作方便、适应性广，除极少数流平性较差或干燥太快的涂料不宜采用外，大部分薄涂料或云母片状厚质涂料均可采用。刷涂顺序是先左后右、先上后下、先边角后大面、先难后易。

（2）滚涂（或称辊涂）。它是利用滚筒（或称辊筒、涂料辊）蘸取涂料并将其涂布到物体表面上的一种施工方法。

（3）喷涂。它是利用压力或压缩空气将涂料涂布于物体表面的一种施工方法。涂料在高速喷射的空气流带动下，呈雾状小液滴喷到基层表面上形成涂层。

喷涂的涂层较均匀,颜色也较均匀,施工效率高,适用于大面积施工。可使用各种涂料进行喷涂,尤其是外墙涂料用得较多。

(4)刮涂。它是利用刮板将涂料厚浆均匀地刮涂于饰涂面上,形成厚度为1~2 mm的厚涂层。其常用于地面厚层涂料的施涂。

(5)弹涂。它是利用弹涂器通过转动的弹棒将涂料以圆点形状弹到被涂面上的一种施工方法。

10.4.2 刷浆工程

1. 刷浆的材料

刷浆所用材料主要是指石灰浆、水泥色浆、大白浆和可赛银浆等,石灰浆和水泥浆可用于室内外墙面,大白浆和可赛银浆只用于室内墙面。

(1)石灰浆。石灰浆用生石灰块或淋好的石灰膏加水调制而成,可在石灰浆内加 0.3%~0.5%的食盐或明帆,或 20%~30%的 108 胶,目的在于提高其附着力。如需配色浆,应先将颜料用水化开,再加入石灰浆内拌匀。

(2)水泥色浆。由于素水泥浆易粉化、脱落,一般用聚合物水泥浆,其组成材料有白水泥、高分子材料、颜料、分散剂和憎水剂。高分子材料采用 108 胶时,一般为水泥用量的 20%。分散剂一般采用六偏磷酸钠,掺量约为水泥用量的 1%,或木质素磺酸钙,掺量约为水泥用量的 0.3%,憎水剂常用甲基硅醇钠。

(3)大白浆。大白浆由大白粉加水及适量胶结材料制成,加入颜料,可制成各种色浆。胶结材料常用 108 胶(掺入量为大白粉的 15%~20%)或聚酯酸乙烯液(掺入量为大白粉的 8%~10%),大白浆适于喷涂和刷涂。

(4)可赛银浆。可赛银浆是由可赛银粉加水调制而成的。可赛银粉由碳酸钙、滑石粉和颜料经过研磨,再加入干酪素胶粉等混合配制而成。

2. 施工工艺

(1)基层处理和刮腻子。刷浆前应清理基层表面的灰尘、污垢、油渍和砂浆流痕等。在基层表面的孔眼、缝隙、凸凹不平处应用腻子找补并打磨齐平。对室内中、高级刷浆工程,在局部找补腻子后,应满刮 1~2 道腻子,干后用砂纸打磨表面。大白浆和可赛银粉要求墙面干燥,为增加大白浆的附着力,在抹灰面未干前应先刷一道石灰浆。

(2)刷浆。刷浆一般用刷涂法、滚涂法和喷涂法施工。其施工要点同涂料工程的涂饰施工。聚合物水泥浆刷浆前,应先用乳胶水溶液或聚乙烯醇缩甲醛胶水溶液润湿基层。室外刷浆在分段进行时,应以分格缝、墙角或落水管等处为分界线。同一墙面应用相同的材料和配合比,浆料必须搅拌均匀。

10.5 吊顶与隔墙工程

吊顶是指采用悬吊方式，采用龙骨杆件作为骨架结构，同时配合紧固措施将装饰顶棚支撑于屋顶或楼板下面。吊顶主要由支撑、基层和面层三部分组成。

10.5.1 吊顶的构造组成

（1）支撑

吊顶支撑由吊杆（吊筋）和主龙骨组成。

1）木龙骨吊顶的支撑。木龙骨吊顶的主龙骨又称为大龙骨或主梁，传统木质吊顶的主龙骨，多采用 50 mm×70 mm～60 mm×100 mm 方木或薄壁槽钢、L60 mm×6 mm～L70 mm×7 mm 角钢制作。主龙骨一般用 8～10 mm 的吊顶螺栓或 8 号镀锌钢丝与屋顶或楼板连接。木吊杆和木龙骨必须进行防腐和防火处理。

2）金属龙骨吊顶的支撑。轻钢龙骨与铝合金龙骨吊顶的主龙骨截面尺寸取决于荷载大小，其间距尺寸应考虑次龙骨的跨度及施工条件。主龙骨与屋顶楼板结构多通过吊杆连接，吊杆与主龙骨用特制的吊杆件或套件连接。金属吊杆和龙骨应进行防锈处理。

（2）基层

基层由木材、型钢或其他轻金属材料制成的次龙骨组成。由于吊顶面层所用材料不同，其基层部分的布置方式和次龙骨的间距大小也不一样，但一般不应超过 600 mm。

（3）面层

木龙骨吊顶，其面层多用人造板面层或板条抹灰面层。轻钢龙骨、铝合金龙骨吊顶，其面板多用装饰吸声板制作。

10.5.2 吊顶的施工工艺

（1）木质吊顶施工

1）弹水平线。首先将楼地面基准线弹在墙上，并以此为起点，弹出吊顶高度水平线。

2）主龙骨的安装。主龙骨与屋顶结构或楼板结构连接主要有三种方式用预埋铁件固定吊杆；用射钉将角铁等固定于楼底面固定吊杆；用金属膨胀螺栓固定铁件再与吊杆连接，连接结构如图 10-10 所示。

3）罩面板的铺钉。罩面板多采用人造板，应按设计要求切成正方形、长方形等。板材安装前，按分块尺寸弹线，安装时由中间向四周呈对称排列，顶棚的接缝与墙面交圈应保持一致。

主龙骨安装后，沿吊顶标高线固定沿墙木龙骨，木龙骨的底边与吊顶标高线齐平。一般是用冲击电钻在标高线以上 10 mm 处墙面打孔，孔内塞入木楔，将沿墙龙骨钉固定于墙内木楔上。然后将拼接组合好的木龙骨架托到吊顶标高位置，整片调正调平后，将其与沿墙龙骨和吊杆连接，如图 10-11 所示。

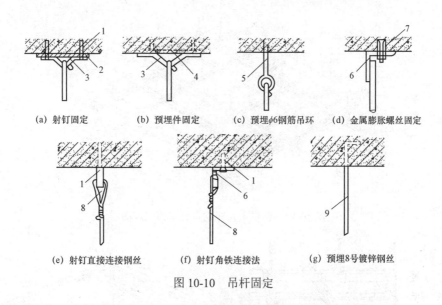

(a) 射钉固定　　(b) 预埋件固定　　(c) 预埋φ6钢筋吊环　　(d) 金属膨胀螺丝固定

(e) 射钉直接连接钢丝　　(f) 射钉角铁连接法　　(g) 预埋8号镀锌钢丝

图 10-10　吊杆固定

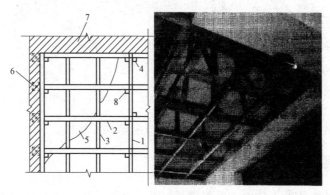

图 10-11　木龙骨吊顶

（2）轻金属龙骨吊顶施工

轻金属龙骨按材料分为轻钢龙骨和铝合金龙骨。

1）轻钢龙骨装配式吊顶施工。利用薄壁镀锌钢板带经机械冲压而成的轻钢龙骨即为吊顶的骨架型材。轻钢吊顶龙骨有 U 形和 T 形两种。U 形上人轻钢龙骨吊顶示意图如图 10-12 所示。

　　2）铝合金龙骨装配式吊顶施工。铝合金龙骨吊顶按照面板的要求不同分为龙骨底面不外露和龙骨底面外露两种形式；按龙骨结构形式不同分为 T 形和 TL 形。TL 形龙骨属于安装饰面板后龙骨底面外露的一种，如图 10-13 和图 10-14 所示。

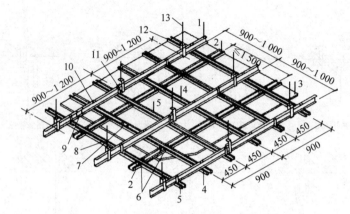

图 10-12　U 形上人轻钢龙骨吊顶示意图

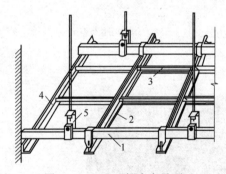

图 10-13　TL 形铝合金吊顶

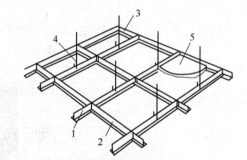

图 10-14　TL 形铝合金不上人吊顶

铝合金吊顶龙骨的安装方法与轻钢龙骨吊顶基本相同。

10.5.3　隔墙与隔断

　　隔墙与隔断是由于使用功能的需要，设计之初采用一定的材料来分割房间和建筑物内部空间，其目的是让使用空间做到更深入、更细致的划分。

　　隔墙按构造方式可分为砌块隔墙、骨架隔墙和板材隔墙。隔断一般分为传统建筑隔断和现代建筑隔断两大类。

10.6 玻璃幕墙工程

建筑幕墙是指由金属构件与各种板材组成悬挂在主体结构上且不承担主体结构荷载与作用的建筑外维护结构。建筑幕墙按其面层材料的不同可分为玻璃幕墙、石材幕墙、金属幕墙等。

玻璃幕墙主要部分由饰面玻璃和固定玻璃的骨架组成。其主要特点是建筑艺术效果好，自重轻，施工方便，工期短。但玻璃幕墙造价高，抗风、抗震性能较弱，能耗较大，对周围环境可能形成光污染。

10.6.1 玻璃幕墙的分类

（1）框支撑玻璃幕墙

1）明框玻璃幕墙。其玻璃板镶嵌在铝框内，成为四边有铝框的幕墙构件，幕墙构件镶嵌在横梁上，形成横梁、主框均外露且铝框分格明显的立面。

2）隐框玻璃幕墙。隐框玻璃幕墙是将玻璃用结构胶粘接在铝框上，大多数情况下不再加金属连接件。因此，铝框全部隐蔽在玻璃后面，形成大面积全玻璃镜面。隐框幕墙的节点大样示例如图 10-15 所示，玻璃与铝框之间完全靠结构胶黏结。

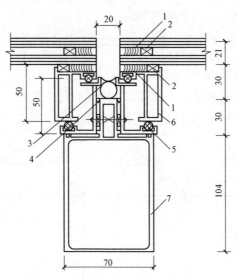

图 10-15　隐框幕墙节点大样示例

3）半隐框玻璃幕墙。半隐框玻璃幕墙是将玻璃两对边嵌在铝框内，另两对边用结构胶粘在铝框上，形成半隐框玻璃幕墙。立柱外露、横梁隐蔽的称为竖框横隐幕墙；横梁外露、立柱隐蔽的称为竖隐横框幕墙。

（2）全玻璃幕墙

为游览观光需要，在建筑物底层、顶层及旋转餐厅的外墙，使用玻璃板，其支撑结构采用玻璃肋，称为全玻璃幕墙。

高度不超过 4.5 m 的全玻璃幕墙，可以用下部直接支撑的方式来进行安装，超过 4.5 m 的全玻璃幕墙，宜用上部悬挂方式安装，玻璃肋通过结构硅酮胶与面玻璃粘合，如图 10-16 所示。

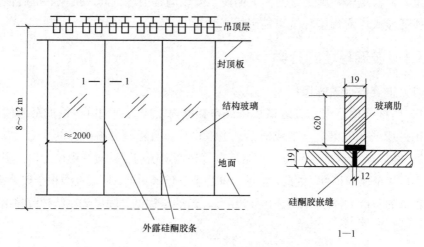

图 10-16　悬挂式全玻璃幕墙结构示意图

（3）点支撑玻璃幕墙

采用四爪式不锈钢挂件与立柱焊接，挂件的每个爪与一块玻璃的一个孔相连接，即一个挂件同时与 4 块玻璃相连接，如图 10-17 所示。

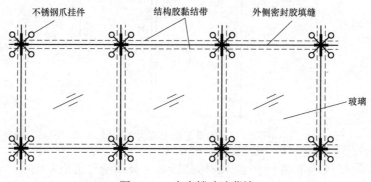

图 10-17　点支撑玻璃幕墙

10.6.2 玻璃幕墙的安装

由于构件式安装不受层高和柱网尺寸的限制，是目前应用较多的安装方法，它适用于明框、隐框和半隐框幕墙，其主要工序如下。

（1）定位放线

玻璃幕墙的测量放线应与主体结构测量放线相配合，其中心线和标高点由主体结构单位提供并校核准确。放线应沿楼板外沿弹出墨线或挂线定出幕墙平面基准线，从基准线测出一定距离为幕墙平面。以此线为基准确定立柱的前后位置，从而决定整片幕墙的位置。

（2）预埋件检查

幕墙与主体结构连接的预埋件应在主体结构施工过程中按设计要求进行埋设，在幕墙安装前检查各预埋件位置是否正确，数量是否齐全。若预埋件遗漏或位置偏差过大，则应会同设计单位采取补救措施。补救方法应采用植锚栓补设预埋件，同时应进行拉拔试验。

（3）骨架安装

骨架安装在放线后进行。骨架的固定是用连接件将骨架与主体结构相连。固定方式一般有两种：一种是在主体结构上预埋铁件，将连接件与预埋铁件焊牢；另一种是在主体结构上钻孔，然后用膨胀螺栓将连接件与主体结构相连。

连接件一般用型钢加工而成，其形状可因结构类型、骨架形式、安装部位的不同而有所不同，但无论哪种形状的连接件，均应固定在牢固可靠的位置上，然后安装骨架。

骨架一般是先安竖向杆件（立柱），待竖向杆件就位后，再安横向杆件。

1）立柱的安装。立柱先连接好连接件，再将连接件（铁码）点焊在主体结构的预埋钢板上，然后调整位置，立柱的垂直度可用锤球控制，位置调整准确后，将支撑立柱的钢牛腿焊牢在预埋件上。立柱接头应有一定空隙，采用芯柱连接法。

2）横梁的安装。横向杆件的安装，宜在竖向杆件安装后进行。如果横竖杆件均是型钢一类的材料，可以采用焊接，也可以采用螺栓或其他办法连接。当采用焊接时，大面积骨架需要焊接的部位较多，由于受热不均，容易引起骨架变形，故应注意焊接的操作顺序。如有可能，应尽量减少现场的焊接工作量。螺栓连接是将横向杆件用螺栓固定在竖向杆件的铁码上。

（4）玻璃安装

在安装前，应清洁玻璃，四边的铝框也要清除污物，以保证嵌缝耐候胶可靠粘接。玻璃的镀膜面应朝室内方向。当玻璃在 3 m² 以内时，一般可采用人工安装；玻璃面积过大，重量很大时，应采用真空吸盘等机械安装。

（5）耐候胶嵌缝

玻璃板材或金属板材安装后，板材之间的间隙必须用耐候胶嵌缝，予以密封，防止气体渗透和雨水渗漏。打胶前，应使打胶面清洁、干燥。

（6）清洁维护

玻璃安装完后，应从上往下用中性清洁剂对玻璃幕墙表面及外露构件进行清洁，清洁剂使用前应进行腐蚀性检验，证明对铝合金和玻璃无腐蚀作用后方可使用。

10.7 楼地面工程

楼地面是建筑物底层地面和楼层地面的总称。

10.7.1 楼地面的组成及分类

（1）楼地面的组成

楼地面是房屋建筑底层地坪与楼层地坪的总称。主要构造层分为基层、垫层、面层。

1）基层：即面层下的构造层。

2）垫层：即介于基层与面层之间，主要起传递荷载、找平作用。

3）面层：直接承受各种物理和化学作用的建筑地面表面层，又称地面，是人们经常接触的部分，同时也对室内起装饰作用。

（2）楼地面的分类

1）按面层材料分有土、灰土、三合土、菱苦土、水泥砂浆混凝土、水磨石、陶瓷锦砖、木、砖和塑料地面等。

2）按面层结构分有整体面层（如灰土、菱苦土、三合土、水泥砂浆、混凝土、现浇水磨石、沥青砂浆和沥青混凝土等），块料面层（如缸砖、塑料地板、拼花木地板、陶瓷锦砖、水泥花砖、预制水磨石块、大理石板材、花岗石板材等）和涂布地面等。

10.7.2 楼地面工程施工流程

（1）基层施工

1）抄平弹线，统一标高，将同一水平标高线弹在各房间四壁离地面500 mm 处。

2）楼面的基层是楼板，应做好楼板板缝灌浆、堵塞和板面清理工作。

3）地面的基层多为土。地面下的填土应采用素土分层夯实。土块的粒径不得大于 50 mm，每层夯实后的干密度应符合设计要求。回填土的含水率应按照最佳含水率进行控制，然后再夯实。

淤泥、腐殖土、冻土、耕植土、膨胀土和有机含量大于 8%的土，均不得作为地面下的填土。地面下的基土，经夯实后的表面应平整，用 2 m 靠尺检查，要求其土表面凹凸不大于 15 mm，标高应符合设计要求，其偏差应控制在 0～50 mm 之间。

（2）垫层施工

1）刚性垫层

刚性垫层指用水泥混凝土、水泥碎砖混凝土、水泥炉渣混凝土和水泥石灰炉渣混凝土等各种低强度等级混凝土做的垫层。

混凝土垫层的厚度一般为 60～100 mm。混凝土强度等级不宜低于 C10，粗骨料粒径不应超过 50 mm，并不得超过垫层厚度的 2/3，混凝土配合比按普通混凝土配合比设计进行试配。其施工要点如下。

a. 清理基层，检测弹线。

b. 浇筑混凝土垫层前，基层应洒水润湿。

c. 浇筑大面积混凝土垫层时，应纵横每 6～10 m 设中间水平桩，以控制厚度。

d. 大面积浇筑宜采用分仓浇筑的方法，要根据变形缝位置、不同材料面层的连接部位或设备基础位置情况进行分仓，分仓距离一般为 3～4 m。

2）柔性垫层

柔性垫层包括用土、砂、石、炉渣等散状材料经压实的垫层。砂垫层厚度不小于 60 mm，建筑施工技术应适当浇水并用平板震动器振实；砂石垫层的厚度不小于 100 mm，要求粗细颗粒混合摊铺均匀，浇水使砂石表面湿润，碾压或夯实不少于三遍至不松动为止。根据需要可在垫层上铺设水泥砂浆、混凝土、沥青砂浆或沥青混凝土找平层。

（3）面层施工

整体面层（地面面层无接缝）是按设计要求选用不同材质和相应配合比，经现场施工铺设而成的。整体面层由基层和面层组成。

1）水泥砂浆面层

水泥砂浆地面面层的厚度应不小于 20 mm，一般用硅酸盐水泥、普通硅酸盐水泥，用中砂或粗砂配制，配合比为 1:2～1:2.5（体积比）。

面层施工前，先按设计要求测定地坪面层标高，校正门框，将垫层清扫干净洒水润湿，表面比较光滑的基层应进行凿毛，并用清水冲洗干净。铺抹砂浆前，应在四周墙上弹出一道水平基准线，作为确定水泥砂浆面层标高的依据。面积较大的房间，应根据水平基准线在四周墙角处每隔 1.5～2 m 用 1:2 水泥砂浆抹标志块，以标志块的高度做出纵横方向通长的标筋来控制面层厚度。

2）细石混凝土面层

细石混凝土面层可以克服水泥砂浆面层干缩较大的弱点。这种面层强度高，干缩值小。与水泥砂浆面层相比，它的耐久性更好，但厚度较大，一般为 30～40 mm。混凝土强度等级不低于 C20，所用粗骨料要求级配适当，粒径不大于 15 mm，且不大于面层厚度的 2/3，用中砂或粗砂配制。

细石混凝土面层施工的基层处理和找平的方法与水泥砂浆面层施工相同。铺细石混凝土时，应由里向门口方向进行铺设，按标志筋厚度刮平拍实后，稍待收水，即用钢抹子预压一遍，待进一步收水，即用铁滚筒交叉滚压 3～5 遍或用表面振动器振捣密实，直到表面泛浆为止，然后进行抹平压光。细石混凝土面层与水泥砂浆面层基本相同，必须在水泥初凝前完成抹平工作，终凝前完成压光工作，要求其表面色泽一致，光滑无抹子印迹。

3）水磨石地面

基层清理、浇水冲洗润湿、设置标筋、铺水泥砂浆找平层、养护、嵌分格条、铺抹水泥石子粢体、养护、研磨、打蜡抛光。按设计要求的色彩将水泥石子浆填入分格缝，抹平压实补填一些石子，使花纹色泽均匀，滚压 2～5d。

用磨石机洒水抛光，应分三遍进行。在影响水磨石面层质量的其他工序完成后，将地面冲洗干净，涂上 10%浓度的草酸溶液，随即用 280～320 号油石进行细磨或把布卷固定在磨石机上进行研磨，至表面光滑为止。用水冲洗、晾干后，在水磨石面层上满涂一层蜡，稍干后再用磨光机研磨，或用钉有细帆布的木块代替油石，装在磨石机上研磨出光亮后，再涂蜡研磨一遍，直到光滑洁亮为止。

思考题

【10-1】简述装饰施工中关于抹灰工程中对于不同基层处理时的特点及相关方法。

11 建筑工业化施工

11.1 工业化施工概论

11.1.1 工业化施工优点

工业化施工又称预制装配式混凝土结构，简称 PC，其工艺是以预制混凝土构件为主要构件，经装配、连接，结合部分现浇而形成的混凝土结构。通俗来讲，就是按照统一、标准的建筑部品规格制作房屋单元或构件，然后运至工地现场装配就位而生产的住宅。

国内从 1998 年开始研究住宅产业化课题，当年，原建设部住宅产业化促进中心成立。1999 年，国务院办公厅转发原建设部等八部委《关于推进住宅产业现代化提高住宅质量若干意见》，要求加快住宅建设从粗放型向集约型转变，推进住宅产业现代化，提高住宅质量。20 世纪 50 年代末，我国开始制造整体式和块拼式屋面梁、吊车梁、大型屋面板等。20 世纪 70 年代，预制混凝土空心楼板得到了普遍应用。

预制装配式混凝土结构（PC 工程）的优点如下：

（1）可以制作各种轻质隔墙分割室内空间，房间布置可以灵活多变。

（2）施工方便，模板和现浇混凝土作业很少，预制楼板无须支撑，叠合楼板模板很少。采用预制或半预制形式，现场湿作业大大减少，有利于环境保护和减少噪声污染，更可以减少材料和能源浪费。

（3）建造速度快，对周围工作生活影响小。建筑尺寸符合模数，建筑构件较标准，具有较大的适应性，预制构件表面平整，外观好，尺寸准确，并且能将保温、隔热、水电管线布置等多方面布置结合起来，有良好的技术经济效益。

（4）预制结构周期短，资金回收快。由于减少了现浇结构的支模、拆模和混凝土养护等时间，施工速度大大加快，从而缩短了贷款建设的还贷时间，缩短了投资回收周期，减少了整体成本投入，具有明显的经济效益。

（5）装配式建筑，是将构件厂加工生产的构件，通过特制的构件运输车辆搬运到施工现场，用施工机械进行安装。在装配式建筑设计中，构件的形状、尺寸和重量必须与起重运输和吊装机械相适应，以充分发挥机械效率。

（6）装配式建筑在设计和生产时还可以充分利用工业废料，变废为宝，以节约良田和其他材料。近年来在大板建筑中已广泛应用粉煤灰矿渣混凝土墙板，在砌块建筑中已广泛使用烟灰砌块砖等。

（7）在预制装配式建筑建造的过程中，可以实现全自动化生产和现代化控制，在一定程度上促进了建筑工业的工业化大生产。

11.1.2　工业化施工相关概念

（1）装配式建筑

装配式建筑是指将建筑的部分或全部构件在工厂预制完成，然后运输到施工现场，将构件通过可靠的连接方式组装而建成的建筑。

（2）混凝土预制构件

混凝土预制构件是指在工厂或工地预先加工制作的建筑物或构筑物的混凝土部件。采用混凝土预制构件进行装配化施工，具有节约劳动力、克服季节影响、便于常年施工等优点。推广施工混凝土预制构件，是实现建筑工业化的重要途径之一。

（3）装配整体式混凝土结构

装配整体式混凝土结构是由预制混凝土构件或部件通过钢筋、连接件或施加预应力加以连接并现场浇筑混凝土而形成整体的结构。按当前业内成熟的设计和施工方法，水平构件采用叠合式构件，竖向构件采用现浇，结构体系视为整体式结构体系，可符合抗震要求。

（4）装配整体式混凝土框架结构

装配整体式混凝土框架结构是指主要受力构件柱、梁、板全部或部分由预制构件（预制柱、叠合梁、叠合板）组成的装配整体式混凝土结构，简称装配整体式框架结构。

（5）装配整体式混凝土剪力墙结构

装配整体式混凝土剪力墙结构是指混凝土结构的部分或全部采用承重预制墙板，通过节点部位的连接形成的具有可靠传力机制，并与现场浇筑的混凝土形成整体的装配式混凝土剪力墙结构，其整体性能与现浇混凝土剪力墙结构接近，简称装配整体式剪力墙结构。

（6）预制保温墙体

预制保温墙体是指由保温层、内外层混凝土墙板组成的一种夹芯式墙体。该墙体在预制构件厂制作生产，然后运输至施工现场进行安装使用。

（7）叠合式混凝土受弯构件

叠合式混凝土受弯构件是指在预制混凝土构件上浇筑上部混凝土而形成整体的受弯构件，分叠合式混凝土板和叠合式混凝土梁等。

（8）预制叠合剪力墙

预制叠合剪力墙是一种采用部分预制、部分现浇工艺生产的钢筋混凝土剪力墙。其预制部分称为预制剪力墙板，在工厂制作、养护成型，运至施工现场后和现浇部分整浇。预制剪力墙板参与结构受力，其外侧的外墙饰面可根据需要在工厂一并生产制作，预制剪力墙板在施工现场安装就位后可作为剪力墙外侧模板使用。预制叠合剪力墙简称叠合剪力墙。

（9）叠合筋

叠合筋是指由钢筋焊接而成，用以连接预制剪力墙板和现浇部分，增强其整体性的"K"形三角桁架钢筋笼。叠合筋由上弦钢筋、下弦钢筋和斜筋三部分组成。叠合筋主要作用在于保证预制剪力墙板的制作、吊装、运输，以及现场施工时有足够的强度和刚度，避免开裂、损坏。叠合筋又称桁架筋。

（10）预制叠合剪力墙有效厚度

预制叠合剪力墙总厚度扣除预制剪力墙板饰面及接缝切口厚度后的厚度即为预制叠合剪力墙有效厚度。

（11）纤维增强塑料（FRP）连接件

纤维增强塑料连接件是指用于连接预制保温墙体内、外层混凝土墙板，传递墙板剪力以使内、外层墙板形成整体的连接器，连接材料通常为纤维增强复合塑料。

11.1.3　工业化施工工艺

预制装配式混凝土结构 PC 工程施工工艺流程见图 11-1。

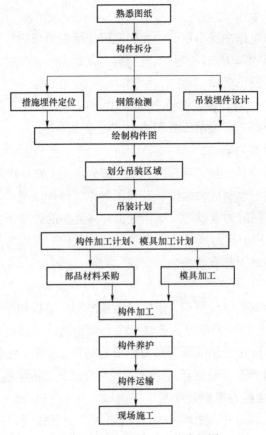

图 11-1　PC 工程施工工艺流程图

11.2　工业化现场施工

11.2.1　构件验收

进入现场的预制构件，其外观质量、尺寸偏差及结构性能应符合设计要求，并通过进场验收。

装配式结构施工前应编制专项施工方案和相应的计算书，并经监理审核批准后方可实施。计算书应包含以下内容：

（1）预制墙、柱垫片下方混凝土的局部受压承载力验算；

（2）预制构件的支撑体系的设计计算；

（3）预制构件的安装吊点、吊具的设计计算；

（4）危险性较大的装配式工程，其专项施工方案应按规定组织专家论证。

11.2.2　工业化现场施工工序

（1）安装准备

预制构件安装前应按设计要求在构件和相应的支承结构上标志中心线、标高等控制尺寸，校核预埋件及连接钢筋的正确性。预制构件应按深化设计图纸要求进行安装。起吊时绳索与构件水平面的夹角不宜小于 45°，否则应采用吊架或进行验算。预制构件安装就位后，应采取临时固定措施保证构件的稳定性，并应根据水准点和轴线进行校正。

（2）预制柱安装施工

预制柱纵向受力钢筋的连接位置在同一断面连接时，可采用灌浆套筒式钢筋连接器；柱纵向受力钢筋在柱底采用套筒灌浆连接时，柱箍筋加密区长度不应小于纵向受力钢筋连接区域长度与 500 mm 之和，套筒上端第一道箍筋距离套筒顶部不应大于 50 mm。

预制柱安装施工前的基础处理措施如下：当采用杯口基础时，在预制柱安装前应先以垫块垫至设计标高；当采用筏式基础、桩基承台或预制结构与现浇结构转换时，预埋的柱主筋平面定位误差需控制在 2 mm 以内，标高误差需控制在 0～15 mm 以内；可采取定位架或格栅网等辅助措施，以确保预埋柱主筋定位误差符合规定。

（3）预制梁的安装

预制梁安装前应检查柱顶标高，并在柱顶安装临时牛腿或梁下临时支撑，当柱顶设有牛腿时，预制构件可直接搁置在牛腿上。当同一节点的预制框架梁梁底标高不一致时，应依照设计标高在柱顶安装梁底可调式标高托座。预制梁的吊装主要采用两个吊点对称起吊。吊钩应对准梁的中心使其起吊后基本保持水平。预制梁的位置应在就位前校正，就位后不宜用撬棍顺纵轴方向撬动预制梁。

（4）叠合板式混凝土剪力墙结构施工

叠合板式混凝土剪力墙结构预制墙板安装施工，是采用工业化生产方式，将工厂生产的叠合式预制墙板构配件运到项目现场，使用起重机械将叠合式预制墙板构配件吊装到设计部位，然后浇筑叠合层及加强部位混凝土，将叠合式预制墙板构配件及节点连为有机整体。

11.2.3　叠合板式剪力墙施工工艺

工艺流程如下：测量放线→检查调整墙体竖向预留钢筋→固定墙板位置控制

方木→测量放置水平标高控制垫块→墙板吊装就位→安装固定墙板斜支撑→安装附加钢筋→现浇加强部位钢筋绑扎→现浇部位支模→预制墙板底部及拼缝处理→检查验收→墙板浇筑混凝土。

（1）测量放线

依据图纸在底板（楼板）面放出每块预制墙板的具体位置线，并进行有效的复核。

（2）检查调整墙体竖向预留钢筋

检查墙体竖向钢筋预留位置是否符合标准，其位置偏移量不得大于±10 mm。如有偏差，需按 1:6 的要求先进行冷弯校正，应比两片墙板中间净空尺寸小 20 mm 为宜，并疏整扶直，清除浮浆。

（3）固定墙板位置控制方木

根据已放出的每块预制墙板的具体位置线，固定墙板位置控制方木，在每块墙板两端距端头 200 mm 处的两侧墙边位置固定定位方木，清理表面。

（4）测量放置水平标高控制垫块

预制墙板下口留有 40 mm 左右的空隙，采用专用垫块调整预制墙板的标高及找平。在每一块墙板两端底部放置专用垫块，并用水准仪测量，使其在同一个水平标高上。

（5）叠合式预制墙板吊装就位

1）墙板可以从堆放场地或直接从车上进行起吊，起吊过程中，要注意墙板上角和下角的保护。

2）应按照安装图和事先制订好的安装顺序进行吊装，原则上宜从离吊车或者塔吊最远的板开始；吊装叠合式预制墙板时，采用两点起吊（见图 11-2），就位应垂直平稳，吊具绳与水平面夹角不宜小于 60°，吊钩应采用弹簧防开钩；起吊时，应通过缓冲块（橡胶垫）来保护墙板下边缘角部不致损伤；起吊后要小心缓慢地将墙板放置于垫片之上，并调整永平度和垂直度。

（6）安装固定预制墙板斜支撑

每块预制墙板通常需用两个斜支撑来固定，斜支撑上部通过专用螺栓与预制墙板上部 2/3 高度处预埋的连接件连接，斜支撑底部与地面（或楼板）用膨胀螺栓进行锚固；支撑与水平楼面的夹角在 40°～50° 之间。

安装过程中，必须在确保两个斜支撑安装牢固后方可解除墙板上的吊车吊钩。墙板的垂直度调整通过两根斜支撑上的螺纹套管调整来实现，两根斜支撑要同尺寸调整。每块墙板都必须按此程序进行安装。

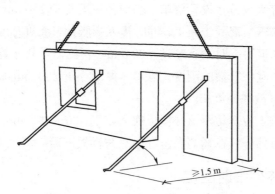

图 11-2 叠合式预制墙板吊装示意图

（7）安装附加钢筋

根据设计图纸（或构造节点）要求设置的现浇约束边缘构件，可先进行预制墙板安装，再进行现浇约束边缘构件的钢筋绑扎；也可先绑扎约束边缘构件的钢筋，再安装预制墙板，后绑扎连接钢筋。

（8）现浇加强部位钢筋绑扎

叠合式预制墙板安装就位后，进行水电管线连接或敷设，完成后进行叠合式预制墙板拼缝处附加钢筋安装。附加钢筋可在一块墙板安装就位后先置入，待相邻墙板安装就位后拉出绑扎。

（9）现浇部位支模

待边缘约束构件钢筋安装完成并经检查验收后，开始进行模板安装，现浇边缘约束构件部位的模板宜采用配制好的整体定型钢模或木模，以利于快速安装。安装时要保证现浇部位的表面质量及其与预制墙板的接槎质量。

（10）叠合式预制墙板底部及拼缝处理

叠合式预制墙板与地面（楼面）间预留的水平缝，用 50 mm×50 mm 的木方进行封堵，并用射钉将其固定在地面上；预制墙板之间的竖向缝隙可以用直木方（板）来封堵，用木方（板）封堵内墙缝隙时，木方高度要与预制墙板上口标高平齐，确保浇筑混凝土需求。

（11）检查验收

叠合式预制墙板安装施工完毕后，由专业质检人员对墙板各部位施工质量进行全面检查，符合要求后，方可进行下道工序施工。

（12）叠合式预制墙板浇筑混凝土

混凝土浇筑前，叠合式预制墙体构件内部空腔必须清理干净，墙板内表面必须用水充分湿润。

混凝土强度等级应符合设计要求，当墙体厚度小于 250 mm 时墙体内现浇混凝土宜采用细石自密实混凝土施工，同时掺入膨胀剂。浇筑时保持水平向上分层连续浇筑，浇筑高度每小时不宜超过 800 mm，否则需重新验算模板压力及格构钢筋之间的距离，确保墙板的刚度。当墙体厚度小于 250 mm 时，混凝土振捣应选用 ϕ30 mm 以下微型振捣棒。

每层墙体混凝土应浇筑至该层楼板底面以下 300～450 mm，并满足插筋的锚固长度要求，剩余部分应在插筋布置好之后与楼板混凝土浇筑成整体。

11.2.4　预制构件临时固定

预制构件的临时固定措施有利于保证预制构件的稳定和永久连接节点施工完成后的装配施工精度。预制构件安装就位后应及时采取临时固定措施，并可通过临时支撑对构件的水平位置和垂直度进行微调。预制构件与吊具的分离应在校准定位及临时固定措施安装完成后进行。临时固定措施的拆除应在装配式结构能达到后续施工要求的承载力、刚度及稳定性要求后进行。

（1）水平构件的临时固定

在装配整体式混凝土结构中，水平构件梁和板大多数采用叠合构件，预制构件承受的施工荷载比较大，而且当支承构件未设置牛腿或挑耳且其混凝土保护层不能满足预制构件的搁置长度要求，或者预制构件自身不能承受施工荷载时，需要在构件下方设置临时竖向支撑或在预制构件两端设置临时牛腿。按照《混凝土结构施工规范》的要求，每个预制构件的临时支撑不宜少于两道（对于水平构件的临时支撑道数指的是立杆数）。另外，临时支撑顶部标高应符合设计规定，并应考虑支承系统自身在施工荷载作用下的变形。在预制梁与预制楼板形成整体刚度前，支撑系统应能够承受预制楼板的重力荷载，以避免由于荷载不平衡而造成预制梁发生扭转、侧翻。对多层楼板系统未形成整体刚度前，整个结构的整体性较差，支撑系统应能确保避免意外荷载造成的建筑物结构倒塌。后浇混凝土强度达到设计要求后，方可拆除支撑或承受荷载。

（2）竖向构件的临时固定

竖向构件在安装就位后，其所受到的竖向荷载可以安全传递到下层的支承结构上，因此临时固定重点考虑的是风荷载，以及上层结构施工可能产生的附加水平荷载。竖向构件的临时固定措施最常用的是临时斜撑，如可调式钢管支撑或型钢支撑。连接临时斜撑后，应及时采用经纬仪或吊线确定柱子的水平标高和垂直度偏差，并通过临时斜撑上的微调装置进行调整，调整到位后及时在墙板或柱的底部塞入垫片垫实。

对于墙板构件，临时斜撑一般安放在其背面，且一般不少于两道，对于宽度比较小的墙板也可只设置一道斜撑。当墙板底没有水平约束时，墙板的每道临时支撑包括上部斜撑和下部支撑，下部支撑可做成水平支撑或斜向支撑。临时支撑与墙板及楼板一般做成铰链，可通过预埋件进行连接。考虑到临时斜撑主要承受水平荷载，为充分发挥其承力性能，对上部的斜撑，其支撑点距离板底的距离不宜小于板高的三分之二，不应小于板高的二分之一。

对于预制柱的构件，由于其底部纵向钢筋可以起到水平约束作用，因此其支撑主要以上部斜撑为主。柱子的斜撑最少要设置两道，且要设置在相邻的侧面上，水平投影相互垂直。当有条件时，如中柱或边柱，可在柱的四个侧面或三个侧面设置支撑。柱子的临时斜撑或柱子、楼板的连接一般也做成铰链，并通过预埋件连接。

11.2.5 预制构件连接

预制构件的连接是装配式混凝土结构的一个关键工序，包括预制构件与预制构件的连接以及预制构件与现浇构件的连接。从传力途径上看，装配式结构需要解决板与次梁、梁与梁、柱与柱、墙与墙等构件间的连接。预制构件的连接方式可分为湿式连接和干式连接。其中，湿式连接指连接节点或接缝需要支模及浇筑混凝土或砂浆；而干式连接则是指采用焊接或锚栓连接预制构件。在预制单层工业厂房中，主要采用的是干式连接；在民用建筑中，则主要采用湿式连接。当然部分节点也会采用干式连接或干式与湿式混合的连接方式。

（1）现浇混凝土连接

在行业标准《装配式混凝土结构技术规程》（KJGJ 1—2014）中给出了大量现浇混凝土、灌浆料、砂浆连接节点和接缝，例如梁板叠合层、框架梁柱节点、剪力墙的边缘构件等，施工中也可参考如图 11-3～图 11-5 所示的相关节点施工。

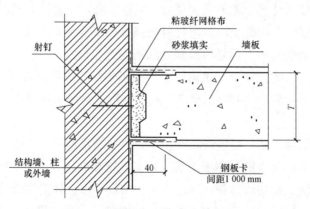

图 11-3 隔墙板与承重墙连接方法

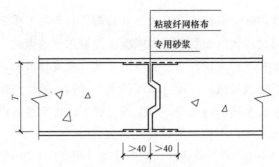

图 11-4 板与板连接方法

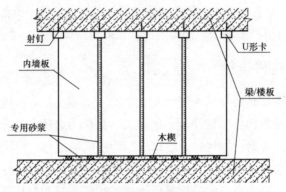

图 11-5 隔墙板与顶板连接方法

　　装配式结构连接施工的浇筑用材料主要为混凝土、砂浆、水泥浆及其他复合成分的灌浆料等，不同材料的强度等级值应按设计要求及相关标准的规定确定。预制构件连接处现浇混凝土或砂浆强度及收缩性能应满足设计要求，如设计无具体要求，应满足下列要求。

　　对承受内力的连接处应采用混凝土浇筑，混凝土强度等级值不应低于连接处构件混凝土强度设计等级值的最大值。如梁柱节点，一般柱的混凝土强度等级较高，可按柱的强度等级确定浇筑用材料的强度等级。对于混凝土、砂浆，可采用留置同条件试块或其他实体强度检测方法确定强度。

　　对非承受内力的连接处可采用砂浆、水泥浆及其他复合成分的灌浆料浇筑，其强度等级值不应低于 C15 或 M15。混凝土粗骨料最大粒径不宜大于连接处最小尺寸的 1/4。

　　浇筑前应清除浮浆、松散骨料和污物，并宜洒水湿润。节点、水平缝应一次性连续浇筑密实；垂直缝可逐层浇筑，每层浇筑高度不宜大于 2 m。应采用保证混凝土或砂浆浇筑密实的措施，可采用自密实混凝土；如需振捣时，宜采用微型振捣棒。结构材料的强度达到设计要求后，方可承受全部设计荷载。

（2）钢筋连接

预制构件之间的钢筋连接主要包括钢筋套筒灌浆连接、机械连接和焊接。

钢筋套筒灌浆连接的钢筋应采用符合现行国家标准规定的带肋钢筋。钢筋直径不应小于 12 mm，不宜大于 40 mm。灌浆套筒的主要结构图如图 11-6 所示。套筒灌浆连接施工应采用由接头形式检验确定的匹配灌浆套筒、灌浆料，灌浆套筒、灌浆料经检验合格后方可使用。套筒灌浆连接施工应编制专项施工方案，施工方案应包括灌浆套筒在预制生产中的定位、构件安装定位与支撑、灌浆料拌和、注浆施工、检查与修补等内容。施工前应由施工单位技术人员组织对操作人员的施工方案交底。

如图 11-6 所示，套筒产品的主要外形参数包括长度 L、壁厚 t 预制端开口直径、装配端开口直径 D2。在套筒两端设有灌浆孔和排浆孔，全套筒灌浆接头预制端还设有封浆橡胶环。为增强灌浆料与套筒之间的黏结咬合力，在套筒内部大多设有剪力键。为了控制钢筋伸入套筒的长度，在套筒内部设置钢筋限位挡板。套筒构造及两端钢筋锚固长度 L_1、L_2 与连接钢筋的直径、强度、外形以及灌浆料性能、施工偏差要求等因素有关，需要由产品形式检验试验确定。

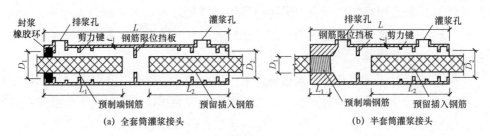

图 11-6　灌浆套筒的主要结构图

（1）套筒灌浆接头的工作机理

套筒灌浆连接可视为一种钢筋机械连接，但与直螺纹等接头的工作机理不同，套筒灌浆接头依靠材料间的黏结来达到钢筋锚固连接作用。当钢筋受拉时，拉力 P 通过钢筋—灌浆料结合面的黏结作用传递给灌浆料，灌浆料再通过其与套筒内壁结合面的黏结作用传递给套筒。

钢筋与灌浆料结合面的黏结作用由材料黏附力 f_1、表面摩擦力 f_2 和钢筋表面肋部与灌浆料之间的机械咬合力 f_3 构成，钢筋中的应力通过该结合面传递到灌浆料中，如图 11-7（a）所示。灌浆料与套筒内壁结合面的黏结作用同样由 f_1、f_2、f_3 构成，灌浆料中的应力再通过该结合面传递到套筒中。同时，套筒外混凝土和套筒可分别为灌浆料提供有效的侧向约束力 F_{n1} 和 F_{n2}，如图 11-7（b）所示，可以有效增强材料结合面的黏结锚固作用，确保接头的传力能力。

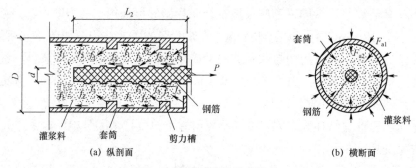

图 11-7　套筒灌浆接头机理

（2）套筒灌浆接头施工工艺

实际工程应用中，套筒在预制构件制作时预先埋入构件的连接端，现场施工时另一个连接构件的外露钢筋插入套筒，构件安装定位后，通过灌浆连接钢筋。灌浆前应清理干净构件与灌浆料接触面，保证无灰渣、无油污、无积水，即楼板、墙板底与灌浆料接触部位清理干净，以免影响灌浆之后的钢筋连接成型。

根据构件及现场施工条件，采用适当的接缝处理方法对灌浆腔进行密封，确保接头砂浆不会流出。工程中常采用 1:2.5 防水水泥砂浆封堵套筒灌浆腔墙板与楼板之间的空隙边缘。

灌浆作业时，使用专用灌浆设备，采用压力灌浆法进行接头灌浆。注意砂浆要在自加水搅拌时开始计时，在规定的时间内灌浆完毕。灌浆料由下排灌浆孔注入，注射过程中控制好压力，注意观察各灌浆孔的状态，当上排灌浆孔有灌浆料溢出时，用橡胶塞将相应灌浆孔堵住。在灌浆过程中若出现漏浆，应及时封堵，若无法快速封堵，应停止灌浆并将已注入的灌浆料用水冲出，待采取堵漏措施后再重新进行灌浆作业。

（3）灌浆施工应按施工方案执行，并应符合下列规定：灌浆操作全过程应有专职检验人员负责旁站监督并及时形成施工质量检查记录；灌浆施工时，环境温度应符合灌浆料产品使用说明书要求，环境温度低于 5 ℃时不宜施工；竖向构件宜采用连通腔灌浆，对墙类构件，可分段实施；竖向构件灌浆作业应采用压浆法从灌浆套筒下灌浆孔灌注，当浆料从构件其他灌浆孔、出浆孔流出后应及时封堵；灌浆料应在加水后 30 min 内用完；散落的灌浆料拌合物不得二次使用；剩余的拌合物不得再次添加灌浆料、水后混合使用。灌浆料强度达到 35 MPa 后，方可拆除预制构件的临时支撑及进行上部结构吊装与施工。

（4）下列情况不宜采用套筒灌浆连接：高层混凝土结构地下室作为上部结构嵌固部位范围内的剪力墙、柱；高层框架结构的首层柱；高层剪力墙结构中的底部加强部位；部分框支剪力墙结构的框支层及相邻上一层的剪力墙、柱。

思考题

【11-1】试述套筒灌浆接头的工作机理。

【11-2】试述叠合板式混凝土剪力墙结构施工工艺流程。

12 绿色施工技术

绿色施工是指工程建设中，在保证质量、安全等基本要求的前提下，通过科学管理和技术进步，最大限度地节约资源与减少对环境负面影响的施工活动。

实施绿色施工，应根据因地制宜的原则，贯彻执行国家、行业和地方相关技术经济政策。绿色施工应是可持续发展理念在工程施工中全面应用的体现，绿色施工并不仅仅是实施封闭施工，减少扬尘、扰民，工地栽花、种树、种草，定时洒水等，它同绿色设计一样，涉及可持续发展的各个方面，如生态与环境保护、资源与能源利用、社会与经济发展等。

12.1 绿色施工的原则

12.1.1 减少场地干扰、尊重基地环境

工程施工过程会扰乱场地环境，这对未开发区域的新建项目来说尤其严重。场地平整、土方开挖、施工降水、永久及临时设施建造、场地废物处理等均会对场地现存的动植物资源、地形地貌、地下水位等造成影响，还会对场地内现存地方特色资源等带来破坏，影响地区文脉的继承和发扬。因此，施工中应减少场地干扰，尊重基地环境，保护生态环境。项目的参与单位都应当识别场地内现有的自然、文化和构筑物特征，并通过合理的设计、施工和管理工作将这些特征保存下来。可持续的场地设计对于减少这种干扰具有重要的作用。就工程施工而言，应结合使用场地的要求，制订满足要求的、能尽量减少场地干扰的场地使用计划。计划中应明确并做好以下几点：

（1）明确场地内的保护区域、保护对象，并确定保护方法；

（2）在满足设计、施工和经济要求的前提下，减少扰动的区域面积，减少占地和临时设施；

（3）场地通道满足各工序的运送、安装和其他要求，并运用优化技术，缩短运输路线，减少材料设备的二次搬运；

（4）施工废弃物应进行科学处理或消除，废弃物的回填或填埋均应进行场地生态、环境的影响分析；

（5）施工场地宜与公众隔离，场地内应做到施工区和生活区分离。

12.1.2 绿色施工应结合气候条件

在选择施工方法、施工机械，安排施工顺序，布置施工场地时应结合气候特征，以减少因为气候原因而带来的资源和能源消耗。减少因为额外措施对施工现场及环境产生的干扰。

施工结合气候条件，首先要了解地区的气象资料及特征，主要包括雨、雪、风和气温等资料，如：全年降雨量、降雪量、雨季起止日期、日最大降雨量；风速、风向和风的频率；年平均气温、最高（最低）气温及持续时间等。

施工结合气候条件的工作应包括以下几方面：

（1）合理安排施工顺序，以免受不利气候的影响，如在雨季来临之前，完成土方工程、基础工程的施工，以减少地下水位上升对施工的影响，减少额外雨季施工措施；

（2）做好全场性排水、防洪，减少对现场及周边环境的影响；

（3）施工场地布置应结合气候条件，符合劳动保护、安全、防火的要求，如对于产生有害气体和污染环境的加工场（沥青熬制、石灰熟化）及易燃的设施（如木工棚、易燃物品仓库）宜根据季节的气候特点，布置在下风向，且不危害周边居民；又如起重设施的布置考虑风、雷电等影响；

（4）在冬季、夏季、雨季及大风季节的施工，应针对工程特点，尤其是受气候影响较大的混凝土工程、土方工程、深基础工程、水下工程和高空作业等，选择适合季节的施工方法和有效措施。

12.1.3 节能降耗

建设项目通常要使用大量的材料、能源和水资源，减少资源的消耗、节约能源、提高效益、保护水资源是可持续发展的基本观点。施工中节能降耗的节约主要有以下几方面内容：

（1）水资源的节约利用

监测水资源的使用，在满足施工需求的前提下，采用小流量的设备和器具，在可能的现场实现雨水或施工排水的二次利用，减少施工期间的用水量。

（2）节约电能

通过监测实际用电量，采用节电型施工机械，合理安排施工时间，实现错时用电，节约用电。安装节能灯具和设备，利用声光传感器控制照明灯具等。

（3）减少材料的损耗

实现仔细的采购、合理的保管，减少材料的搬运次数，减少包装，改善操作工艺，增加摊销材料的周转次数等，以降低材料在使用中的消耗，提高材料的使用效率。

（4）可回收资源的利用

可回收资源的利用是节约资源的重要手段之一，也是当前应重点加强的工作，主要体现在两个方面：一是使用可直接利用的产品、材料或含有可利用部分的成分；二是加大资源和材料的回收、再生和循环使用。在施工现场建立废物回收系统，减少施工中材料的消耗量，既减少了自然资源的消耗，也可降低运输或填埋垃圾引起的能耗和污染。

12.1.4　减少环境污染，提高环境品质

施工中产生的尘埃、噪声、有毒有害气体、废物等均会对环境品质造成严重的影响，也将有损现场工作人员、使用者以及公众的健康。因此，减少环境污染、提高环境品质也是绿色施工的基本原则之一。提高施工室内外空气品质是最主要的内容。施工过程中产生的尘埃、挥发性有害气体或微粒均会影响室内外空气质量，对健康构成潜在的威胁和损害，这些损伤有些是长期的，往往会严重影响身体健康。提高施工场地空气质量的绿色施工技术措施有：

（1）制订室内外空气质量的施工管理计划；

（2）使用无害、低挥发性的材料或产品；

（3）安装临时排风或局部净化和过滤设备；

（4）进行绿化，经常洒水清扫，防止建筑垃圾堆积，对可能造成污染的材料进行无害化处理；

（5）采用安全、健康的建筑机械或生产方式，如采用预拌混凝土，可大幅度减少粉尘污染；

（6）合理安排施工顺序，减少建筑材料对污染物的吸收，如地毯、顶棚饰面等对污染气体的吸收；

（7）对施工时仍需使用的建筑物，应将有毒有害的工作安排在非工作时间进行，并采取通风措施。施工完成后，应通风引入室内外新鲜空气，并对现场空气质量进行测试；

（8）做好噪声的控制，防止环境污染。根据我国相应的规定对施工噪声进行限制，以防止施工扰民，可以采用合理安排施工时间、实施封闭式施工、设置隔离防护设备、运用低噪低振的机械等控制施工噪声的有效手段。

12.2 绿色施工的技术措施

实施绿色施工，必须要实施科学管理，提高企业管理水平，使企业从被动适应转变为主动响应，使企业实施绿色施工制度化、规范化。这将充分发挥绿色施工对促进可持续发展的作用，增加绿色施工的经济性效果，增加承包商采用绿色施工的积极性。企业通过 ISO14001 认证是提高企业管理水平、实施科学管理的有效途径。

12.2.1 扬尘控制措施

（1）运送土方、垃圾、设备及建筑材料等，不污损场外道路。运输容易散落、飞扬、流漏的物料的车辆，采取措施封闭严密，保证车辆清洁。施工现场出口应设置洗车槽。

（2）土方作业阶段，采取洒水、覆盖等措施，达到作业区目测扬尘高度不大于 1.5 m，不扩散到场区外。

（3）结构施工、安装装饰阶段，作业区目测扬尘高度不大于 0.5 m。对易产生扬尘的堆放材料应采取覆盖措施；对粉末状材料应封闭存放。对场区内可能引起扬尘的材料及建筑垃圾应有降尘措施，如覆盖、洒水等。浇筑混凝土前清理灰尘和垃圾时尽量使用吸尘器，避免使用吹发器等易产生扬尘的设备。机械剔凿作业时可用局部遮挡、掩盖、水淋等防护措施。高层或多层建筑清理垃圾应搭设封闭性临时专用道或采用容器吊运。

（4）施工现场非作业区达到目测无扬尘的要求。对现场易飞扬物质采取有效措施，如洒水、地面硬化、围挡、密网覆盖、封闭等，防止扬尘产生。

（5）构筑物机械拆除前，做好扬尘控制计划。可采取清理积尘、拆除体洒水、设置隔挡等措施。

（6）构筑物爆破拆除前，做好扬尘控制计划。可采用清理积尘、淋湿地面、预湿墙体、屋面敷水袋、楼面蓄水、建筑外设高压喷雾洒水系统、搭设防尘排栅和直升机投水弹等综合降尘，应选择风力小的天气进行爆破作业。

（7）在场界四周隔挡高度位置测得的大气总悬浮颗粒物（TSP）月平均浓度与城市背景值的差值不大于 0.08 mg/m^3。

12.2.2 噪声与振动控制措施

（1）现场噪声排放不得超过国家标准《建筑施工场界环境噪声排放标准》

（GB 12523—2011）的规定。

（2）在施工场界对噪声进行实时监测与控制。监测方法执行相关国家标准。

（3）使用低噪声、低振动的机具，采取隔声与隔振措施，避免或减少施工噪声和振动。

12.2.3　光污染控制措施

（1）尽量避免或减少施工过程中的光污染。夜间室外照明灯加设灯罩，透光方向集中在施工范围内。

（2）电焊作业采取遮挡措施，避免电焊弧光外泄。

12.2.4　绿色施工中的水污染控制措施

（1）施工现场污水排放应达到国家标准《污水综合排放标准》（GB 8978—1996）的要求。

（2）在施工现场应针对不同的污水设置相应的处理设施，如沉淀池、隔油池、化粪池等。

（3）污水排放应委托有资质的单位进行废水水质监测，提供相应的污水检测报告。

（4）保护地下水环境。采取隔水性能好的边坡支护技术。在缺水地区或地下水位持续下降的地区，基坑降水尽可能少抽取地下水。当基坑开挖抽水量大于 50 万 m³ 时，应进行地下水回灌，并避免地下水被污染。

（5）对于化学品等有毒材料、油料的储存地，应有严格的隔水层设计，做好渗漏液收集和处理。

12.2.5　土壤保护措施

（1）保护地表环境，防止土壤侵蚀、流失。因施工造成的裸土，及时覆盖砂石或种植速生草种，以减少土壤侵蚀。因施工造成容易发生地表径流、土壤流失的情况，应采取设置地表排水系统、稳定斜坡、植被覆盖等措施，减少土壤流失。

（2）沉淀池、隔油池、化粪池等不发生堵塞、渗漏、溢出等现象。及时清掏各类池内沉淀物，并委托有资质的单位清运。

（3）对于有毒有害废弃物，如电池、墨盒、油漆、涂料等，应回收后交有资质的单位处理，不能作为建筑物垃圾外运，避免污染土壤和地下水。

（4）施工后应恢复施工活动破坏的植被（一般指临时占地内）。与当地园林、环保部门或当地植物研究机构进行合作，在先前开发地区种植当地或其他合适的植物，以恢复剩余空地地貌或科学绿化，补救施工活动中人为破坏植被和地貌造成的土壤侵蚀。

12.2.6　建筑垃圾控制措施

（1）制订建筑垃圾减量化计划，如住宅建筑，每万平方米的建筑垃圾不宜超过 400 t。

（2）加强建筑垃圾的回收再利用，力争建筑垃圾的再利用和回收率达到 30%，建筑物拆除产生的废弃物的再利用和回收率大于 40%。对于碎石类、土石方类建筑垃圾，可采用地基填埋、铺路等方式提高再利用率，力争再利用率大于 50%。

（3）施工现场生活区设置封闭式垃圾容器，施工场地生活垃圾实行袋装化，及时清运。对建筑垃圾进行分类，并收集到现场封闭式垃圾站，集中运出。

12.2.7　地下设施、文物和资源保护措施

（1）施工前应调查清楚地下各种设施，做好保护计划，保证施工场地周边的各类管道、管线、建筑物、构筑物的安全运行。

（2）施工过程中一旦发现文物，立即停止施工，保护现场并通报文物部门，协助做好工作。

（3）避让、保护施工场区及周边的古树名木。

12.3　绿色施工中的节材与材料资源的利用

12.3.1　节材基本措施

（1）图纸会审时，应审核节材与材料资源利用的相关内容，达到材料损耗率比定额损耗率降低 30%。

（2）根据施工进度、库存情况等合理安排材料的采购、进场时间和批次，减少库存。

（3）现场材料堆放有序。储存环境适宜，措施得当。保管制度健全，责任落实。

（4）材料运输工具适宜，装卸方法得当，防止损害和遗洒。根据现场平面布置情况就近卸载，避免和减少二次搬运。

（5）采取技术和管理措施，提高模板、脚手架等的周转次数。

（6）优化安装过程的预留、预埋、管线路径等方案。

（7）应就地取材，施工现场 500 km 以内生产的建筑材料用量占建筑材料总用量的 70%以上。

12.3.2　结构材料

（1）推广使用预拌混凝土和商品砂浆。准确计算采购数量、供应频率、施工速度等，在施工过程中动态控制。结构工程使用散装水泥。

（2）在施工临时结构和设施中推广使用高强钢筋和高性能混凝土，减少资源消耗。

（3）推广钢筋专业化加工和配送。

（4）优化钢筋配料和钢构件下料方案。钢筋及钢结构制作前应对下料单及样品进行复核，无误后方可批量下料。

（5）优化钢结构制作和安装方法。大型钢结构宜采用工厂制作，现场拼装。宜采用分段吊装、整体提升、滑移、顶升等安装方法，减少方案的措施用材量。

（6）采用数字化技术，对大体积混凝土、大跨度结构等专项施工方案进行优化。

12.3.3　围护材料

（1）门窗、屋面、外墙等围护结构选用耐候性及耐久性良好的材料，施工确保密封性、防水性和保湿隔热性。

（2）门窗采用密闭性、保温隔热性能、隔声性能良好的型材和玻璃等材料。

（3）屋面材料、外墙材料具有良好的防水性能和保温隔热性能。

（4）当屋面或墙体等部位采用基层加设保温隔热系统的方式施工时，应选择高效节能、耐久性好的保温隔热材料，以减少保温隔热层的厚度及材料用量。

（5）面或墙体等部位的保温隔热系统采用专用的配套材料，以加强各层次之间的黏结或连接强度，确保系统的安全性和耐久性。

（6）根据建筑物的实际特点，优选屋面或外墙的保温隔热材料系统和施工方式，例如保温板粘贴、保温板干挂、聚氨酯硬泡喷涂、保温浆料涂抹等，以保证保温隔热效果，并减少材料浪费。

（7）强保温隔热系统与围护结构的节点处理，尽量降低热桥效应。针对建筑物的不同部位保温隔热特点，选用不同的保温隔热材料及系统，以做到经济适用。

12.3.4　装饰装修材料

（1）贴面类材料在施工前，应进行总体排版策划，减少非整块材的数量。

（2）采用非木质的新材料或人造板材代替木质板材。

（3）防水卷材、壁纸、油漆及各类涂料基层必须符合要求，避免起皮、脱落。各类油漆及黏结剂应随用随开，不用时及时封闭。

（4）墙及各类预埋应与结构施工同步。

（5）木制品及木装饰用料、玻璃等各类板材宜在工厂采购或定制。

（6）采用自粘类片材，减少现场液体黏结剂的使用量。

12.3.5 周转材料

（1）应选用耐用、维护与拆卸方便的周转材料和机具。

（2）优先选用制作、安装、拆除一体化的专业队伍进行模板工程施工。

（3）模板应以节约自然资源为原则，推广使用定型铝合金模、钢模、钢框竹模、竹胶板。

（4）工前应对模板工程的方案进行优化。多层、高层建筑使用可重复利用的模板体系，模板支撑宜采用工具式支撑。

（5）优化高层建筑的外脚手架方案，采用整体提升、分段悬挑等方案。

（6）推广采用外墙保温板替代混凝土施工模板的技术。

（7）现场办公和生活用房采用周转式活动房。现场围挡应最大限度地利用已有围墙，或采用装配式可重复使用围挡封闭。力争工地临时用房、临时围挡材料的可重复使用率达到70%以上。

12.4 绿色施工中的节水与水资源的利用

12.4.1 提高用水效率

（1）施工中采用先进的节水施工工艺。

（2）工现场喷洒路面、绿化浇灌不宜使用市政自来水。现场搅拌用水、养护用水应采取有效的节水措施，严禁无措施浇水养护混凝土。

（3）施工现场供水管网应根据用水量设计布置，管径合理，管路简捷，采取有效措施减少管网和用水器具的漏损。

（4）现场机具、设备、车辆冲洗用水必须设立循环用水装置。施工现场办公区、生活区的生活用水采用节水器具，提高节水器具配置比率。工地临时用水应使用节水型产品，安装计量装置，采取针对性的节水措施。

（5）施工现场建立可再利用收集处理系统，使水资源得到梯级循环利用。

（6）施工现场分别对生活用水与工程用水确定用水定额指标，并分别计量管理。

（7）大型工程的不同单项工程、不同标段、不同分包生活区，凡具备条件的应分别计量用水量。在签订不同标段分包或劳务合同时，将节水等额指标纳入合同条款，进行计量考核。

（8）对混凝土搅拌站点等用水集中的区域和工艺点进行专项计量考核。施工现场建立雨水、中水或可再利用水的收集利用系统。

12.4.2　非传统水源利用

（1）优先采用中水搅拌、中水养护，有条件的地区和工程应收集雨水养护。

（2）处于基坑降水阶段的工地，宜优先采用地下水作为混凝土搅拌用水、养护用水、冲洗用水和部分生活用水。

（3）现场机具、设备、车辆冲洗及喷洒路面、绿化浇灌等用水，优先采用非传统水源，尽量不使用市政自来水。

（4）大型施工现场，尤其是雨量充沛地区的大型施工现场，建立雨水收集利用系统，充分收集自然降水用于施工和生活中适宜的部位。

（5）力争施工中非传统水源和循环水的再利用率大于 30%。

12.4.3　用水安全

在非传统水源和现场循环再利用水的使用过程中，应制订有效的水质检测与卫生保障措施，确保避免对人体健康、工程质量以及周围环境产生不良影响。

12.5　绿色施工中的节能与能源的利用

12.5.1　节能措施

（1）制订合理施工能耗指标，提高施工能源利用率。

（2）先使用国家、行业推荐的节能、高效、环保的施工设备和机具，如选用变频技术的节能施工设备等。

（3）施工现场分别设定生产、生活、办公和施工设备的用电控制指标，定期进行计量、核算、对比分析，并有预防与纠正措施。

（4）在施工组织设计中，合理安排施工顺序、工作面，以减少作业区域的机具数量，相邻作业区充分利用共有的机具资源。安排施工工艺时，应优先考虑耗用电能的或其他能耗较少的施工工艺。避免设备额定功率大于使用功率或超负荷使用设备的现象。

（5）根据当地气候和自然资源条件，充分利用太阳能、地热等可再生能源。

12.5.2　机械设备与机具

（1）建立施工机械设备管理制度，开展用电、用油计量，完善设备档案，及时做好维修保养工作，使机械设备保持低耗、高效的状态。

（2）择功率与负载相匹配的施工机械设备，避免大功率施工机械设备低负载长时间运行。机电安装可采用节电型机械设备，如逆变式电焊机和能耗低、效率高的手持电动工具等，以利节电。机械设备宜使用节能型油料添加剂，在可能的情况下，考虑回收利用，节约油量。

（3）合理安排工序，提高各种机械的使用率和满载率，降低各种设备的单位耗能。

12.5.3　生产、生活及办公临时设施

（1）利用场地自然条件，合理设计生产、生活及办公临时设施的体形、朝向、间距和窗墙面积比，使其获得良好的日照、通风和采光。南方地区可根据需要在其外墙窗设遮阳设施。

（2）临时设施宜采用节能材料，墙体、屋面使用隔热性能好的材料，减少夏天空调、冬天取暖设备的使用时间及耗能量。

（3）合理安排工序，提高各种机械的使用率和满载率，降低各种设备的单位耗能。

12.5.4　施工用电及照明

（1）临时用电优先选用节能电线和节能灯具，临时用电线路合理设计、布置，临时用电设备宜采用自动控制装置。采用声控、光控等节能照明灯具。

（2）照明设计以满足最低照度为原则，照度不应超过最低照度的20%。

12.6　绿色施工中的节地与土地资源保护

12.6.1　临时用地指标

（1）根据施工规模及现场条件等因素合理确定临时设施，如临时加工厂、现场作业棚及材料堆场、办公生活设施等的占地指标。临时设施的占地面积应按用地指标所需的最低面积设计。

（2）要求平面布置合理、紧凑，在满足环境、职业健康与安全及文明施工要求的前提下尽可能减少废弃用地和死角，临时设施占地面积有效利用率大于90%。

12.6.2　临时用地保护

（1）应对深基坑施工方案进行优化，减少土方开挖和回填量，最大限度地减少对土地的扰动，保护周边自然生态环境。

（2）线外临时占地应尽量使用荒地、废地，少占用农田和耕地。工程完工后，及时对红线Ⅰ外占地恢复原地形、地貌，使施工活动对周边环境的影响降至最低。

（3）利用和保护施工用地范围内原有的绿色植被。对于施工周期较长的现场，可按建筑永久绿化的要求，安排场地新建绿化。

12.6.3　施工总平面布置

（1）施工总平面布置应做到科学、合理，充分利用原有建筑物、构筑物、道路、管线为施工服务。

（2）施工现场搅拌站、仓库、加工厂、作业棚、材料堆场等布置应尽量靠近已有交通线路或即将修建的正式或临时交通线路，缩短运输距离。

（3）临时办公和生活用房应采用经济、美观、占地面积小、对周边地貌环境影响较小，且适合于施工平面布置动态调整的多层轻钢活动板房、钢骨架水泥活动板房等标准化装配式结构。生活区与生产区应分开布置，并设置标准的分隔设施。

（4）施工现场围墙可采用连续封闭的轻钢结构预制装配式活动围挡，减少建筑垃圾，保护土地。

（5）施工现场道路安装按永久道路和临时道路相结合的原则布置。施工现场内形成环形道路，减少道路占用土地。

（6）临时设施布置应注意远近结合（本期工程与下期工程），努力减少和避免大量临时建筑拆迁和场地搬迁。

思考题

【12-1】试简述绿色施工的原则。

【12-2】绿色施工如何控制建筑垃圾？

【12-3】绿色施工中在机械设备与机具的使用方面有哪些节能措施？

13　BIM 技术在施工过程中的应用

13.1　BIM 概念

13.1.1　BIM 的定义

BIM 全称是"建筑信息模型"（Building Information Modeling），它是以三维数字技术为基础，集成了建筑工程项目各种相关信息的工程数据模型。BIM 是对工程项目设施实体与功能特性的数字化表达。BIM 不是简单地将数字信息进行集成，而是一种数字信息的应用，并可以用于设计、建造、管理的数字化方法。这种方法支持建筑工程的集成管理环境，可以使建筑工程在其整个进程中显著提高效率，大量减少风险。

BIM 的含义包括下面几个方面：

（1）BIM 是一个以三维数字模型为基础，集成建筑项目所有各种相关信息的工程数字模型，是对建筑项目物理和功能特性的数字表达；

（2）BIM 是一个共享的数字信息资源，是一个分享有关设施的信息，能够连接建筑项目全生命周期不同阶段所有参与方或决策方的数据、过程和资源，为建筑项目从规划到运营的全生命周期中的所有决策提供可靠依据的过程；

（3）BIM 是一个协同资源，在建筑项目的不同阶段，不同利益相关方通过在BIM 中插入、提取、更新和修改信息，以支持和反映建设项目全生命周期中动态的工程信息创建、管理和共享，是项目实时的同步、共享平台。

2015 年 6 月，住房和城乡建设部发布《关于推进建筑信息模型应用的指导意见》，其中明确指出，到 2020 年末，建筑行业甲级勘察、设计单位以及特级、一级房屋建筑工程施工企业应掌握并实现 BIM 与企业管理系统和其他信息技术的一体化集成应用。到 2020 年末，以下新立项项目勘察设计、施工、运营维护中，集成应用 BIM 的项目比率达到 90%：以国有资金投资为主的大中型建筑；申报绿色建筑的公共建筑和绿色生态示范小区。

13.1.2 BIM 的特点

BIM 技术是划时代的建筑领域新技术，与传统的绘图软件、管理软件有着本质的区别。真正的 BIM 具有下列五大特点。

（1）可视化性

BIM 中的可视化是一种能够同构件之间形成互动性和反馈性的可视。在 BIM 建筑信息模型中，由于整个过程都是可视化的，所以，可视化的结果不仅可以用来做效果图的展示，更重要的是项目设计、建造、运营过程中的沟通、讨论、决策都可在可视化的状态下进行。施工组织可利用 BIM 的可视化性，创建建筑设备模型、临时设施模型、施工现场模型、材料设备周转模型、施工人员分布模型等，模拟施工动态过程，模拟施工组织，使施工组织可视化。

可视化在复杂设计中可解决设计中可能出现的问题，对于结构、建筑、装饰、幕墙等专业复杂的节点，可利用可视化将其简单化，直接展示节点设计示意图，这将有利于施工技术交底及构件加工。所以 BIM 提供了可视化的思路，将以往的线条式的构件形成一种三维的立体实物图形展示在人们面前。

（2）协调性

BIM 是集模型、信息为一体，集合各种技术的产物，在 BIM 应用的高级阶段是以 BIM 作为平台的管理手段，最大化地发挥 BIM 在建筑全生命周期的价值。所以为了发挥最大价值，BIM 还具备协调能力，协调方面是 BIM 在建筑业中应用的重点内容，不管是施工单位还是业主及设计单位，在全生命周期过程中，都在做着协调及互相配合的工作。

BIM 建筑信息模型可在建筑物建造前期对各专业的碰撞问题进行协调，生成协调数据并共享。BIM 的协调作用可以解决各专业间的碰撞问题，它还可以解决例如电梯井布置与其他设计布置及净空要求之协调、防火分区与其他设计布置之协调、地下排水布置与其他设计布置之协调等问题。

（3）模拟性

模拟性并不是只能模拟设计出建筑物模型，还可以模拟不能够在真实世界中进行操作的事物。在设计阶段，BIM 可以对设计上需要进行模拟的一些东西进行模拟实验，例如节能模拟、紧急疏散模拟、日照模拟、热能传导模拟等。在招投标和施工阶段可以进行 4D 模拟（三维模型加项目的发展时间），也就是根据施工的组织设计模拟实际施工，从而来确定合理的施工方案来指导施工。同时还可以进行 5D 模拟（基于 3D 模型的造价控制），从而来实现成本控制。后期运营阶段还可以对日常紧急情况的处理方式进行模拟，例如地震时人员逃生模拟及消防人员疏散模拟等。

（4）优化性

事实上整个设计、施工、运营的过程就是一个不断优化的过程，当然优化和 BIM 也不存在实质性的必然联系，但在 BIM 的基础上可以做更好的优化、更好地做优化。优化受三样东西的制约：信息、复杂程度和时间。没有准确的信息做不出合理的优化结果，BIM 模型提供了建筑物实际存在的信息，包括几何信息、物理信息、规则信息，还提供了建筑物变化以后实际存在的信息。复杂程度高到一定程度，参与人员本身的能力无法掌握所有的信息，这时必须借助一定的科学技术和设备的帮助。现代建筑物的复杂程度大多超过参与人员本身的能力极限，BIM 及与其配套的各种优化工具提供了对复杂项目进行优化的可能。

基于 BIM 的优化可以做下面的工作：

① 项目方案优化：把项目设计和投资回报分析结合起来，设计变化对投资回报的影响可以实时计算出来，这样业主对设计方案的选择就不会主要停留在对形状的评价上，而可以使得业主更多地知道哪种项目设计方案更有利于自身的需求。

② 特殊项目的设计优化：例如裙楼、幕墙、屋顶、大空间到处可以看到异型设计，这些内容看起来占整个建筑的比例不大，但是占投资和工作量的比例和整个建筑相比却往往要大得多，而且通常也是施工难度比较大和施工问题比较多的地方。对这些内容的设计施工方案进行优化，可以带来显著的工期和造价改进。

（5）可出图性

BIM 并不是为了设计出大家日常多见的建筑设计院所出的建筑设计图纸，及一些构件加工的图纸，而是通过对建筑物进行可视化展示、协调、模拟、优化以后，可以帮助业主作出如综合管线图、综合结构留洞图（预埋套管图）和电梯、幕墙、景观与结构等预留预埋图，以及碰撞检查侦错报告和建议改进方案等。

13.2 BIM 软件

BIM 需要软件才能实现，BIM 应用软件是指基于 BIM 技术的应用软件。一般来讲，它应该具备四个特点，即面向对象、三维几何模型、包含信息和支持开放式标准。

谈 BIM、用 BIM 都离不开 BIM 软件，通过对目前在全球具有一定市场影响或占有率，并且在国内市场具有一定认识和应用的 BIM 软件（包括能发挥 BIM 价值的软件）进行梳理和分类，对 BIM 软件的各个类型做一个罗列，如图 13-1 所示。

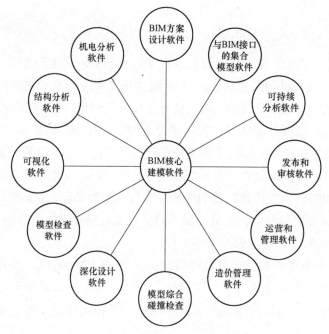

图 13-1　BIM 各个类型软件

按照功能分类，可分为下列三类。

（1）基于绘图的 BIM 软件，是指可用于建立数据信息模型、能为多个 BIM 应用软件使用的数据软件，例如能耗分析软件、钢构深化设计软件、机电设计软件等这类软件均是以 Autodesk 出品的 Revit 等软件为代表。

（2）基于专业的 BIM 软件，是指利用 BIM 软件提供的 BIM 数据，开展各种工作的应用软件，例如机电支吊架计算软件、CFD 模拟软件等，还有如芬兰普罗格曼的 MagiCAD 软件等。我国基于 BIM 绘图软件的二次开发很多，有造价分析软件、进度管理软件等，如天正建筑，结构设计方面有中国建筑科学研究院的 PKPM 等。声学、光线、能耗、暖通、水电、弱电监控等也都有各自的专业软件。

（3）基于管理的 BIM 软件，是指能对各类绘图 BIM 软件及专业 BIM 软件产生的 BIM 数据进行分析、处理，以便于支持建筑全生命周期 BIM 数据的共享应用软件，这类软件一般是基于 Web、云端来开发的，能够支持建设工程各参与方及各专业人员之间通过互联网快速、高效地共享信息。现在这类的平台及软件比较多，特别是对于移动终端的支持软件不断出现，如 BIMx、BIM360 等移动终端软件。设施管理（全生命周期管理）领域在国内发展极少，而国外有很多，例如以美国的 Archibus 为代表的软件。

13.3 BIM 在施工中的应用

13.3.1 施工场地模拟

为了使施工现场布置合理，合理安排作业人员及机械，减少占用施工用地，减少材料周转次数，使平面布置紧凑合理，同时做到场容整洁、道路通畅，使机械使用效率得到提高，施工过程中应避免多个工种在同一场地、同一区域施工造成相互牵制、相互干扰。基于 BIM 技术三维模型，建立各种临时设备模型，可以对施工场地进行布置，合理安排塔吊等起重作业设备、库房、加工车间和临时办公区等位置，减少现场施工场地划分问题，通过与各分包单位可视化沟通协调。

13.3.2 施工方案优选

施工方案的选择与优化是施工组织设计的核心，对工程施工具有指导性作用。施工方案的优化包括施工程序、施工顺序、施工方法的优化和方案指标（进度、质量、安全和成本等）的优化。以 BIM 技术为基础，通过引入虚拟施工，将 BIM 技术与虚拟施工结合在一起，用 Revit 系列三维建模软件和 NavisWorks 模拟施工软件进行 3D 建模，并通过相关的信息模型从可视化协助施工和碰撞检测这两个角度对施工方案进行分析与研究，并且加入时间维度进行四维虚拟建造，形象地展示施工的全过程。通过引入局势决策模型和关联模型对量化的施工方案指标进行优化，通过模型的对比得出最优的施工方案。

13.3.3 进度管理应用

对于工程项目而言，进度管理是重中之重，因为这个关系整个工程的完成时间、成本、资金回笼等方方面面的问题，甚至是法律上的违约与赔偿。但是传统的进度管理模式显然已经不适合目前的复杂项目，BIM 的出现可以解决这个问题。BIM 技术在提升项目进度上有着非常出色的作用，BIM 技术在提升项目进度上的作用可以从以下几点体现出来：

（1）提升全过程协同效率；

（2）加快设计进度；

（3）碰撞检测，减少变更和返工进度损失；

（4）加快招投标组织工作；

（5）加快支付审核；

（6）加快生产计划、采购计划编制；

（7）加快竣工交付资料准备；

（8）提升项目决策效率。

因此，BIM 技术在提升项目进度上的作用是非常巨大的。随着 BIM 技术的不断成熟，更多技术、质量、安全和施工管理方面的 BIM 应用会被研发出来，BIM 技术将会从更多方面帮项目各方提升项目进度。

BIM 从 3D 模型发展出 4D（3D+时间或进度）建造模拟功能，让项目相关人员都能够更加轻松地预见到施工建设的进度计划。

在工程施工中，利用 4D 模型可以使全体参建人员很快理解进度计划的重要节点。同时进度计划通过实体模型的对应表示，可有利于发现施工差距，及时采取措施，进行纠偏调整。即使我们遇到设计变更、施工图更改，也可以很快速地联动修改进度计划。另外，在项目评标过程中，4D 模型可以使专家从模型中很快地了解投标单位对工程施工组织的编排情况，以及采取的主要施工方法、总体计划等，从而对投标单位的施工经验和实力做出初步评估。

13.3.4　成本管理应用

基于 BIM 技术，建立成本的 BIM 模型数据库，以各单位工程量人材机单价为主要数据进入成本 BIM 中，能够快速实行多维度（时间、空间、WBS）成本分析，从而对项目成本进行动态管理。其解决方案操作如下：

（1）创建基于 BIM 的实际成本数据库

建立成本的 5D（3D 实体+时间+工序）关系数据库，让实际成本数据及时进入 5D 关系数据库，成本汇总、统计、拆分对应瞬间可得。以各 WBS 单位工程量人材机单价为主要数据进入到实际成本 BIM 中。未有合同确定单价的项，按预算价先进入。有实际成本数据后，及时按实际数据替换原先进入的预算价数据。

（2）实际成本数据及时进入数据库

一开始实际成本 BIM 中成本数据以采取合同价和企业定额消耗量为依据。随着进度的进展，实际消耗量与定额消耗量会有差异，要及时调整。每月对实际消耗进行盘点，调整实际成本数据。化整为零，动态维护实际成本 BIM，大幅减少了工作量，并有利于保证数据准确性。材料实际成本要以实际消耗为最终调整数据，而不能以财务付款为标准。材料费的财务支付有多种情况，其中像未订合同进场的、进场未付款的、付款未进场的，按财务付款为成本统计方法将无法反映实际情况，会出现严重误差。仓库应每月盘点一次，将入库材料的消耗情况详细列出清单向成本经济师提交，成本经济师按时调整每个 WBS 材料实际消耗、人工费实际成本同材料实际成本。按合同实际完成项目和签证工作量调整实际成本数据，一个劳务队可能对应多个 WBS，要按合同和用工情况进行分解落实到各个 WBS。机械周转材料实际成本，要注意各 WBS 分摊，有的可按措施费单独立项。管理费实际成本由财务部门每月盘点，提供给成本经济师，调整预算成本为实际成本，实际成本不确定的项目仍按预算成本进入实际成本。按本书方案，过程工作量大为减少，做好基础数据工作后，各种成本分析报表瞬间可得。

（3）快速实行多维度（时间、空间、WBS）成本分析

建立实际成本 BIM 模型，周期性（月、季）按时调整维护好该模型，统计分析工作就很轻松，软件强大的统计分析能力可轻松满足我们各种成本分析需求。

思考题

【13-1】BIM 应用进度管理有哪些优点？

【13-2】BIM 在成本管理中有哪些应用？

参考文献

[1] 王士川. 土木工程施工 [M]. 北京：科学出版社，2008.

[2] 建筑施工手册编写组. 建筑施工手册 [M]. 5 版. 北京：中国建筑工业出版社，2013.

[3] 郭正兴. 土木工程施工 [M]. 2 版. 南京：东南大学出版社，2012.

[4] 穆静波，孙震. 土木工程施工 [M]. 2 版. 北京：中国建筑工业出版社，2014.

[5] 应惠清. 建筑施工技术 [M]. 2 版. 上海：同济大学出版社，2011.

[6] 王士川. 建筑施工技术 [M]. 2 版. 北京：冶金工业出版社，2009.

[7] 吴洁，杨天春. 建筑施工技术 [M]. 北京：中国建筑工业出版社，2009.

[8] 周国恩，张树捃. 土木工程施工 [M]. 北京：化学工业出版社，2011.

[9] 张京，2003. 建筑施工工程师手册 [M]. 北京：中科多媒体电子出版社，2003.

[10] 肖金媛，魏瞿霖. 建筑施工技术 [M]. 北京：北京理工大学出版社，2010.

[11] 胡长明，李亚兰. 建筑施工组织 [M]. 北京：冶金工业出版社，2016.

[12] 刘宗仁，王士川. 土木工程施工 [M]. 北京：高等教育出版社，2009.

[13] 应惠清. 土木工程新技术 [M]. 北京：中国建筑工业出版社，2012.

[14] 李慧民. 土木工程施工技术 [M]. 北京：中国建筑工业出版社 2011.

[15] 王林海. 脚手架及模板工程施工技术 [M]. 北京：中国铁道出版社，2012.

[16] 吴慧娟. 建筑业 10 项新技术（2010）应用指南 [M]. 北京：中国建筑工业出版社，2011.

[17] 张厚先，王志清. 建筑施工技术 [M]. 2 版. 北京：机械工业出版社，2008.

[18] 混凝土结构工程施工质量验收规范：GB 50204—2015 [S]. 北京：中国建筑工业出版社，2015.

[19] 廖代广. 土木工程施工技术 [M]. 4 版. 武汉：武汉理工大学出版社，2013.

[20] 徐伟，苏宏阳，金福安. 土木工程施工手册 [M]. 北京：中国计划出版社，2003.

[21] 韩永明. 起重机的稳定型验算. 筑路机械与施工机械化，2002，19（99）.

[22] 陈春艳，霍洪斌. 谈单层工业厂房结构安装的施工. 一重技术，2003（1）.

［23］重庆大学，同济大学. 土木工程施工（下册）［M］. 北京：中国建筑工业出版社，2003.

［24］应惠清，曾进伦. 土木工程施工（下册）［M］. 上海：同济大学出版社，2003.

［25］方承训，郭立民. 建筑施工［M］. 北京：中国建筑工业出版社，1997.

［26］侯君伟. 建筑工程施工常用资料手册［M］. 北京：机械工业出版社，2004.

［27］赵志缙，应惠清. 建筑施工［M］. 上海：同济大学出版社，1997.

［28］李建峰. 建筑施工［M］. 北京：中国建筑工业出版社，2004.

［29］何平，卜龙章. 装饰施工［M］. 南京：东南大学出版社，2003.

［30］马有占. 建筑装饰施工技术［M］. 北京：机械工业出版社，2004.

［31］刘津明，韩明. 土木工程施工［M］. 天津：天津大学出版社，2001.

［32］项玉璞. 冬期施工手册［M］. 北京：中国建筑工业出版社，1988.

［33］陈金洪. 工程项目管理［M］. 北京：中国电力出版社，2008

［34］毛鹤琴. 土木工程施工［M］. 4 版. 武汉：武汉理工大学出版社，2016.

［35］陈金洪，杜春海，陈华菊. 现代土木工程施工［M］. 武汉：武汉理工大学出版社，2017.

［36］沈文军，周兵役. 建筑施工技术［M］. 北京：北京理工大学出版社，2017.

［37］张葆妍. 建筑施工技术［M］. 北京：电子工业出版社，2017.

［38］张长明. 土木工程施工［M］. 北京：科学出版社，2017.

［39］苗冬梅，张婷婷. 建筑工程绿色施工实践［M］. 北京：中国建筑工业出版社，2016.